高等职业教育系列教材

S7-200 SMART PLC 应用教程

第 3 版

廖常初　主编

机 械 工 业 出 版 社

S7-200 SMART 是曾在国内广泛使用的 S7-200 的更新换代产品，本书根据 S7-200 SMART 新版的固件和编程软件进行修订，全面介绍了 S7-200 SMART 的硬件组成、工作原理、指令系统和编程软件的使用方法；介绍了数字量控制系统梯形图的顺序控制设计法，这种设计方法易学易用，可以节约大量的设计时间。本书还介绍了 PLC 与 PLC 之间、PLC 与变频器之间的通信编程和调试的方法，PID 控制系统和 PID 参数的整定方法，提高系统可靠性的硬件措施，触摸屏的组态和应用，以及常用的编程向导的使用方法。各章配有习题，附录中有 37 个实验的指导书。

本书可以作为高等职业院校自动化类相关专业的教材，也可供工程技术人员使用。

本书的配套资源提供了有关的软件和用户手册、70 多个例程和 80 多个视频教程。读者可以扫描本书封底的二维码，关注后输入本书书号中的 5 位数字"71538"，获取下载链接，下载与本书配套的编程软件和人机界面组态软件、有关产品的用户手册和样本、配套的例程和视频教程。读者可以扫描文中二维码，观看相关知识点的视频讲解。

本书配有电子课件和习题答案，需要的教师可登录 www.cmpedu.com 进行免费注册，审核通过后即可下载；或者联系编辑索取（微信：13261377872，电话：010-88379739）。

图书在版编目（CIP）数据

S7-200 SMART PLC 应用教程 / 廖常初主编. —3 版. —北京：机械工业出版社，2022.10（2024.7 重印）

高等职业教育系列教材

ISBN 978-7-111-71538-2

Ⅰ. ①S… Ⅱ. ①廖… Ⅲ. ①PLC 技术－高等职业教育－教材

Ⅳ. ①TM571.61

中国版本图书馆 CIP 数据核字（2022）第 162694 号

机械工业出版社（北京市百万庄大街 22 号　邮政编码 100037）

策划编辑：李文轶　　责任编辑：李文轶

责任校对：张艳霞　　责任印制：刘　媛

涿州市京南印刷厂印刷

2024 年 7 月第 3 版·第 3 次印刷

184mm×260mm·14.5 印张·377 千字

标准书号：ISBN 978-7-111-71538-2

定价：59.90 元

电话服务

客服电话：010-88361066

010-88379833

010-68326294

封底无防伪标均为盗版

网络服务

机 工 官 网：www.cmpbook.com

机 工 官 博：weibo.com/cmp1952

金 书 网：www.golden-book.com

机工教育服务网：www.cmpedu.com

前　言

党的二十大报告提出，要加快建设制造强国。实现制造强国，智能制造是必经之路。在新一轮产业变革中，PLC 技术作为自动化技术与新兴信息技术深度融合的关键技术，在工业自动化领域中的地位愈发重要。

S7-200 SMART 是曾在国内广泛使用的 S7-200 的更新换代产品，其指令和程序结构与 S7-200 基本上相同。其 CPU 模块分为标准型和紧凑型，集成了最多 60 个 I/O 点、以太网端口、RS-485 端口、高速计数、高速脉冲输出和位置控制等功能，CPU 内可以安装一块信号板。

本书第 3 版根据 S7-200 SMART V2.6 版的固件和 V2.6 版的编程软件进行改写，增加了对 PROFINET 网络通信和 Modbus TCP 通信的详细介绍。新增了 S7-200 SMART 与 S7-1200 多种方式通信的例程和视频教程。精简了对很少使用的指令的介绍。增加了 40 多个视频教程、30 多个例程和 5 个实验的指导书。

第 1 章介绍了 S7-200 SMART 的硬件组成和 PLC 的工作原理。第 2 章介绍了编程软件的使用方法，包括用户程序的下载和调试的方法。第 3 章介绍了 PLC 编程的基础知识，以及位逻辑指令、定时器指令和计数器指令的应用。第 4 章通过大量的例程介绍了功能指令的使用方法，包括子程序和中断程序的编程方法。第 5 章通过大量的编程实例，深入浅出地介绍了数字量控制系统梯形图的顺序控制设计法，这种设计方法易学易用，可以节约大量的设计时间。第 6 章介绍了 PROFINET 网络通信和使用各种协议通信的实现方法。第 7 章介绍了 PID 闭环控制、PID 参数的手动整定和自整定的方法。使用作者编写的用于模拟被控对象的子程序和例程，只需要一个 CPU 模块，就可以作 PID 闭环实验。第 8 章介绍了控制系统的硬件可靠性措施、触摸屏的画面组态以及 PLC 与触摸屏通信的实现方法，增加了硬件 PLC 与仿真触摸屏通信的实验。

各章均配有习题，附录中有 37 个实验的指导书。读者可以扫描本书封底的二维码，获取下载链接，下载与本书配套的编程软件和人机界面组态软件、有关产品的用户手册和样本，还有与正文配套的 70 多个例程和 80 多个视频教程。读者可以扫描教材中的二维码，观看相关知识点的视频讲解。

本书由廖常初主编，廖亮、孙明渝、文家学参加了编写工作。

因编者水平有限，书中难免有疏漏和不当之处，请读者批评、指正。

重庆大学电气工程学院　廖常初

目　　录

第1章 PLC的硬件与工作原理

1.1 S7-200 SMART 系列 PLC

现代社会要求制造业对市场需求做出迅速的反应，生产出小批量、多品种、多规格、低成本和高质量的产品，为了满足这一要求，生产设备和自动生产线的控制系统必须具有极高的可靠性和灵活性，可编程序控制器（Programmable Logic Controller，PLC）正是顺应这一要求出现的，它是以微处理器为基础的通用工业控制装置。

PLC 的应用面广、功能强大、使用方便，已经广泛地应用在各种机械设备和生产过程的自动控制系统中。PLC 仍然处于不断的发展之中，其功能不断增强，更为开放，它不但是单机自动化应用最广的控制设备，在大型工业网络控制系统中也占有不可动摇的地位。PLC 应用面之广、普及程度之高，是其他计算机控制设备不可比拟的。

本书以西门子公司的 S7-200 SMART 系列微型 PLC 为主进行介绍。S7-200 SMART 是 S7-200 的升级换代产品，它继承了 S7-200 的诸多优点，其指令和程序结构与 S7-200 基本上相同。其 CPU 分为标准型和紧凑型，CPU 内置的 I/O 点数最多可达 60 个。标准型 CPU 增加了以太网端口和信号板，保留了 RS-485 端口。其编程软件 STEP 7-Micro/WIN SMART 的界面友好，更为人性化。

1.1.1 PLC 的基本结构

S7-200 SMART 主要由 CPU 模块、扩展模块、信号板、编程软件和电源组成。

1. CPU 模块

CPU 模块简称为 CPU，主要由微处理器、电源和集成的输入电路、输出电路组成（见图 1-1）。在 PLC 控制系统中，微处理器相当于人的大脑和心脏，它不断采集输入信号，执行用户程序，刷新系统的输出；存储器用来存储程序和数据。

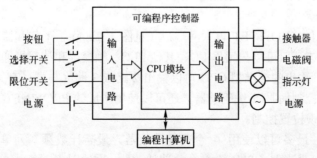

图 1-1 PLC 控制系统示意图

2. 扩展模块和信号板

扩展模块和信号板与标准型 CPU 配合使用，可以增加 PLC 的功能。扩展模块包括输入

（Input）模块和输出（Output）模块，它们简称为 I/O 模块。扩展模块和 CPU 的输入电路、输出电路是系统的眼、耳、手、脚，是联系外部现场设备和 CPU 的桥梁。

输入模块和 CPU 的输入电路用来接收和采集输入信号，数字量输入用来接收从按钮、选择开关、数字拨码开关、限位开关、接近开关、光电开关和压力继电器等提供的数字量输入信号；模拟量输入用来接收各种变送器提供的连续变化的模拟量信号。数字量输出用来控制接触器、电磁阀、电磁铁、指示灯、数字显示装置和报警装置等输出设备，模拟量输出用来控制调节阀、变频器等执行装置。

CPU 模块的工作电压较低，而 PLC 外部的输入/输出电路的电源电压较高，例如 DC 24V 和 AC 220V。从外部引入的尖峰电压和干扰噪声可能会损坏 CPU 模块中的元器件，或者使 PLC 不能正常工作。在输入/输出电路中，用光电耦合器、光电晶闸管、小型继电器等器件来隔离 PLC 的内部电路和外部电路，输入/输出电路除了用来传递信号，还有电平转换与隔离的作用。

3．编程软件

通过编程软件可以用计算机直接生成和编辑梯形图或指令表程序，可以实现不同编程语言之间的相互转换。程序被编译后下载到 PLC，可以将 PLC 中的程序上传到计算机，还可以用编程软件监控 PLC。标准型 CPU 有集成的以太网端口，下载和监控时只需要一根普通的网线，下载的速度极快。

4．电源

S7-200 SMART 使用 AC 220V 电源或 DC 24V 电源。CPU 可以为输入电路和外部的电子传感器（例如接近开关）提供 DC 24V 电源，驱动 PLC 负载的直流电源一般由用户提供。

1-1
西门子 PLC
简介

视频"西门子 PLC 简介"可通过扫描二维码 1-1 播放。

1.1.2 S7-200 SMART 的特点

SIMATIC S7-200 SMART 是西门子公司经过大量的市场调研，为中国客户量身定制的一款高性价比的微型 PLC 产品。

1．S7-200 SMART 的亮点

1）S7-200 SMART 有 12 种 CPU 模块，分为标准型和紧凑型。CPU 模块集成的最大 I/O 点数由 S7-200 的 40 个增大到 60 个，标准型 CPU（见图 1-2）最多可以配置 6 个扩展模块和一块安装在 CPU 内的信号板，产品配置更加灵活。因为配备了西门子的专用高速处理器芯片，基本指令执行时间为 0.15μs。

2）标准型 CPU 的 PROFINET 以太网端口（见图 1-2）除了下载和监控程序，还集成了强大的通信功能，通过该端口可以与远程 I/O、其他 PLC、触摸屏和计算机通信。

3）场效应晶体管输出的标准型 CPU 可以输出 2 路或 3 路（与型号有关）100kHz 的高速脉冲。可通过脉冲方式控制伺服/步进驱动器，还可以使用集成的 PROFINET 端口，用通信的方式控制伺服驱动器，实现位置控制。

4）标准型 CPU 最多可以使用 6 个高速计数器，最高计数频率为单相 200kHz、A/B 相 100kHz（见表 1-2）。紧凑型 CPU 有 4 个高速计数器，最高计数频率为单相 100kHz、A/B 相 50kHz。

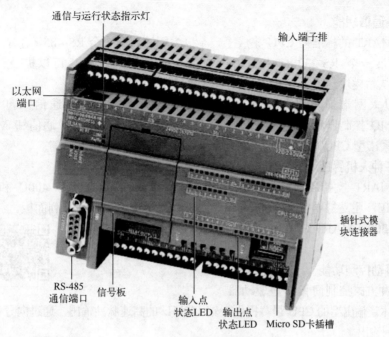

图 1-2　标准型 CPU 模块

5）标准型 CPU 集成了 Micro SD 卡插槽，使用 Micro SD 卡（即手机存储卡）就可以实现程序的更新和 CPU 固件的升级。笔者用它将 V1.0 的 CPU 多次升级到了 V2.5。

6）编程软件 STEP 7-Micro/WIN SMART 的界面友好，编程高效，融入了更多的人性化设计，例如新颖的带状式菜单、全移动式界面窗口、方便的程序注释功能和强大的密码保护等。可以用 3 种编程语言监控程序的执行情况，用状态图表监控、修改和强制变量。用系统块设置参数方便、直观。具有强大的中文帮助功能，在线帮助、右键快捷菜单、指令和子程序的拖拽功能等使编程软件的使用非常方便。

7）S7-200 SMART PLC、SMART LINE IE 触摸屏、V20 变频器和 V90 伺服驱动系统完美整合，无缝集成，为 OEM（原始设备制造商）客户带来高性价比的小型自动化解决方案，可以满足客户对人机交互、控制和驱动等功能的全方位需求。

2．便于实现结构化编程

S7-200 SMART 的程序结构简单清晰，在编程软件中，主程序、子程序和中断程序分页存放。子程序用输入、输出参数作为软件接口变量，便于实现结构化编程。如果尽量使用子程序的局部变量，易于将这样的子程序移植到别的项目。

3．灵活、方便的存储器结构

S7-200 SMART 的输入（I）、输出（Q）、位存储器（M）、顺序控制继电器（S）、变量存储器（V）和局部变量（L）均可以按位（bit）、字节、字和双字进行读/写。

4．简化复杂编程任务的向导功能

高速计数器、运动控制、PID 控制、高速输出、文本显示器、GET/PUT 以太网通信、数据记录、PROFINET 网络和 Web 服务器等编程和应用是 PLC 程序设计中的难点，用普通的方法对它们编程既烦琐又容易出错。S7-200 SMART 的编程软件为此提供了对应的编程向导，只需在向导的对话框中输入一些参数，就可以自动生成实现特定任务的子程序、中断程序、数据页和符号表。

5．强大的通信功能

S7-200 SMART 的标准型 CPU 集成了一个以太网端口和一个 RS-485 端口，通过 CM01 信号板，可以扩展一个 RS-232/RS-485 串行端口（简称为串口），还可以扩展一块 EM DP01 ROFIBUS-DP 从站模块。紧凑型 CPU 只有一个 RS-485 端口。

CPU 的以太网端口可以与编程计算机和 HMI（人机界面）通信，可作为现场总线 PROFINET 的 IO 控制器和智能 IO 设备，支持 S7 通信、开放式用户通信和 Modbus TCP 通信。标准型和紧凑型 CPU 的串口可以与编程计算机、HMI 和变频器通信。

6．支持多种人机界面

S7-200 SMART 支持用"文本显示"向导组态的文本显示器 TD 400C 和精彩系列面板 SMART LINE IE，还支持精智（Comfort）系列面板和精简（Basic）系列面板。

视频"S7-200 SMART 与 S7-200 的比较"可通过扫描二维码 1-2 播放。

1-2
S7-200 SMART 与 S7-200 的比较

7．具备运动控制功能

（1）用脉冲方式控制伺服/步进驱动器

场效应晶体管输出型的 CPU 最多提供 3 轴 100kHz 的高速脉冲输出，通过向导可组态为 PWM 输出或运动控制输出。

S7-200 SMART CPU 提供了 3 种开环运动控制方法。

1）脉冲串输出（PTO）：以指定频率和指定的脉冲数提供占空比为 50% 的方波，PTO 可使用脉冲包络生成一个或多个脉冲串。详细的情况见脉冲输出指令 PLS 的在线帮助。

2）脉宽调制（PWM）：可用编程软件的"PWM"向导生成的子程序来指定 PWM 的脉冲周期和脉冲宽度，通过脉冲持续时间的变化来控制转速或位置。

3）运动轴内置于 CPU 中，用于速度和位置控制。提供集成了方向控制和禁用输出的单脉冲串输出，可组态最多 6 个数字量输入，并提供包括自动参考点搜索等多种操作模式。"运动"向导最多提供 3 轴脉冲输出的设置，脉冲频率范围为 20～100kHz（可调）。可以用该向导生成的位控指令对速度和位置进行动态控制。

（2）用集成的 PROFINET 接口控制伺服驱动器

伺服驱动器 V90 PN 可以作为标准型 CPU 的 IO 设备，通过编程软件集成的 SINAMICS 库指令和 PROFINET 通信实现基本定位控制。

1.2　S7-200 SMART 的硬件

1.2.1　CPU 模块

1．CPU 的共同特性

各种型号的 CPU 的过程映像输入（I）、过程映像输出（Q）、位存储器（M）和顺序控制器（S）分别为 256 点，主程序、每个子程序和中断程序的临时局部存储器分别为 64B，B 是字节（Byte）的简称。CPU 均有两个分辨率为 1ms 的循环中断、4 个上升沿中断和 4 个下降沿中断，可使用 8 个 PID 回路。布尔运算指令执行时间为 $0.15\mu s$，实数数学运算指令执行时间为 $3.6\mu s$。子程序和中断程序最多各有 128 个。有 4 个 32 位的累加器，256 个定时器和 256 个计数器。传感器电源的可用电流为 300mA。

CPU 和扩展模块各数字量 I/O 点的通/断状态用发光二极管（LED）显示，PLC 与外部接线的连接采用可以拆卸的插座型端子板，不需断开端子板上的外部连线，就可以迅速地更换模块。

2. 紧凑型 CPU

型号中有 CR 的 CPU 为继电器输出的紧凑型（或称为经济型）CPU（见表 1-1），CPU 型号中最后的小写字母"s"表示是新的紧凑型。紧凑型 CPU 只有一个 RS-485 串行端口，没有扩展功能，但是价格便宜。

表 1-1　紧凑型 CPU 简要技术规范

特　性	CPU CR20s	CPU CR30s	CPU CR40s	CPU CR60s
本机数字量 I/O 点数	12DI/8DQ 继电器	18DI/12DQ 继电器	24DI/16DQ 继电器	36DI/24DQ 继电器
尺寸/mm×mm×mm	90×100×81	110×100×81	125×100×81	175×100×81

紧凑型 CPU 没有以太网端口，用 RS-485 端口和 USB-PPI 电缆编程。与标准型 CPU 相比，紧凑型 CPU 仅支持 4 个带有 PROFIBUS/RS-485 功能的 HMI，不能扩展信号板和扩展模块，不支持存储卡和数据记录，没有模拟量处理、高速脉冲输出、实时时钟和运动控制功能，输入点没有脉冲捕捉功能。CPU 最多提供 4 个高速计数器，单相 100kHz 的有 4 个，A/B 相 50kHz 的有两个。

紧凑型 CPU 有 12KB 程序存储器、8KB 用户数据存储器和 2KB 保持性存储器。

3. 标准型 CPU

标准型 CPU 的简要技术规范见表 1-2。型号中有 SR 的是继电器输出型，有 ST 的是 MOSFET（场效应晶体管）输出型。它们有 56 个字的模拟量输入（AI）和 56 个字的模拟量输出（AQ）。100kHz 脉冲输出仅适用于场效应晶体管输出的 CPU。保持性存储器为 10KB，可扩展一块信号板和最多 6 块扩展模块。使用免维护超级电容的实时时钟的精度为±120s/月，保持时间通常为 7 天，25℃时最少 6 天。CPU 和可选的信号板最多可以使用 6 个上升沿中断和 6 个下降沿中断。

表 1-2　标准型 CPU 简要技术规范

特　性		CPU SR20, CPU ST20	CPU SR30, CPU ST30	CPU SR40, CPU ST40	CPU SR60, CPU ST60
内置的数字量 I/O 点数		12DI/8DQ	18DI/12DQ	24DI/16DQ	36DI/24DQ
用户程序存储器		12KB	18KB	24KB	30KB
用户数据存储器		8KB	12KB	16KB	20KB
尺寸/mm×mm×mm		90×100×81	110×100×81	125×100×81	175×100×81
高速计数器（共 6 个）	单相	4 个 200kHz，2 个 30kHz	5 个 200kHz，1 个 30kHz	4 个 200kHz，2 个 30kHz	4 个 200kHz，2 个 30kHz
	A/B 相	2 个 100kHz，2 个 20kHz	3 个 100kHz，1 个 20kHz	2 个 100kHz，2 个 20kHz	2 个 100kHz，2 个 20kHz
100kHz 脉冲输出		2 个（仅 CPU ST20）	3 个（仅 CPU ST30）	3 个（仅 CPU ST40）	3 个（仅 CPU ST60）
脉冲捕捉输入		12 个	12 个	14 个	14 个

标准型 CPU 有一个以太网端口，一个 RS-485 端口，可以用可选的 RS 232/485 信号板扩展一个串行端口。

以太网端口的传输速率为 10M/100Mbit/s，采用变压器隔离。提供一个编程设备连接和 8 个 HMI 连接，可作 PROFINET 通信的控制器（最多 8 个 IO 设备）和智能 IO 设备。支持使用

PUT/GET 指令的 S7 通信和开放式用户通信。每个串行端口提供一个编程设备连接和 4 个 HMI 连接，支持 Modbus RTU、USS 协议和自由端口模式通信。

通过软件 PC Access SMART，上位机的组态软件可以读/写 S7-200 SMART 的数据，从而实现设备监控或者进行数据存档管理。

4．CPU 模块中的存储器

PLC 的程序分为操作系统和用户程序。操作系统使 PLC 具有基本的智能，能够完成 PLC 设计者规定的各种工作。操作系统由 PLC 生产厂家设计并固化在只读存储器（ROM）中，用户不能读取。用户程序由用户设计，它使 PLC 能完成用户要求的特定功能。用户程序存储器的容量以字节为单位。

PLC 使用以下几种物理存储器：

（1）随机存取存储器（RAM）

用户程序和编程软件可以读出 RAM 中的数据，也可以改写 RAM 中的数据。RAM 是易失性的存储器，RAM 芯片的电源中断后，它储存的信息将会丢失。

RAM 的工作速度高、价格便宜、改写方便。在关断 PLC 的外部电源后，可以用锂电池保存 RAM 中的用户程序和某些数据。S7-200 SMART 不使用锂电池，断电后用 EEPROM 保存用户程序和数据。

（2）只读存储器（ROM）

ROM 的内容只能读出，不能写入。它是非易失性的，它的电源消失后，仍能保存存储的内容。ROM 用来存放 PLC 的操作系统程序。

（3）电擦除可编程只读存储器（EEPROM）

EEPROM 是非易失性的存储器，掉电后它保存的数据不会丢失。PLC 可以读/写它，兼有 ROM 的非易失性和 RAM 的随机存取的优点，但是写入数据所需的时间比 RAM 长得多，改写的次数有限制。S7-200 SMART 用 EEPROM 来存储用户程序和需要长期保存的重要数据。

1.2.2　数字量扩展模块与信号板

1．数字量输入电路

图 1-3 是 S7-200 SMART CPU 的数字量输入点的内部电路和外部接线图，图中只画出了一路输入电路，输入电流为 4mA，1M 是输入点各个内部输入电路的公共点。S7-200 SMART 可以用 CPU 模块提供的 DC 24V 传感器电源（见图 1-6）作输入回路的电源，该电源还可以用于接近开关、光电开关之类的传感器。CPU 和数字量扩展模块的输入点的输入延迟时间可以用编程软件的系统块设置。数字量扩展模块见表 1-3。

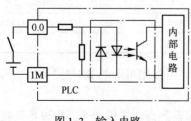

图 1-3　输入电路

表 1-3　数字量扩展模块

仅输入/仅输出	输入/输出组合
8 点数字量输入	8 点数字量输入/8 点晶体管型输出
16 点数字量输入	8 点数字量输入/8 点继电器型输出
8 点晶体管型输出	16 点数字量输入/16 点晶体管型输出
8 点继电器型输出	16 点数字量输入/16 点继电器型输出
16 点晶体管型输出	
16 点继电器型输出	

当图 1-3 中的外部触点接通时，光电耦合器中两个反并联的发光二极管中的一个亮，光电晶体管饱和导通；外部触点断开时，光电耦合器中的发光二极管熄灭，光电晶体管截止，信号经内部电路传送给 CPU 模块。

图 1-3 中电流从输入端流入，称为漏型输入；将图中的电源反接，电流从输入端流出，称为源型输入。CPU 模块的数字量输入和数字量输出的技术指标见表 1-4 和表 1-5。

表 1-4 CPU 数字量输入技术指标

技 术 数 据	技 术 指 标
输入类型	漏型/源型 IEC 类型 1（晶体管输出 CPU 的 I0.0～I0.3 和 CPU ST20/ST30 的 I0.6 和 I0.7 除外）
输入电压/电流额定值	DC 24V，4mA，允许最大 DC 30V 的连续电压
输入电压浪涌值	35V，持续 0.5s
逻辑 1 信号（最小）	仅晶体管输出 CPU 的 I0.0～I0.3 和 CPU ST20/ST30 的 I0.6 和 I0.7 为 DC 4V，8mA；其余的为 DC 15V，2.5mA
逻辑 0 信号（最大）	仅晶体管输出 CPU 的 I0.0～I0.3 和 CPU ST20/ST30 的 I0.6 和 I0.7 为 DC 1V，1mA；其余的为 DC 5V，1mA
输入滤波时间	I0.0～I1.5 为 0.2～12.8μs，或 0.2～12.8ms 共 14 档；其余各点为 0ms、6.4ms 和 12.8ms
光隔离	AC 500V 持续 1min
电缆长度	非屏蔽电缆正常输入时为 300m，屏蔽电缆正常输入时为 500m，I0.0～I0.3 用于高速计数的屏蔽电缆为 50m

表 1-5 CPU 数字量输出技术指标

技 术 数 据	DC 24V 输出	继电器输出
类型	MOSFET 场效应晶体管源型	继电器干触点
输出电压额定值	DC 24V	DC 24V 或 AC 250V
输出电压允许范围	DC 20.4～28.8V	DC 5～30V，AC 5～250V
最大电流时逻辑 1 输出电压	最小为 DC 20V	
10kΩ 负载时逻辑 0 输出电压	最大为 DC 0.1V	
每点的额定电流（最大值）	0.5A	2A
每个公共端的额定电流（最大值）	6A	10A
每点最大漏电流	10μA	
灯负载	5W	DC 30W / AC 200W
接通状态电阻	最大为 0.6Ω	新设备最大为 0.2Ω
电感钳位电压	L+ − DC 48V，1W 损耗	
从断开到接通最大延时	Qa.0～Qa.3 最长为 1μs，其他输出点最长为 50μs	最长为 10ms
从接通到断开最大延时	Qa.0～Qa.3 最长为 3μs，其他输出点最长为 200μs	最长为 10ms

2. 数字量输出电路

S7-200 SMART 的数字量输出电路的功率元件有驱动直流负载的 MOSFET（场效应晶体管），以及既可以驱动交流负载又可以驱动直流负载的继电器，负载电源由外部提供。

输出电路一般分为若干组，对每一组的总电流也有限制。图 1-4 是继电器输出电路，继电器同时起隔离和功率放大作用，每一路只给用户提供一对常开触点。

图 1-5 是场效应晶体管输出电路。输出信号送给内部电路中的输出锁存器，再经光电耦合器送给场效应晶体管，后者的饱和导通状态和截止状态相当于触点的接通和断开。图中的稳压管用来抑制关断过电压和外部的浪涌电压，以保护场效应晶体管，场效应晶体管输出电路的工作频率可达 100kHz。图中的电流从输出端流出，称为源型输出。

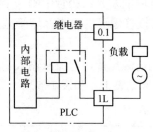

图 1-4 继电器输出电路

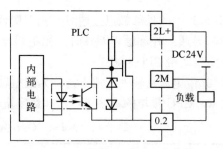

图 1-5 场效应晶体管输出电路

继电器输出电路的可用电压范围广、导通压降小，承受瞬时过电压和瞬时过电流的能力较强，但是动作速度较慢。如果系统输出量的变化不是很频繁，建议优先选用继电器输出型的 CPU 或输出模块。继电器输出的开关延时最大为 10ms，无负载时触点寿命为 1000 万次，额定负载时触点寿命为 10 万次。屏蔽电缆最大长度为 500m，非屏蔽电缆最大长度为 150m。

场效应晶体管输出电路用于直流负载，它的反应速度快、寿命长，过载能力稍差。

普通白炽灯的工作温度在千摄氏度以上，冷态电阻比工作时的电阻小得多，其浪涌电流是工作电流的十多倍。可以驱动 AC 220V、2A 电阻负载的继电器输出点只能驱动 200W 的白炽灯。频繁切换的灯负载应使用浪涌抑制器。

3. 信号板与通信模块

S7-200 SMART 有 5 种信号板。SB DT04 为 2 点 DC 24V 数字量直流输入/2 点数字量场效应晶体管（源型）直流输出信号板。

1 点模拟量输入信号板 SB AE01 的输入量程为±10V、±5V、±2.5V 或 0～20mA。电压模式分辨率为 11 位+符号位，电流模式分辨率为 11 位。满量程范围的电压、电流对应的数据字分别为−27648～27648 和 0～27648。

1 点模拟量输出信号板 SB AQ01 的输出量程为±10V 和 0～20mA。分辨率和满量程范围对应的数据字与模拟量输入信号板的相同。

SB CM01 为 RS485/RS232 信号板，可以组态为 RS-485 或 RS-232 通信端口。

电池信号板 SB BA01 使用 CR1025 纽扣电池，能确保实时时钟运行大约一年。

EM DP01 是 PROFIBUS-DP 通信模块，可以作为 DP 从站和 MPI 从站。

1.2.3 模拟量扩展模块

1. PLC 对模拟量的处理

在工业控制中，某些输入量（例如压力、温度、流量、转速等）是模拟量，某些执行机构（例如电动调节阀和变频器等）要求 PLC 输出模拟量信号，而 PLC 的 CPU 只能处理数字量。模拟量首先被传感器和变送器转换为标准量程的电流或电压，例如 4～20mA、1～5V 和 0～10V，模拟量输入模块的 A-D 转换器将它们转换成数字量。带正负号的电流或电压在 A-D 转换后用二进制补码表示。有的模拟量输入模块将温度传感器提供的信号直接转换为温度值。

模拟量输出模块的 D-A 转换器将 PLC 中的数字量转换为模拟量电压或电流后，再去控制执行机构。

A-D 转换器和 D-A 转换器的二进制位数反映了它们的分辨率，位数越多，分辨率越高。模拟量输入/输出模块的另一个重要指标是转换时间。

S7-200 SMART 的模拟量扩展模块见表 1-6。

表 1-6　模拟量扩展模块

型　号	描　述
EM AE04	4 点模拟量输入
EM AE08	8 点模拟量输入
EM AQ02	2 点模拟量输出
EM AQ04	4 点模拟量输出
EM AM03	2 点模拟量输入/1 点模拟量输出
EM AM06	4 点模拟量输入/2 点模拟量输出
EM AR02	2 点热电阻输入
EM AR04	4 点热电阻输入
EM AT04	4 点热电偶输入

2．模拟量输入模块

模拟量输入模块有 4 种量程（0～20mA、±10V、±5V 和±2.5V），2 点为一组。

电压模式的分辨率为 12 位+符号位，电流模式的分辨率为 12 位。单极性满量程输入范围对应的数字量输出范围为 0～27648。双极性满量程输入范围对应的数字量输出范围为−27648～+27648。25℃ 和−20～60℃时电压模式的精度分别为满量程的±0.1%和±0.2%，电流模式的精度分别为满量程的±0.2%和±0.3%。EM AE08 电压输入时输入阻抗≥9MΩ，电流输入时输入阻抗为 250Ω。

3．将模拟量输入模块的数字量输出值转换为实际的物理量

转换时应考虑变送器的输入/输出量程和模拟量输入模块的量程，找出被测物理量与 A-D 转换后的数字值之间的比例关系。

【例 1-1】 量程为 0～10MPa 的压力变送器的输出信号为 DC 4～20mA，模拟量输入模块将 0～20mA 转换为 0～27648 的数字量，设转换后得到的数字为 N，试求以 kPa 为单位的压力值。

解：4～20mA 的模拟量对应于数字量 5530～27648，即 0～10000kPa 对应于数字量 5530～27648，压力的计算公式为

$$P = \frac{10000 - 0}{27648 - 5530}(N - 5530)\text{kPa} = \frac{10000}{22118}(N - 5530)\text{kPa}$$

4．模拟量输出模块

模拟量输出模块 EM AQ02 和 EM AQ04 有±10V 和 0～20mA 两种量程，对应的数字量分别为−27648～+27648 和 0～27648。电压输出和电流输出的分辨率分别为 11 位 + 符号位和 11 位。25℃和−20～60℃时的精度分别为满量程的±0.5%和±1.0%。电压输出时负载阻抗≥1kΩ；电流输出时负载阻抗≤500Ω。

5．模拟量输入/输出模块

模拟量输入/输出模块 EM AQ03 有两点模拟量输入和一点模拟量输出。EM AM06 有 4 点模拟量输入和两点模拟量输出。

6．热电阻扩展模块与热电偶扩展模块

热电阻模块 EM AR02 和 EM AR04 分别有两点和四点输入，可以接多种热电阻。热电偶模块 EM AT04 有四点输入，可以接多种热电偶。它们的温度测量的分辨率为 0.1℃/0.1°F，电阻测量的分辨率为 15 位+符号位。

1.2.4　I/O 地址分配与外部接线

1．I/O 模块的地址分配

S7-200 SMART CPU 有一定数量的本机 I/O，本机 I/O 有固定的地址。标准型 CPU 可以用扩展 I/O 模块和信号板来增加 I/O 点数，最多可以扩展 6 块扩展模块。扩展模块安装在 CPU 模块的右边，紧靠 CPU 的扩展模块为 0 号模块。信号板安装在 CPU 模块内。

CPU 分配给数字量 I/O 模块的地址以字节为单位，一个字节由 8 个数字量 I/O 点组成。某些 CPU 和信号板的数字量 I/O 点如果不是 8 的整倍数，最后一个字节中未用的位不会分配给

I/O 链中的后续模块。在每次更新输入时，输入模块的输入字节中未用的位被清零。

表 1-7 给出了 CPU、信号板和各 I/O 模块的输入、输出的起始地址。在用系统块组态硬件时，STEP 7-Micro/WIN SMART 自动地分配各模块和信号板的地址。

表 1-7　模块和信号板的起始 I/O 地址

CPU	信号板	信号模块 0	信号模块 1	信号模块 2	信号模块 3	信号模块 4	信号模块 5
I0.0	I7.0	I8.0	I12.0	I16.0	I20.0	I24.0	I28.0
Q0.0	Q7.0	Q8.0	Q12.0	Q16.0	Q20.0	Q24.0	Q28.0
—	AIW12	AIW16	AIW32	AIW48	AIW64	AIW80	AIW96
—	AQW12	AQW16	AQW32	AQW48	AQW64	AQW80	AQW96

2. 现场接线的要求

S7-200 SMART 采用 0.5～1.5mm^2 的导线，导线要尽量成对使用，应将交流线、电流大且变化迅速的直流线与弱电信号线分隔开，干扰较严重时应设置浪涌抑制设备。

3. PLC 的外部接线

使用交流电源和继电器输出的 CPU SR30 的外部接线图如图 1-6 所示。右下角标有"①"的是 DC 24V 传感器电源输出，该电源的 L+和 M 端子分别是正极和负极。可以用该电源作为输入电路的电源，所有的输入点用同一个电源供电。

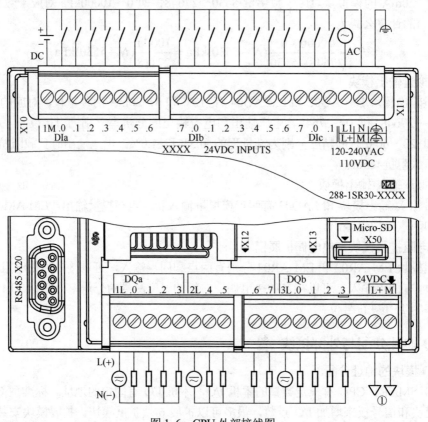

图 1-6　CPU 外部接线图

12 个输出点 Q0.0～Q1.3 分为 3 组，1L～3L 分别是各组输出点内部电路的公共端。可将 1L～3L 短接，将 3 组输出合并为一组。PLC 的交流电源接在 L1（相线）和 N（零线）端，此

外还有标记为 ⏚ 的功能性接地端子。

　　DC/DC/DC 型的 CPU 的接线与图 1-6 的基本上相同（见系统手册），只是整机电源和输出回路的电源都是直流电源。

1.3　逻辑运算与 PLC 的工作原理

1.3.1　用触点和线圈实现逻辑运算

　　继电器的线圈通电时，其常开触点接通，常闭触点断开；线圈断电时，其常开触点断开，常闭触点接通。梯形图中的位元件（例如 PLC 的输出点 Q）的触点和线圈也有类似的关系。

　　在数字量控制系统中，变量仅有两种相反的工作状态。线圈通电、常开触点接通、常闭触点断开为 1 状态，反之为 0 状态。可以用逻辑代数中的 1 和 0 来表示它们。

　　"与""或""非"逻辑运算的输入/输出关系见表 1-8，用继电器电路或梯形图可以实现"与""或""非"逻辑运算（见图 1-7）。用多个触点的串、并联电路可以实现复杂的逻辑运算。

表 1-8　逻辑运算的输入/输出关系

与			或			非	
$Q0.0 = I0.0 \cdot I0.1$			$Q0.1 = I0.2 + I0.3$			$Q0.2 = \overline{I0.4}$	
I0.0	I0.1	Q0.0	I0.2	I0.3	Q0.1	I0.4	Q0.2
0	0	0	0	0	0	0	1
0	1	0	0	1	1	1	0
1	0	0	1	0	1		
1	1	1	1	1	1		

图 1-7　基本逻辑运算

a) 与运算　b) 或运算　c) 非运算

　　图 1-8 是用交流接触器控制异步电动机的主电路、控制电路和有关的波形图。接触器 KM 的结构和工作原理与继电器的基本相同，区别仅在于继电器触点的额定电流较小，例如几十毫安。而接触器是用来控制大电流负载的，它可以控制额定电流为几十安甚至数百安的异步电动机。

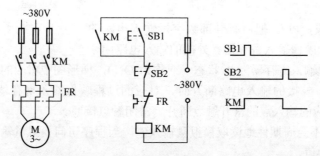

图 1-8　用交流接触器控制异步电动机的主电路、控制电路和有关波形图

　　按下起动按钮 SB1，它的常开触点接通，电流经过 SB1 的常开触点和停止按钮 SB2、热继电器 FR 的常闭触点，流过交流接触器 KM 的线圈，接触器的衔铁被吸合，使主电路中 KM 的 3 对常开触点闭合，异步电动机的三相电源接通，电动机开始运行，控制电路中接触器 KM 的

辅助常开触点同时接通。放开起动按钮后，SB1 的常开触点断开，电流经 KM 的辅助常开触点和两个常闭触点流过 KM 的线圈，电动机继续运行。KM 的辅助常开触点实现的这种功能称为"自锁"或"自保持"，它使继电器电路具有类似于 R-S 触发器的记忆功能。

在电动机运行时按下停止按钮 SB2，它的常闭触点断开，使 KM 的线圈失电，KM 的主触点断开，异步电动机的三相电源被切断，电动机停止运行，同时控制电路中 KM 的辅助常开触点断开。当停止按钮 SB2 被放开，其常闭触点闭合后，KM 的线圈仍然失电，电动机继续保持停止运行状态。图 1-8 给出了有关信号的波形图，图中用高电平表示 1 状态（线圈通电、按钮被按下），用低电平表示 0 状态（线圈断电、按钮被放开）。

图中的热继电器 FR 用于过载保护，电动机过载时，经过一段时间后，FR 的常闭触点断开，使 KM 的线圈断电，电动机停止运行。

图 1-8 中的继电器电路称为起动-保持-停止电路，简称为"起保停"电路。它实现的逻辑运算可以用逻辑代数式表示为

$$KM = (SB1 + KM) \cdot \overline{SB2} \cdot \overline{FR}$$

在继电器电路图和梯形图中，线圈的状态是输出量，触点的状态是输入量。上式左边的 KM 与图中的线圈相对应，右边的 KM 与 KM 的常开触点相对应；上划线表示做逻辑"非"运算，$\overline{SB2}$ 对应于 SB2 的常闭触点。上式中的加号表示逻辑"或"，小圆点（乘号）表示逻辑"与"。

与普通算术运算"先乘除后加减"类似，逻辑运算的规则为先"与"后"或"。为了先作"或"运算（触点的并联），用括号将"或"运算式括起来，括号中的运算优先执行。

1.3.2 PLC 的工作原理

PLC 通电后，需要对硬件和软件作一些初始化工作。为了使 PLC 的输出及时地响应各种输入信号，初始化后反复不停地分阶段处理各种不同的任务（见图 1-9），这种周而复始的循环工作方式称为扫描工作方式。

1. 读取输入

在 PLC 的存储器中，设置了一片区域来存放输入信号和输出信号的状态，它们分别称为过程映像输入寄存器和过程映像输出寄存器。

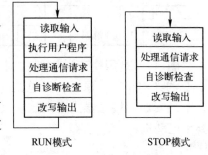

图 1-9 扫描工作方式示意图

在读取输入阶段，PLC 把所有外部数字量输入电路的通、断状态读入过程映像输入寄存器。外接的输入电路闭合时，对应的过程映像输入寄存器为 1 状态（或称为 ON），梯形图中对应的输入点的常开触点接通、常闭触点断开。外接的输入电路断开时，对应的过程映像输入寄存器为 0 状态（或称为 OFF），梯形图中对应的输入点的常开触点断开、常闭触点接通。

CPU 在运行时不会周期性地读取模拟量输入值。当程序访问模拟量输入时，将立即从模块中读取模拟量的转换值。

2. 执行用户程序

PLC 的用户程序由若干条指令组成，指令在存储器中顺序排列。在 RUN 模式的程序执行阶段，如果没有跳转指令，CPU 从第一条指令开始，逐条顺序地执行用户程序。

在执行指令时，从 I/O 映像寄存器或别的位元件的寄存器中读出其 0、1 值，并根据指令的

要求执行相应的逻辑运算，运算结果被写入相应的寄存器。因此各寄存器（只读的过程映像输入寄存器除外）的内容随着程序的执行而变化。

在程序执行阶段，即使外部输入信号的状态发生了变化，过程映像输入寄存器的状态也不会随之而变，输入信号变化了的状态只能在下一个扫描周期的读取输入阶段被读入。

3．通信处理
在处理通信请求阶段，CPU 执行通信所需的所有任务。

4．CPU 自诊断检查
在本阶段 CPU 确保固件、程序存储器和所有的扩展模块正常工作。

5．改写输出
CPU 在执行用户程序的过程中，将过程映像输出寄存器的值传送到输出模块并锁存起来。梯形图中某一输出位的线圈"通电"时，对应的过程映像输出寄存器中存放的二进制数为 1。在改写输出阶段，信号经输出模块隔离和功率放大后，继电器型输出模块中对应的硬件继电器的线圈通电，其常开触点闭合，使外部负载通电工作。

若梯形图中输出点的线圈"断电"，对应的过程映像输出寄存器中存放的二进制数为 0。在改写输出阶段，将它送到继电器型输出模块，对应的硬件继电器的线圈断电，其常开触点断开，外部负载断电，停止工作。

CPU 在运行时不会周期性地将输出值写入模拟量输出模块。当程序访问模拟量输出点时，输出值被立即写入模拟量输出模块。

PLC 在 RUN 模式时，执行一次图 1-9 所示的扫描操作所需的时间称为扫描周期，其典型值为 1～100ms。指令执行所需的时间与用户程序的长短、指令的种类和 CPU 执行指令的速度有很大的关系。用户程序较长时，指令执行时间在扫描周期中占相当大的比例。

执行程序时使用过程映像输入/输出寄存器，而不是实际的 I/O 点，有以下好处：

1）在整个程序执行阶段，各过程映像输入寄存器的状态是固定不变的，程序执行完后再用过程映像输出寄存器的值更新输出点，使系统的运行稳定。

2）用户程序读/写过程映像输入/输出寄存器比读写物理 I/O 点快得多。

3）只能以位或字节的形式访问物理 I/O 点，但是可以用位、字节、字或双字的形式访问过程映像寄存器。因此过程映像寄存器的使用更为灵活。

6．中断程序的处理
如果在程序中使用了中断，中断事件发生时，CPU 停止正常的扫描工作方式，立即执行中断程序，中断功能可以提高 PLC 对中断事件的响应速度。

7．立即 I/O 处理
在程序执行过程中使用立即 I/O 指令可以直接访问 I/O 点。用立即 I/O 指令读取输入点的值时，不会更新对应的过程映像输入寄存器的值。用立即 I/O 指令来改写输出点时，同时更新对应的过程映像输出寄存器的值。

读取模拟量输入时，立即读取相应的值。向模拟量输出写入值时，立即更新该输出。

8．PLC 的工作过程举例
下面用一个简单的例子来进一步说明 PLC 的扫描工作过程，图 1-10 中的 PLC 控制系统与图 1-8 中的继电器控制电路的功能相同。起动按钮 SB1 和停止按钮 SB2 的常开触点分别接在编号为 0.1 和 0.2 的输入端，接触器 KM 的线圈接在编号为 0.0 的输出端。如果热继电器 FR 动作（其常闭触点断开）后需要手动复位，可以将 FR 的常闭触点与接触器 KM 的线圈串联，这样可以少用一个 PLC 的输入点。

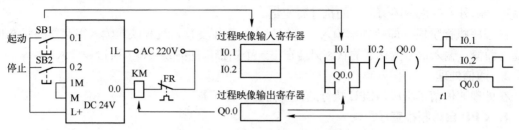

图 1-10　PLC 外部接线图与梯形图

图 1-10 梯形图中的 I0.1 与 I0.2 是输入变量，Q0.0 是输出变量，它们都是梯形图中的编程元件。I0.1 与接在输入端子 0.1 上的 SB1 的常开触点和过程映像输入寄存器 I0.1 相对应，Q0.0 与接在输出端子 0.0 上的 PLC 内的输出电路和过程映像输出寄存器 Q0.0 相对应。

梯形图以指令的形式储存在 PLC 的用户程序存储器中，图 1-10 中的梯形图与下面的 4 条指令相对应，"//" 之后是该指令的注释。

```
LD    I0.1      //接在左侧"电源线"上的 I0.1 的常开触点
O     Q0.0      //与 I0.1 的常开触点并联的 Q0.0 的常开触点
AN    I0.2      //与并联电路串联的 I0.2 的常闭触点
=     Q0.0      //Q0.0 的线圈
```

图 1-10 中的梯形图完成的逻辑运算为

$$Q0.0 = (I0.1 + Q0.0) \cdot \overline{I0.2}$$

在读取输入阶段，CPU 将 SB1 和 SB2 的常开触点的接通/断开状态读入相应的过程映像输入寄存器，外部触点接通时将二进制数 1 存入过程映像输入寄存器，反之存入 0。

执行第一条指令时，从过程映像输入寄存器 I0.1 中取出二进制数，并存入堆栈的栈顶，堆栈是存储器中的一片特殊的区域，其功能和结构将在 3.3 节中介绍。

执行第二条指令时，从过程映像输出寄存器 Q0.0 中取出二进制数，并与栈顶中的二进制数相"或"（触点的并联对应于"或"运算），运算结果存入栈顶。运算结束后只保留运算结果，不保留参与运算的数据。

执行第三条指令时，因为是常闭触点，取出过程映像输入寄存器 I0.2 中的二进制数后，将它取反（即做"非"运算，将 0 变为 1，1 变为 0），再与前面的运算结果相"与"（电路的串联对应于"与"运算），然后存入栈顶。

执行第四条指令时，将栈顶中的二进制数传送到 Q0.0 的过程映像输出寄存器。

在修改输出阶段，CPU 将各过程映像输出寄存器中的二进制数传送给输出模块并锁存起来，如果过程映像输出寄存器 Q0.0 中存放的是二进制数 1，外接的 KM 线圈将通电，反之将断电。

I0.1、I0.2 和 Q0.0 的波形图中的高电平表示按下按钮或 KM 线圈通电，当 $t < t_1$ 时，读取的过程映像输入寄存器 I0.1 和 I0.2 的值均为二进制数 0，此时过程映像输出寄存器 Q0.0 中存放的亦为 0，在程序执行阶段，经过上述逻辑运算过程之后，运算结果仍为 Q0.0 = 0，所以 KM 的线圈处于断电状态。在 $t < t_1$ 区间，虽然输入、输出信号的状态没有变化，用户程序仍一直反复不停地执行着。$t = t_1$ 时，按下起动按钮 SB1，I0.1 变为 ON，经逻辑运算后 Q0.0 也变为 ON。在输出处理阶段，将 Q0.0 对应的过程映像输出寄存器中的数据 1 传送给输出模块，输出模块中与 Q0.0 对应的

物理继电器的常开触点接通，接触器 KM 的线圈通电。

9．输入/输出滞后时间

输入/输出滞后时间又称为系统响应时间，是指 PLC 的外部输入信号发生变化的时刻至它控制的有关外部输出信号发生变化的时刻之间的时间间隔，它由输入电路滤波时间、输出电路的滞后时间和因扫描工作方式产生的滞后时间这 3 部分组成。

数字量输入点的滤波器用来滤除由输入端引入的干扰噪声，消除因外接输入触点动作时产生的抖动引起的不良影响，该滤波器的延迟时间可以用系统块来设置。

输出模块的滞后时间与模块的类型有关，继电器型输出电路的滞后时间一般在 10ms 左右；场效应晶体管型输出电路的滞后时间最短为微秒级，最长的为 200μs（见表 1-5）。

由扫描工作方式引起的滞后时间最长可达两三个扫描周期。

PLC 总的响应延迟时间一般只有几毫秒至几十毫秒，对于一般的系统来说是无关紧要的。要求输入/输出滞后时间尽量短的系统，可以选用扫描速度快的 PLC 或采取硬件中断和立即输入/立即输出等措施。

视频"学习 PLC 的关键是动手"可通过扫描二维码 1-3 播放。

1.4　习题

1．填空

1）PLC 主要由_____、_____、_____和_____组成。

2）继电器的线圈"断电"时，其常开触点_____，常闭触点_____。

3）外部的输入电路断开时，对应的过程映像输入寄存器为_____状态，梯形图中对应的输入点的常开触点_____，常闭触点_____。

4）若梯形图中某输出点 Q 的线圈"通电"，对应的过程映像输出寄存器为_____状态，在改写输出阶段后，继电器型输出模块中对应的硬件继电器的线圈_____，其常开触点_____，外部负载_____。

2．RAM 与 EEPROM 各有什么特点？

3．数字量输出模块有哪两种类型？它们各有什么特点？

4．简述 PLC 的扫描工作过程。

5．频率变送器的输入信号的量程为 45～55Hz，其输出信号的量程为 DC 0～10V，模拟量输入模块输入信号的量程为 DC 0～10V，转换后的数字量的量程为 0～27648，设转换后得到的数字为 N，试求以 0.01Hz 为单位的频率值。

第 2 章　STEP 7-Micro/WIN SMART 编程软件使用指南

2.1　编程软件概述

2.1.1　编程软件的界面

1．安装编程软件

编程软件 STEP 7-Micro/WIN SMART V2.6 只有 300 多 MB，可以在 32 位、64 位的 Windows 7 SP1 下和 Windows 10 下运行。如果要升级软件，首先需要卸载老版本的 STEP 7-Micro/WIN SMART，然后安装 STEP 7-Micro/WIN SMART V2.6。

双击配套资源的文件夹"STEP 7-Micro WIN SMART V2.6.0.0"中的文件 setup.exe，使用默认的安装语言（简体中文），开始安装软件。出现的欢迎画面建议关闭其他应用程序，可暂时关闭杀毒软件和防火墙。完成各对话框的设置后单击"下一步"按钮。

在"许可证协议"对话框，选中"我接受许可证协定和有关安全的信息的所有条件"。在"选择目的地位置"对话框可以修改安装软件的目标文件夹，单击"下一步"按钮开始安装。安装成功后，可以选择是否立即重新启动计算机。单击"完成"按钮，结束安装过程。

2．项目的基本组件

项目包括下列基本组件：

1）程序块，由主程序（OB1）、可选的子程序和中断程序组成，它们被统称为程序组织单元（Program Organizational Unit），简称为 POU。

2）数据块，包含用于给 V 存储区地址分配数据初始值的数据页。

3）系统块，用于给 S7-200 SMART CPU、信号板和扩展模块组态，并设置各种参数。

4）符号表，允许程序员用符号来代替存储器的地址，符号地址便于记忆，使程序更容易理解。符号表中定义的符号为全局变量，可以用于所有的 POU。

5）状态图表，用表格或趋势视图来监视、修改和强制程序执行时指定的变量的状态，状态图表并不下载到 PLC。

3．快速访问工具栏

STEP 7-Micro/WIN SMART 的界面见图 2-1。除了本书中的介绍，对软件的操作可以观看配套资源中相关的视频教程，比文字叙述更为清楚直观。

图 2-1 中的快速访问工具栏有新建、打开、保存和打印这几个默认的按钮。单击快速访问工具栏右边的 按钮，出现"自定义快速访问工具栏"菜单，单击"更多命令…"，打开"自定义"对话框，可以增减快速访问工具栏上的命令按钮。

单击界面左上角的"文件"按钮 ，可以简单快速地访问"文件"菜单的大部分功能，并显示出最近打开过的文档。单击其中的某个文档，可以直接打开它。

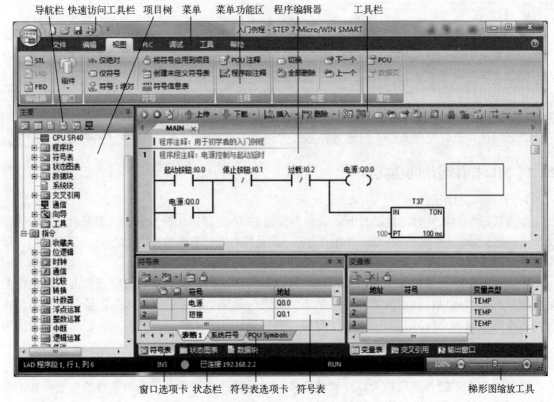

图 2-1　STEP 7-Micro/WIN SMART 的界面

4. 菜单

STEP 7-Micro/WIN SMART 采用带状式菜单，每个菜单的功能区（见图 2-1）占的位置较宽。单击某个菜单项（例如"视图"），可以打开和关闭该菜单项的功能区。单击菜单功能区之外的区域，也能关闭打开的功能区。右键单击（简称右击）菜单功能区，执行出现的快捷菜单中的命令"最小化功能区"，或双击某个菜单项，可以固定显示功能区，或解除固定显示功能。

5. 项目树与导航栏

项目树用于组织项目。右击项目树的空白区域，可以用快捷菜单中的"单击打开项目"命令，设置用单击或双击打开项目树中的对象。

图 2-1 的项目树上面的导航栏有符号表、状态图表、数据块、系统块、交叉引用和通信这几个按钮。单击它们，可以直接打开项目树中对应的对象。

单击项目树中文件夹左边带加减号的小方框，可以打开或关闭该文件夹。也可以双击文件夹打开它。右击项目树中的某个文件夹，可以用快捷菜单中的命令作打开、插入等操作，允许的操作与具体的文件夹有关。右击文件夹中的某个对象，可以做打开、剪切、复制、粘贴、插入、删除、重命名和设置属性等操作，允许的操作与具体的对象有关。

单击"工具"菜单功能区中的"选项"按钮，再单击出现的"选项"对话框左边窗口中的"项目树"，右边窗口的多选框"启用指令树自动折叠"用于设置在打开项目树中的某个文件夹时，是否自动折叠项目树已打开的文件夹。

将光标放到项目树右侧的垂直分界线上，光标变为水平方向的双向箭头，按住鼠标左键，移动鼠标，可以拖动垂直分界线，调节项目树的宽度。

6．状态栏

状态栏位于主窗口底部，提供软件中执行的操作的相关信息。在编辑模式，状态栏显示编辑器的信息，例如当前是插入（INS）模式还是覆盖（OVR）模式。可以用计算机的〈Ins〉（插入）键切换这两种模式。此外还显示在线状态信息，包括 CPU 的状态、通信连接的状态、CPU 的 IP 地址和可能的错误等。可以用状态栏右边的梯形图缩放工具放大和缩小梯形图程序。

2-1
编程软件使用入门

视频"编程软件使用入门"可通过扫描二维码 2-1 播放。

2.1.2 窗口操作与帮助功能

1．打开和关闭窗口

刚安装好编程软件时，自动打开了合并为两组的 6 个窗口（符号表、状态图表、数据块、变量表、交叉引用表和输出窗口），合并的窗口下面是标有窗口名称的窗口选项卡（见图 2-1），单击某个窗口选项卡，将会显示该窗口。

单击当前显示的窗口右上角的⊠按钮，可以关闭该窗口。双击项目树中或单击导航栏中的某个窗口对象，可以打开对应的窗口。单击"编辑"菜单功能区的"插入"区域的"对象"按钮，再单击出现的下拉式列表中的某个对象，也可以打开它。新打开的窗口的状态（与其他窗口合并、停靠或浮动）与该窗口上次关闭之前的状态相同。

2．窗口的浮动与停靠

项目树和上述的各窗口均可以浮动或停靠，以及排列在屏幕上。单击单独的或被合并的窗口的标题栏，按住鼠标左键不放，移动鼠标，窗口变为浮动，并随光标一起移动。松开鼠标左键，浮动的窗口被放置在屏幕上当前的位置。这一操作过程称为"拖拽"。

拖动被合并的窗口下面标有"数据块"的选项卡，数据块窗口脱离其他窗口，成为单独的浮动窗口（见图 2-2 的左图）。可以同时让多个窗口在任意位置浮动。

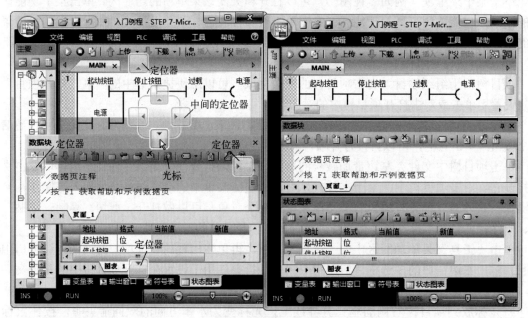

图 2-2　浮动窗口与定位器

　　移动窗口时，界面的中间和四周出现定位器符号（8 个带三角形方向符号的矩形），图 2-2 左图中光标放在中间的定位器下面的矩形符号上时，编辑器下面的阴影区指示数据块窗口将要停靠的区域。松开鼠标左键，数据块窗口停靠在编辑器窗口的下面、合并的窗口之上（见图 2-2 的右图）。

　　拖动窗口时光标放在中间的定位器的某个矩形符号上，松开鼠标左键，该窗口将停靠在定位器所在区域对应的边上。拖动窗口时光标放在软件界面边沿某个定位器符号上，松开鼠标左键，该窗口将停靠在软件界面对应的边上。一般将项目树之外的其他窗口停靠在程序编辑器的下面。

3．窗口的合并

　　拖动图 2-2 右图中的数据块窗口，使它浮动。在拖动过程中如果光标进入其他窗口的标题栏，或进入需要合并的窗口下面标有窗口名称的窗口选项卡所在的行，被拖动的数据块窗口将与其他窗口合并，窗口下面出现"数据块"选项卡，并显示数据块窗口。

　　图 2-2 下面的窗口合并了变量表、输出窗口、符号表和状态图表，显示的是状态图表。单击合并的窗口下面的选项卡，可以选择显示哪一个窗口。

4．窗口高度的调整

　　将光标放到两个窗口的水平分界线上，或放在窗口与编辑器的分界线上，光标变为垂直方向的双向箭头≑，按住鼠标左键上、下移动鼠标，可以拖动水平分界线，调整窗口的高度。

5．窗口的隐藏与停靠

　　将打开的 5 个窗口合并后，单击窗口右上角的"自动隐藏"按钮，已合并的所有窗口被隐藏到界面的左下角状态栏上面。将光标放到隐藏的窗口的某个图标上，对应的窗口将会自动出现，并停靠在界面的下边沿（见图 2-3）。此时单击窗口右上角的按钮，窗口将自动地停靠到隐藏之前的位置。

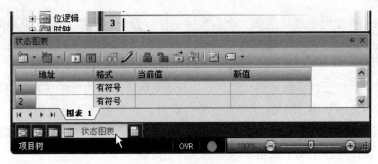

图 2-3　显示隐藏的窗口

　　上述操作也可以用于项目树。单击图 2-2 左图项目树右上角的"自动隐藏"按钮，项目树将隐藏到界面的最左边（见图 2-2 的右图左上角标有"主要"两字的矩形图标）。将光标放到隐藏的项目树图标上，项目树将会重新出现。此时单击项目树右上角的按钮，它将自动停靠到界面左边原来的位置。

　　视频"编程软件的窗口操作"可通过扫描二维码 2-2 播放。

　　关闭 STEP 7-Micro/WIN SMART 时，界面的布局被保存，下一次打开软件时继续使用原来的布局。

6．帮助功能的使用

　　（1）在线帮助

　　单击项目树中的某个文件夹或文件夹中的对象、单击某个窗口、单击指令列表中或程序编

19

辑器中的某条指令后按〈F1〉键，或用鼠标按住工具栏上的某个按钮同时按〈F1〉键，将会出现选中的对象的在线帮助。

（2）用帮助菜单获得帮助

单击"帮助"菜单功能区的"信息"区域的"帮助"，打开在线帮助窗口。

单击"目录"选项卡，可以寻找需要的帮助主题。"索引"选项卡提供了按字母顺序排列的主题关键字，双击某一关键字，右边窗口将出现它的帮助信息。在窗口的"搜索"选项卡输入要查找的名词，单击"列出主题"按钮，将列出所有查找到的主题。双击某一主题，在右边窗口将显示有关的帮助信息。

单击"帮助"菜单功能区的"Web"区域的"支持"按钮，将打开西门子的工业支持网站，可以进入下载中心、找答案、技术论坛和1847 工业学习平台等栏目。

2-3
帮助功能的使用

视频"帮助功能的使用"可通过扫描二维码 2-3 播放。

2.2　程序的编写与下载

2.2.1　创建项目

1. 创建项目或打开已有的项目

单击快速访问工具栏最左边的"新建"按钮 ，生成一个新的项目。单击快速访问工具栏上的 按钮，可以打开已有的项目（包括 S7-200 的项目）。

2. 硬件组态

硬件组态的任务是用系统块生成一个与实际的硬件系统相同的系统，组态的模块和信号板与实际的硬件安装的位置和型号最好完全一致。硬件组态时，还需要设置各模块和信号板的参数，即给参数赋值。

下载项目时，如果项目中组态的 CPU 型号或固件版本号与实际的 CPU 型号或固件版本号不匹配，STEP 7-Micro/WIN SMART 将发出警告消息。如果系统块设置为"允许缺少硬件"和"允许硬件配置错误"时启动（见图 2-31），可以继续下载，但是如果连接的 CPU 不支持项目需要的资源和功能，将会出现下载错误。

单击导航栏上的"系统块"按钮 ，或双击项目树中的"系统块"，打开系统块（见图 2-4）。默认的 CPU 的型号和版本号如果与实际的不一致，单击 CPU 所在行的"模块"列单元最右边隐藏的 按钮，用出现的 CPU 下拉式列表将它改为实际使用的 CPU。单击 SB 所在行的"模块"列单元最右边隐藏的 按钮，设置信号板的型号。如果没有使用信号板，该行为空白。用同样的方法在 EM0～EM5 所在的行设置实际使用的扩展模块的型号。扩展模块必须连续排列，中间不能有空行。模块参数的设置方法见 2.5 节。

硬件组态给出了各模块和信号板输入/输出点的起始地址，为设计用户程序打下了基础。

选中"模块"列的某个单元，可以用计算机的〈Delete〉键删除该行的模块或信号板。

单击图 2-1 左上角的"文件"按钮 ，执行出现的菜单中的"另存为"命令，可以修改项目的名称和保存项目文件的文件夹。

	模块	版本	输入	输出	订货号
CPU	CPU ST40 (DC/DC/DC)	V02.06.00_00.00.00.00	I0.0	Q0.0	6ES7 288-1ST40-0AA0
SB	SB CM01 (RS485/RS232)				6ES7 288-5CM01-0AA0
EM 0	EM DT16 (8DI / 8DQ Transistor)		I8.0	Q8.0	6ES7 288-2DT16-0AA0
EM 1	EM DT32 (16DI / 16DQ Transistor)		I12.0	Q12.0	6ES7 288-2DT32-0AA0
EM 2	EM DR16 (8DI / 8DQ Relay)		I16.0	Q16.0	6ES7 288-2DR16-0AA0
EM 3	EM AM06 (4AI / 2AQ)		AIW64	AQW64	6ES7 288-3AM06-0AA0
EM 4	EM AE04 (4AI)		AIW80		6ES7 288-3AE04-0AA0
EM 5					

系统块

图 2-4　系统块的上半部分

3. 保存文件

单击快速访问工具栏上的"保存"按钮 ，在出现的"另存为"对话框中输入项目的文件名"入门例程"（见配套资源中的同名例程），设置用于保存项目的文件夹。单击"保存"按钮，软件将所有项目数据（程序、数据块、系统块、符号表、状态图和注释等）的当前状态存储在扩展名为 smart 的单个文件中。

4. 控制要求

下面用一个简单的例子，介绍怎样用编程软件来编写、下载和调试梯形图程序。

控制三相异步电动机定子降压起动的 PLC 的外部接线图和梯形图如图 2-5 所示，输入电路使用 CPU 模块提供的 DC 24V 电源。按下起动按钮后，输出点 Q0.0 变为 ON，KM1 的线圈通电，电动机定子绕组串接电阻后接到三相电源上，串接的电阻使电动机绕组上的电压降低，以减小起动电流。同时定时器 T37 开始定时，10s 后 T37 的定时时间到，使 Q0.1 变为 ON，KM2 的线圈通电，起动电阻被短接，电动机全压运行。按下停止按钮 I0.1 后，Q0.0 变为 OFF，使 KM1 的线圈断电，电动机停止运行；T37 被复位，其常开触点断开，Q0.1 变为 OFF，使 KM2 的线圈也断电。电动机过载时，经过一定的时间后，接在 I0.2 输入端的热继电器的常开触点闭合，使梯形图中 I0.2 的常闭触点断开，也会使电动机停止运行。

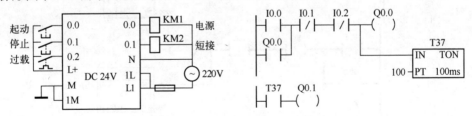

图 2-5　PLC 外部接线图与梯形图

这是一个很简单的数字量控制系统，只使用了主程序 MAIN。

2.2.2　生成用户程序

1. 编写用户程序

生成新项目后，自动打开主程序 MAIN（OB1），程序段 1 最左边的箭头处有一个矩形光标（见图 2-6a）。在"视图"菜单功能区设置地址显示方式为"仅绝对"。

单击程序编辑器工具栏上的"插入触点"按钮 ，然后单击出现的对话框中的"常开触点"，在矩形光标所在的位置出现一个常开触点（见图 2-6b）。触点上面红色的问号??.?表示地址未赋值，选中它以后输入触点的地址 I0.0，光标移动到触点的右边（见图 2-6c）。

单击程序编辑器工具栏上的"插入触点"按钮┨┠，然后单击出现的对话框中的"常闭触点"，生成一个常闭触点，输入触点的地址 I0.1。用同样的方法生成 I0.2 的常闭触点（见图 2-6d）。单击程序编辑器工具栏上的"插入线圈"按钮◯，然后单击出现的对话框中的"输出"，生成一个线圈，设置线圈的地址为 Q0.0。

如果双击指令列表的"位逻辑"文件夹中的某个触点或线圈，将在光标处生成一个相同的元件。可以将指令列表中常用的指令拖拽到指令列表的"收藏夹"文件夹中，在编程时使用它们。可以用右键菜单命令删除"收藏夹"中的指令。

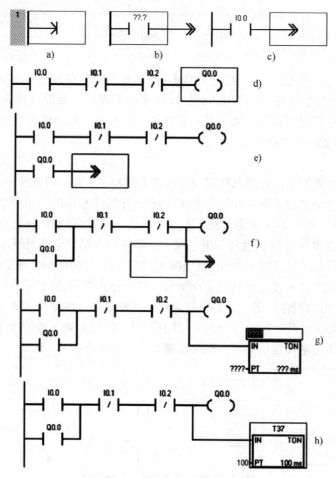

图 2-6　生成梯形图程序

将光标放到 I0.0 的常开触点的下面，生成 Q0.0 的常开触点（见图 2-6e）。将光标放到新生成的触点上，单击工具栏上的"插入向上垂直线"按钮↑，使 Q0.0 的触点与它上面的 I0.0 的触点并联（见图 2-6f）。

将光标放到 I0.2 的触点上，单击工具栏上的"插入向下垂直线"按钮↓，生成带双箭头的折线（见图 2-6f）。

有 3 种方法可以在程序中生成接通延时定时器：

1）将指令列表的"定时器"文件夹中的"TON"拖拽到图 2-6f 的双箭头所在的位置（见图 2-6g）。

2）将光标放到图 2-6f 的水平双箭头上，然后双击指令列表中的"TON"，在光标处生成接通延时定时器。

3）将光标放到图 2-6f 的水平双箭头上，单击工具栏上的"插入框"按钮⬛，向下拖动打开的指令列表中的垂直滚动条，显示出指令 TON 后再单击它，在光标处生成接通延时定时器。出现指令列表对话框后键入 TON，将会自动显示和选中指令列表中的 TON，单击它将在光标处生成接通延时定时器。

在 TON 方框上面输入定时器的地址 T37。单击 PT 输入端的红色问号????，键入以 100ms 为单位的时间预设值 100（10s）。图 2-6h 是程序段 1 输入结束后的梯形图。

视频"生成用户程序"可通过扫描二维码 2-4 播放。

2．对程序段的操作

梯形图程序被划分为若干个程序段，编辑器在程序段的左边自动给出程序段的编号。一个程序段只能有一块不能分开的独立电路，某些程序段可能只有一条指令（例如 SCRE）。如果一个程序段中有两块独立电路，在编译时将会出现错误，显示"程序段无效，或者程序段过于复杂，无法编译"。

语句表允许将若干个独立电路对应的语句放在一个程序段中。梯形图一定能转换为语句表程序。但是只有将语句表程序正确地划分为程序段，才能将语句表程序转换为梯形图。不能转换的程序段将显示"无效程序段"。

在项目"入门例程"的主程序的程序段 2，生成用 T37 的常开触点控制 Q0.1 线圈的电路（见图 2-16）。

程序编辑器中输入的参数或数字用红色文本表示非法的语法，数值下面的红色波浪线表示数值超出范围或数值对该指令不正确。数值下面的绿色波浪线表示正在使用的变量或符号尚未定义。STEP 7-Micro/WIN SMART 允许先编写程序，后定义变量和符号。

用鼠标左键单击程序区左边的灰色装订线区（见图 2-6a），对应的程序段被选中，整个程序段的背景色变为深蓝色。单击装订线区后，按住鼠标左键，在装订线区内往上或往下拖动，可以选中相邻的若干个程序段。可以用〈Delete〉键删除选中的程序段，或者通过剪贴板复制、剪切、粘贴选中的程序段中的程序。用矩形光标选中梯形图中某个编程元件后，可以删除它，或者通过剪贴板复制和粘贴它。

将鼠标指针悬停在某条指令上，将会显示该指令的名称和各参数的数据类型。

选中指令列表或程序中的某条指令后按〈F1〉键，可以得到与该指令有关的在线帮助。

3．打开和关闭注释

主程序、子程序和中断程序总称为程序组织单元（POU）。可以在程序编辑器中为 POU 和程序段添加注释（见图 2-1）。单击工具栏上的"POU 注释"按钮⬛或"程序段注释"按钮⬛，可以打开或关闭对应的注释。

4．编译程序

单击程序编辑器工具栏上的"编译"按钮⬛，对项目进行编译。如果程序有语法错误，编译后在编辑器下面出现的输出窗口将会显示错误的个数，各条错误的原因和错误在程序中的位置。双击某一条错误，将会打开出错的程序块，用光标指示出错的位置。必须改正程序中所有的错误才能下载。编译成功后，显示生成的程序和数据块的大小。

如果没有编译程序，在下载之前编程软件将会自动地对程序进行编译，并在输出窗口显示编译的结果。

5．设置程序编辑器的参数

单击"工具"菜单功能区的"设置"区中的"选项"按钮，打开"选项"对话框（见图 2-7），选中"LAD"，可以设置梯形图编辑器中网格（即矩形光标）的宽度、字符的字体、样式和大小等属性。"样式"上面的图形显示参数设置的效果。

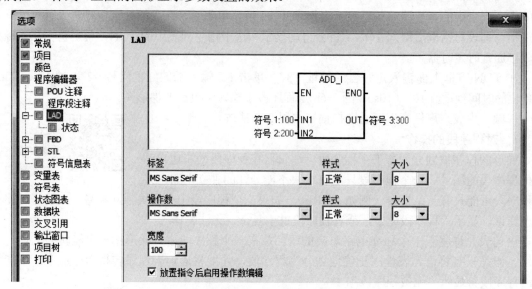

图2-7　"选项"对话框

选中"LAD"下面的"状态"，可以设置梯形图程序状态监控时上述的参数，以及符号地址在方框指令的方框内还是方框外显示。

选中左边窗口的"常规"节点，在右边窗口可以选择使用"国际"或"SIMATIC"助记符集，它们分别是英语和德语的指令助记符。

选中右边窗口的"项目"节点，单击"浏览"按钮，可以设置默认的文件位置。

视频"程序编辑器的操作"可通过扫描二维码2-5播放。

2-5
程序编辑器的操作

2.2.3　组态以太网

1. 以太网

西门子的工业以太网最多有32个网段、1024个节点。以太网可以实现100Mbit/s的高速、长距离数据传输，铜缆最远约为1.5km，光纤最远约为4.3km。

可以将S7-200 SMART CPU连接到基于TCP/IP通信标准的工业以太网，自动检测全双工或半双工通信，自适应10M/100Mbit/s通信速率。以太网用于S7-200 SMART与编程计算机、人机界面和其他S7 PLC的通信。通过交换机可以与多台以太网设备进行通信，实现数据的快速交互。

STEP 7-Micro/WIN SMART可以通过以太网端口，用普通网线下载程序。

2. MAC 地址

媒体访问控制（Media Access Control，MAC）地址是以太网端口设备的物理地址。通常由设备生产厂家将MAC地址写入EEPROM或闪存芯片。在传输数据时，用MAC地址标识发送和接收数据的主机的地址。在网络底层的物理传输过程中，通过MAC地址来识别主机。MAC地址是48位二进制数，分为6个字节（6B），一般用十六进制数表示，例如00-05-BA-CE-07-0C。其中的前3个字节是网络硬件制造商的编号，它由IEEE（国际电气与电子工程师协会）分配，后3个字节代表该制造商生产的某个网络产品（例如网卡）的序列号。形象地说，MAC地址就像我们的身份证号码,具有全球唯一性。

每个 CPU 在出厂时都已装载了一个永久的唯一的 MAC 地址。不能更改 CPU 的 MAC 地址。MAC 地址印在 CPU 正面左上角,打开以太网端口上面的盖板就能看到 MAC 地址。

3．IP 地址

为了使信息能在以太网上准确快捷地传送到目的地,连接到以太网的每台计算机必须拥有一个唯一的 IP 地址。

IP 地址由 32 位二进制数(4B)组成,是 Internet(网际)协议地址,每个 Internet 包必须有 IP 地址,Internet 服务提供商向有关组织申请一组 IP 地址,一般是动态分配给用户,用户也可以根据接入方式向互联网服务提供商申请一个 IP 地址。在控制系统中,一般使用固定的 IP 地址。

IP 地址通常用十进制数表示,用小数点分隔,例如 192.168.2.117。同一个 IP 地址可以使用具有不同 MAC 地址的网卡,更换网卡后可以使用原来的 IP 地址。

4．子网掩码

子网是连接在网络上的设备的逻辑组合。同一个子网中的节点彼此之间的物理位置通常相对较近。子网掩码(Subnet mask)是一个 32 位地址,用于将 IP 地址划分为子网地址和子网内节点的地址。二进制的子网掩码的高位应该是连续的 1,低位应该是连续的 0。以子网掩码 255.255.255.0 为例,其高24 位二进制数(前 3 个字节)为 1,表示 IP 地址中的子网地址(类似于长途电话的地区号)为 24 位;低 8 位二进制数(最后一个字节)为 0,表示子网内节点的地址(类似于长途电话的电话号)为 8 位。

S7-200 SMART CPU 出厂时默认的 IP 地址为 192.168.2.1,默认的子网掩码为 255.255.255.0。与编程计算机通信的单个 CPU 可以采用默认的 IP 地址和子网掩码。

5．网关

网关是局域网(LAN)之间的链接器。局域网中的计算机可以使用网关向其他网络发送消息。如果数据的目的地不在局域网内,网关将数据转发给另一个网络或网络组。网关用 IP 地址来传送和接收数据包。

6．用系统块设置 CPU 的 IP 地址

双击项目树或导航栏中的"系统块",打开"系统块"对话框,自动选中上面窗口中的 CPU(见图 2-4)和下面左边窗口中的"通信"(见图 2-8),在下面右边窗口设置 CPU 的以太网端口和 RS-485 端口的参数。图 2-8 中是默认的以太网端口的参数,也可以修改这些参数。

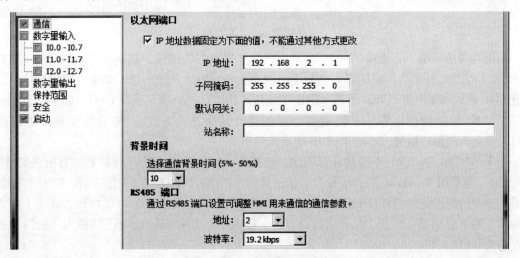

图 2-8　用系统块组态通信参数

如果选中多选框"IP 地址数据固定为下面的值，不能通过其他方式更改"，输入的是静态 IP 信息。只能在"系统块"对话框中更改 IP 信息并将它下载到 CPU。

如果未选中上述多选框，此时的 IP 地址信息为动态信息。可以在"通信"对话框中更改 IP 信息，或使用用户程序中的 SIP_ADDR 指令更改 IP 信息。静态和动态 IP 信息均存储在永久性存储器中。

子网掩码的值通常为 255.255.255.0，CPU 与编程设备的 IP 地址中的子网地址和子网掩码应完全相同。同一个子网中各设备的子网内的地址不能重叠。如果在同一个网络中有多个 CPU，除了一台 CPU 可以保留出厂时默认的 IP 地址 192.168.2.1，必须将其他 CPU 默认的 IP 地址更改为网络中唯一的其他 IP 地址。

如果连接到互联网，编程设备和网络设备可以与全球通信，但是必须分配唯一的 IP 地址，以避免与其他网络用户冲突。应请公司 IT 部门熟悉工厂网络的人员分配 IP 地址。

"背景时间"是用于处理通信请求的时间占扫描时间的百分比。增加背景时间将会增加扫描时间，从而减慢控制过程的运行速度，一般采用默认的 10%。

设置完成后，单击"确定"按钮确认设置的参数，并自动关闭系统块。需要通过系统块将新的设置下载到 PLC，参数被存储在 CPU 模块的存储器中。

7．用通信对话框设置 CPU 的 IP 地址

双击项目树中的"通信"，打开"通信"对话框（见图 2-9）。用"通信接口"下拉式列表选中使用的以太网网卡，单击"查找 CPU"按钮，将会显示出网络上所有可访问的设备的 IP 地址。

如果网络上有多个 CPU，选中需要与计算机通信的 CPU。单击"确定"按钮，就建立起了与对应的 CPU 的连接，可以监控该 CPU 和下载程序到该 CPU。

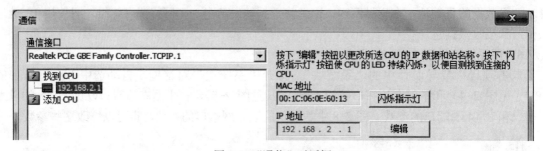

图 2-9　"通信"对话框

如果需要确认哪个是选中的 CPU，单击"闪烁指示灯"按钮。被选中的 CPU 的 STOP、RUN 和 ERROR 灯将会同时闪烁，直到下一次单击该按钮才停止闪烁。单击"编辑"按钮，可以更改 IP 地址和子网掩码等。单击"确定"按钮，修改后的值被下载到 CPU。如果在系统块中组态了"IP 地址数据固定为下面的值，不能通过其他方式更改"，并且将系统块下载到了 CPU，将会出现错误信息，不能更改 IP 地址。

如果 S7-200 SMART 不能与计算机建立连接（单击"查找 CPU"按钮后没有出现 CPU 的 IP 地址），但是用 Windows 的"运行"对话框执行"PING 192.168.2.1"指令后，CPU 有回复的数据，主要的原因是应用程序 pniomgr.exe 在开机时被禁止自动启动。可以打开 360 卫士的"优化加速"的"启动项"列表，允许它自动启动。在 360 卫士中 pniomgr.exe 被称为"西门子 PLC 软件的关联启动项"。

打开 STEP 7-Micro/WIN SMART 的项目时，不会自动选择 IP 地址或建立到 CPU 的连接。每次创建新项目或打开现有的 STEP 7-Micro/WIN SMART 项目后，在作在线操作（例如下载或改变工作模式）时将会自动打开"通信"对话框。单击"查找 CPU"按钮，显示出找到的 CPU 的 IP 地址后，单击"确定"按钮确认，再作想要做的操作。

8. 在用户程序中设置 CPU 的 IP 信息

SIP_ADDR（设置 IP 地址）指令用参数 ADDR、MASK 和 GATE 分别设置 CPU 的 IP 地址、子网掩码和网关。设置的 IP 地址信息存储在 CPU 的永久存储器中。

9. 设置计算机网卡的 IP 地址

如果计算机的操作系统是 Windows 7，用以太网电缆连接计算机和 CPU，打开"控制面板"，单击"查看网络状态和任务"。再单击"本地连接"，打开"本地连接状态"对话框。单击其中的"属性"按钮，在"本地连接属性"对话框中（见图 2-10），双击"此连接使用下列项目"列表框中的"Internet 协议版本 4（TCP/IPv4）"，打开"Internet 协议版本 4（TCP/IPv4）属性"对话框。

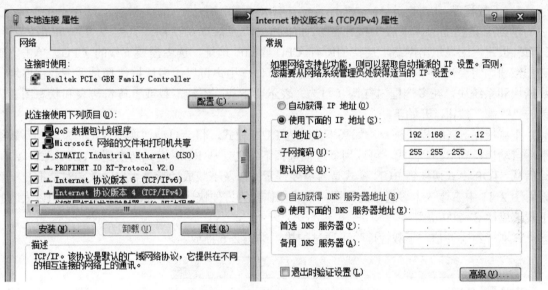

图 2-10　设置计算机网卡的 IP 地址

用单选框选中"使用下面的 IP 地址"，键入 PLC 以太网端口默认的子网地址 192.168.2（见图 2-10 的右图，应与 CPU 的子网地址相同），IP 地址的第 4 个字节是子网内的地址，可以取 0～255 中的某个值，但是不能与子网中其他设备的 IP 地址重叠。单击"子网掩码"输入框，自动出现默认的子网掩码 255.255.255.0。一般不用设置网关的 IP 地址。

设置结束后，单击各级对话框中的"确定"按钮，最后关闭控制面板。

使用宽带上互联网时，一般只需要用单选框选中图 2-10 中的"自动获得 IP 地址"。

开始安装软件时，如果出现要求重新启动计算机的对话框，重新启动后再安装软件，又会出现同样的对话框。解决的方法如下：同时按键盘上的 Windows 键和〈R〉键，打开"运行"对话框，键入命令 Regedit，单击"确定"按钮，打开注册表编辑器。打开左边窗口的文件夹" \HKEY_LOCAL_MACHINE\SYSTEM\CurrentControlSet\Control "，选中其中的" Session Manager"，用键盘上的删除键〈Delete〉删除右边窗口中的条目"PendingFileRename Operations"。这样不用重新启动计算机就可以安装软件了。

如果操作系统是 Windows 10，单击屏幕左下角的"开始"按钮▦，选中"设置"按钮⚙。单击"设置"对话框中的"网络和 Internet"，再单击"更改适配器选项"，双击"网络连接"对话框中的"以太网"，打开"以太网状态"对话框。单击"属性"按钮，打开与图 2-10 左图基本上相同的"以太网属性"对话框。后续的操作与 Windows 7 相同。

2.2.4　下载与调试用户程序

1. 以太网电缆连接方式与通信设置

标准型 CPU 可以通过以太网与运行 STEP 7-Micro/WIN SMART 的计算机通信。两台设备的一对一通信不需要以太网交换机，含有两台以上设备（例如 PLC、计算机和触摸屏）的网络需要使用以太网交换机。可以使用普通的交换机，或使用西门子的 4 端口以太网交换机 CSM 1277。

计算机直接连接单台 CPU 时，可以使用标准的以太网电缆，也可以使用交叉以太网电缆。下载之前应确保计算机与 PLC 的以太网通信正常，还应关闭程序状态监控和状态图表监控。

2. 下载程序

单击工具栏上的"下载"按钮⬇，如果弹出"通信"对话框（见图 2-9），单击"查找 CPU"按钮，应显示出网络上连接的所有 CPU 的 IP 地址，选中需要下载的 CPU。单击"确定"按钮，将会出现"下载"对话框（见图 2-11）。用户可以用多选框选择是否下载程序块、数据块和系统块，在多选框内打钩（勾选）表示要下载。不能下载或上传符号表和状态图表。单击"下载"按钮，开始下载。

下载应在 STOP 模式进行，如果下载时为 RUN 模式，将会自动切换到 STOP 模式，下载结束后自动切换到 RUN 模式。可以用多选框选择下载之前从 RUN 模式切换到 STOP 模式，和下载后从 STOP 模式切换到 RUN 模式是否需要提示；以及下载成功后是否自动关闭对话框。一般采用图 2-11 中右边 3 个多选框的设置，下载操作最为方便快捷。S7-200 SMART 使用以太网的下载速度比 S7-200 快得多。

视频"组态通信与下载程序"可通过扫描二维码 2-6 播放。

图 2-11　"下载"对话框

3. 通过串口下载程序

紧凑型 CPU 的 RS-485 端口是唯一的编程端口，可以用订货号为 6ES7 901-3DB30-0XA0 的 USB/PPI 电缆下载程序。

用 USB/PPI 电缆连接 CPU 的 RS-485 端口和计算机的 USB 端口。单击项目树中的"通信", 打开 "通信" 对话框 (见图 2-9)。用 "通信接口" 选择框选中 "PC/PPI cable.PPI.1"。单击 "查找 CPU" 按钮, 如果在 "找到 CPU" 下面出现连接的 CPU 的地址和波特率, 表示找到了 CPU。单击 "确定" 按钮, 建立起连接, 就可以进行下载和监控等在线操作了。

上述操作不需要设置站地址和波特率, 编程电缆会搜索所有的波特率, 把实际的站地址和波特率显示出来。可以用系统块设置 CPU 的 RS-485 端口的站地址和波特率 (见图 2-8), 波特率可选 9.6kbit/s、19.2kbit/s 和 187.5kbit/s。系统块下载到 CPU 后设置的参数生效。出厂时串口的地址为 2, 波特率为 9.6kbit/s。

编程软件及 CPU 的固件版本均在 V2.3 及以上时, 标准型 CPU 可以通过 RS-485 端口, 使用 USB/PPI 电缆下载程序。

4. 读取 PLC 信息

单击 "PLC" 菜单功能区的 "信息" 区域中的 "PLC" 按钮, 将打开 "PLC 信息" 对话框 (见图 2-12), 显示 PLC 的状态和实际的模块配置。单击左边窗口中的某个模块或信号板, 可以显示出它们的订货号、硬件或固件修订版本、序列号、CPU 错误和当前 I/O 错误。

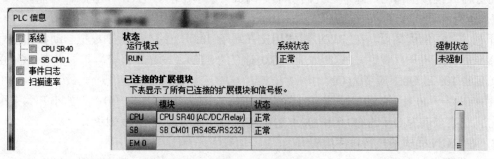

图 2-12　"PLC 信息" 对话框

单击左边窗口的 "事件日志", 可以查看 PLC 的事件日志 (见图 2-13), 显示带日期时间标记的事件列表。

PLC 信息				
系统	**事件日志**			
CPU SR40		时间	类型	错误/原因
SB CM01	1	2022.01.17　10:19:17	切换到 STOP	通信请求
事件日志	2	2022.01.17　10:14:09	切换到 RUN	通信请求
扫描速率	3	2022.01.17　10:13:39	上电	

图 2-13　事件日志

单击左边窗口中的 "扫描速率", 将显示上次扫描循环时间、最小和最大扫描循环时间。单击 "复位" 按钮, 将清除原有的值, 用新的值来代替它们。

5. 上传项目组件

上传之前应新建一个空的项目来保存上传的块, 以防止打开的项目被上传的内容覆盖。

单击工具栏上的 "上传" 按钮⬆, 打开上传对话框。上传对话框与图 2-11 中的下载对话框的结构基本上相同, 对话框的右下部分仅有多选框 "成功后关闭对话框"。

用户可以用多选框选择是否上传程序块、数据块和系统块。单击 "上传" 按钮, 开始上传。因为没有下载用户生成的符号信息、状态图表和程序中的注释, 不能上传它们的内容。

6．更改 CPU 的工作模式

PLC 有两种工作模式，即 RUN（运行）模式与 STOP（停止）模式。CPU 模块面板上的"RUN"和"STOP"LED 用来显示当前的工作模式。

在 RUN 模式，通过执行反映控制要求的用户程序来实现控制功能。在 STOP 模式，CPU 不执行用户程序，但是执行输入和输出更新操作。STOP 模式时可以将用户程序和硬件组态信息下载到 PLC。

编程软件与 PLC 之间建立起通信连接后，单击工具栏上的运行按钮 ，再单击出现的对话框中的"是"按钮，CPU 进入 RUN 模式。单击停止按钮 ，确认后 CPU 进入 STOP 模式。

在程序中插入 STOP 指令，可以使 CPU 由 RUN 模式进入 STOP 模式。

如果有致命错误，CPU 将切换到 STOP 模式和关闭输出。在致命错误消除之前不能从 STOP 模式更改为 RUN 模式。PLC 检测到非致命错误时，将存储错误，供用户进行检查，但是不会导致 PLC 无法执行用户程序和更新 I/O。

在 STOP 模式可以读取和改写用户存储器。但是出于安全的考虑，PLC 一般禁止改写输出映像寄存器或模拟量输出，除非已经启用了"调试"菜单中的"STOP 下强制"功能。

7．运行和调试程序

下载"入门例程"后，在 RUN 模式用接在端子 I0.0 上的小开关来模拟起动按钮信号，将开关接通后马上断开，观察 CPU 模块上 Q0.0 对应的 LED（发光二极管）是否点亮（Q0.0 变为 ON）。延时 10s 后 Q0.1 应变为 ON。

用接在端子 I0.1 上的小开关来模拟停止按钮信号，或用接在端子 I0.2 上的小开关来模拟过载信号，观察当前为 ON 的 Q0.0 和 Q0.1 是否变为 OFF（对应的 LED 熄灭）。

8．在 RUN 模式下执行程序编辑

V2.0 或更高版本固件的 S7-200 SMART CPU 支持在 RUN 模式下执行程序编辑功能。RUN 模式时用户不需要停机，就可以对程序进行少量修改（例如更改参数值），并将其下载到 CPU。在 RUN 模式时单击"调试"菜单功能区的"设置"区中的"运行中编辑"按钮，单击出现的"上传"对话框中的"上传"按钮，上传 CPU 中的程序。上传后出现和光标一起移动的 CPU 符号。完成所需变更后，必须将相应的变更下载到 CPU，这样变更才会生效。只能下载程序块，不能下载系统块和数据块。下载之前，应全面考虑可能带来的安全后果。再次单击"运行中编辑"按钮，退出"运行中编辑"操作，随光标移动的 CPU 符号消失。

2.3 符号表与符号地址的使用

1．打开符号表

为了方便程序的调试和阅读，可以用符号表（见图 2-14）来定义地址或常数的符号。可以为存储器类型 I、Q、M、SM、AI、AQ、V、S、C、T、HC 创建符号名。在符号表中定义的符号属于全局变量，可以在所有程序组织单元（POU）中使用它们。可以在创建程序之前或创建之后定义符号。

单击导航栏最左边的符号表按钮 ，或双击项目树的"符号表"文件夹中的某个符号表对象，可以打开符号表。新建的项目的"符号表"文件夹中，有"表格 1""系统符号""POU Symbols"和"I/O 符号"这 4 个符号表。可以右击"符号表"文件夹中的对象，用快捷菜单中的命令删除或插入某些符号表。

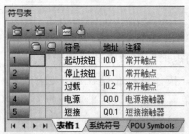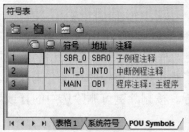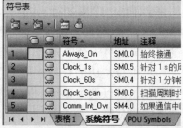

图 2-14　符号表窗口

2. 专用的符号表

（1）POU 符号表

单击符号表窗口下面的"POU Symbols"选项卡，可以看到项目中主程序、子程序和中断程序的默认名称，该表格为只读表格（背景为灰色），不能用它修改 POU 符号。可右击项目树文件夹中的某个 POU，用快捷菜单中的"重命名"命令修改它的名称。

（2）I/O 符号表

I/O 符号表列出了 CPU 的每个数字量 I/O 点默认的符号，例如"CPU 输入_21"和"CPU输出_5"等。可以修改这些符号。

（3）系统符号表

单击符号表窗口下面的"系统符号"选项卡，可以看到各特殊存储器（SM）的符号、地址和注释。

3. 生成符号

"表格 1"是自动生成的用户符号表。在"表格 1"的"符号"列键入符号名，例如"起动按钮"（见图 2-14），在"地址"列中键入地址或常数。可以在"注释"列键入最多 79 个字符的注释。符号名最多可以包含 23 个字符，可以使用英语字母、数字字符、下划线以及 ASCII 128～ASCII 255 的扩充字符和汉字。第一个字符不能是数字。

在为符号指定地址或常数值之前，用绿色波浪下划线表示该符号为未定义符号。在"地址"列键入地址或常数后，绿色波浪下划线消失。

符号表用 图标表示地址重叠的符号（例如 VB0 和 VD0），用 图标表示未使用的符号。

键入时用红色的文本表示下列语法错误：符号以数字开始、使用关键字作符号或使用无效的地址。红色波浪下划线表示用法无效，例如重复的符号名和重复的地址。

如果用户符号表的地址和 I/O 符号表的地址重叠，可以删除 I/O 符号表。

4. 生成用户符号表

可以创建多个用户符号表，但是不同的符号表不能使用相同的符号名或相同的地址。右击项目树中的"符号表"，执行快捷菜单中的"插入"→"符号表"命令，可以生成新的符号表。成功地插入新的符号表后，符号表窗口底部会出现一个新的选项卡。可以单击这些选项卡来打开不同的符号表。

5. 表格的通用操作

将鼠标的光标放在表格的列标题分界处，光标出现水平方向的双向箭头 后，按住鼠标的左键，将列分界线拉至所需的位置，可以调节列的宽度。

右击表格中的某一单元，执行弹出的菜单中的"插入"→"行"命令，可以在所选行的上面插入新的行。将光标置于表格最下面一行的任意单元后，按计算机的〈↓〉键，在表格的底部将会增添一个新的行。

按一下〈Tab〉键，光标将移至表格右边的下一个单元格。单击某个单元格，按住〈Shift〉键同时单击另一个单元格，将会同时选中两个所选单元格定义的矩形范围内所有的单元格。

单击最左边的行号，选中了整个行，该行的背景变为深色。按住鼠标左键在最左边的行号列拖动，可以选中连续的若干行。按删除键可删除选中的行或单元格，可以用剪贴板复制和粘贴选中的对象。

6．在程序编辑器和状态图表中定义、编辑和选择符号

在程序编辑器或状态图表中，右击未连接任何符号的地址，例如 T37。执行出现的快捷菜单中的"定义符号"命令，可以在打开的对话框中定义符号（见图 2-15）。单击"确定"按钮确认操作并关闭对话框。被定义的符号将同时出现在程序编辑器或状态图表和符号表中。

图 2-15 "定义符号"对话框

右击程序编辑器或状态图表中的某个符号，执行快捷菜单中的"编辑符号"命令，可以编辑该符号的地址和注释。右击某个未定义的地址，执行快捷菜单中的"选择符号"命令，出现"选择符号"列表，可以为该地址选用符号列表中可用的符号。

可以在程序中指令的参数域键入尚未定义的有效的符号名。这样生成了一组未分配存储区地址的符号名。单击符号表中的"创建未定义符号表"按钮，将这组符号名称传送到新的符号表选项卡，可以在这个新符号表中为符号定义地址。

7．符号表的排序

为了便于在符号表中查找符号，可以对符号表中的符号排序。单击符号列和地址列的列标题，可以改变排序的方式。例如单击"符号"所在的列标题，该单元出现向上的三角形，使表中的各行按符号升序排列，即按符号的字母或汉语拼音从 A～Z 的顺序排列。再次单击"符号"列标题，该单元出现向下的三角形，表中的各行按符号降序排列。也可以单击地址列的列标题，按地址排序。

视频"符号表的操作"可通过扫描二维码 2-7 播放。

8．切换地址的显示方式

在程序编辑器、状态图表、数据块和交叉引用表中，可以用下述 3 种方式切换地址的显示方式。

单击"视图"菜单功能区的"符号"区域中的"仅绝对""仅符号""符号:绝对"按钮（见图 2-1），可以分别只显示绝对地址（见图 2-6）、只显示符号地址（见图 2-16）、同时显示绝对地址和符号地址（见图 2-1）。

在符号地址显示方式输入地址时，可以输入符号地址或绝对地址，输入后按设置的显示方式显示地址。

单击工具栏上的"切换寻址"按钮 左边的，将在 3 种显示方式之间进行切换，每单击一次该按钮进行一次切换。单击右边的 按钮，将会列出 3 种显示方式供选择。如果为常量值定义了符号，不能按仅显示常量值的方式显示。

使用〈Ctrl+Y〉快捷键，也可以在 3 种符号显示方式之间进行切换。

如果符号地址过长，并且选择了显示符号地址或同时显示符号地址和绝对地址，程序编辑器只能显示部分符号名。将鼠标的光标放到这样的符号上，可以在出现的小方框中看到完整的符号名、绝对地址和符号表中的注释。

在程序编辑器中使用符号时，可以像绝对地址一样，对符号名使用间接寻址的记号&和*。

9. 符号信息表

单击"视图"菜单功能区的"符号"区域中的"符号信息表"按钮（见图 2-1），或单击工具栏上的该按钮，将会在每个程序段的程序下面显示或隐藏符号信息表（见图 2-16 和图 2-17）。

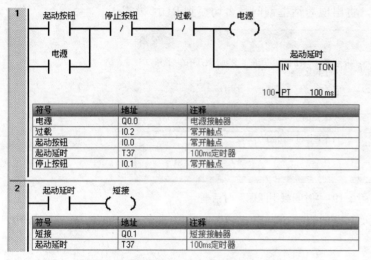

图 2-16　梯形图中的符号信息表　　　　　　　图 2-17　语句表中的符号信息表

显示绝对地址时，单击"视图"菜单功能区的"符号"区域中的"将符号应用到项目"按钮（见图 2-1），或单击符号表中的该按钮（见图 2-14），可将符号表中定义的所有符号名称应用到项目，从显示绝对地址切换到显示符号地址。

视频"符号地址的使用"可通过扫描二维码 2-8 播放。

2.4　用编程软件监控与调试程序

2.4.1　用程序状态监控与调试程序

在运行 STEP 7-Micro/WIN SMART 的计算机与 PLC 之间成功地建立起通信连接，并将程序下载到 PLC 后，便可以使用 STEP 7-Micro/WIN SMART 的监视和调试功能。

可以用程序编辑器的程序状态、状态图表中的表格和状态图表的趋势视图中的曲线，读取和显示 PLC 中数据的当前值，将数据值写入或强制到 PLC 的变量中去。

可以通过单击工具栏上的按钮或单击"调试"菜单功能区（见图 2-18）的按钮来选择调试工具。

图 2-18　"调试"菜单功能区

1. 梯形图的程序状态监控

在程序编辑器中打开要监控的程序块，单击工具栏上的"程序状态"按钮 🖳，开始启动程序状态监控。

如果 CPU 中的程序和打开的项目的程序有差异，或者在切换使用的编程语言后启用监控功能，可能会出现"时间戳不匹配"对话框（见图 2-19）。单击"比较"按钮，如果经检查确认 PLC 中的程序和打开的项目中的程序相同，对话框将显示"已通过"。单击"继续"按钮，开始监控。如果 CPU 处于 STOP 模式，将出现对话框询问是否切换到 RUN 模式。

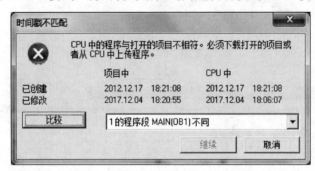

图 2-19 "时间戳不匹配"对话框

如果比较后发现二者的程序不完全相同，对话框将显示检出的问题（见图 2-19），应重新下载程序后再启动监控。

在程序状态监控时，PLC 必须处于 RUN 模式才能查看连续的状态更新，不能显示未执行的程序区（例如未调用的子程序、中断程序或被 JMP 指令跳过的区域）的程序状态。

在 RUN 模式下启动程序状态监控功能后，将用颜色显示出梯形图中各元件的状态（见图 2-20），左边的垂直"电源线"和与它相连的水平"导线"变为深蓝色。如果触点和线圈处于接通状态，它们中间出现深蓝色的方块，有"能流"流过的"导线"也变为深蓝色。如果有能流流入方框指令的 EN（使能）输入端，且该指令被成功执行时，方框指令的方框变为深蓝色。定时器和计数器的方框为绿色时表示它们包含有效数据。红色方框表示执行指令时出现了错误。灰色表示无能流、指令被跳过、未调用或 PLC 处于 STOP 模式。

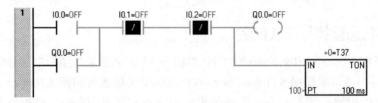

图 2-20 梯形图的程序状态监控

在 RUN 模式下启用程序状态监控，将以连续方式采集状态值。"连续"并非意味着实时，而是指编程设备不断地从 PLC 轮询状态信息，并在屏幕上显示，按照通信允许的最快速度更新显示。可能捕获不到某些快速变化的值（例如流过边沿检测触点的能流），并在屏幕上显示，或者因为这些值变化太快，无法读取。

开始监控图 2-20 中的梯形图时，各输入点均为 OFF，梯形图中 I0.0 的常开触点断开，I0.1 和 I0.2 的常闭触点接通。用接在端子 I0.0 上的小开关来模拟起动按钮信号，将开关接通后马上断开，梯形图中 Q0.0 的线圈"通电"，T37 开始定时（见图 2-21），方框上面 T37 的当前值不断增大。其当前值大于等于预设值 100（10s）时，梯形图中 T37 的常开触点接通，Q0.1 的线圈"通电"。通过启用程序状态监控，可以形象直观地看到触点、线圈的状态和定时器当前值的变化情况。

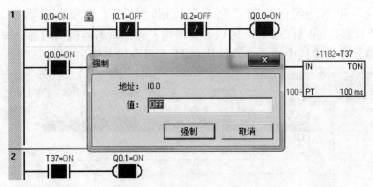

图 2-21　梯形图的程序状态监控

用接在端子 I0.1 上的小开关来模拟停止按钮信号，梯形图中 I0.1 的常闭触点断开后马上接通。Q0.0 和 Q0.1 的线圈断电，T37 被复位。

右击程序状态中的 I0.0，执行弹出的快捷菜单中的"强制"和"写入"等命令，可以用出现的对话框完成相应的操作。图 2-21 中的 I0.0 已被强制为 ON，在 I0.0 旁边用 图标表示它被强制。图 2-21 中出现的对话框用来将它强制为 OFF。

图 2-22 中的程序用定时器 T38 的常闭触点控制它自己的 IN 输入端。进入 RUN 模式时 T38 的常闭触点接通，它开始定时。2s 后定时时间到，T38 的常开触点闭合，使 MB10 加 1；常闭触点断开，使它自己复位，复位后 T38 的当前值变为 0。下一扫描周期因为 T38 的常闭触点接通，使它自己的 IN 输入端重新"得电"，又开始定时。T38 将这样周而复始地工作。从上面的分析可知，图 2-22 最上面一行电路是一个脉冲信号发生器，脉冲周期等于 T38 的预设值（2s）。T38 的当前值按图 2-26 中的锯齿波形不断变化。

单击工具栏上的"暂停程序"按钮 ，暂停程序状态的采集，T38 的当前值停止变化。再次单击该按钮，T38 的当前值重新开始变化。

2．语句表的程序状态监控

单击程序编辑器工具栏上的"程序状态"按钮 ，关闭程序状态监控。单击"视图"菜单功能区的"编辑器"区域的"STL"按钮，切换到语句表编辑器。单击"程序状态"按钮 ，启动语句表的程序状态监控功能，出现"时间戳不匹配"对话框。图 2-23 是图 2-21 中程序段 1 对应的语句表的程序状态。程序编辑器窗口分为左边的代码区和用蓝色字符显示数据的状态区。图 2-23 中"操作数 3"的右边是逻辑堆栈中的值。最右边表头为 的列是方框指令的使能输出位（ENO）的状态。用接在端子 I0.0 和 I0.1 上的小开关来模拟按钮信号，可以看到指令中的位地址的 ON/OFF 状态的变化和 T38 的当前值不断变化的情况。

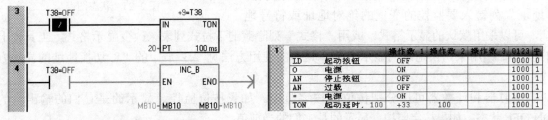

图 2-22　梯形图的程序状态监控　　　　　图 2-23　语句表的程序状态监控

状态信息从位于编辑窗口顶端的第一条 STL 语句开始显示。用滚动条向下滚动显示编辑器窗口时，将从 CPU 获取新的信息。

单击"工具"菜单功能区中的"选项"按钮，打开"选项"对话框。选中左边窗口"STL"下面的"状态"（见图 2-24），可以设置语句表程序状态监控的内容，每条指令最多可以监控 17 个操作数、逻辑堆栈中的 4 个当前值和 11 个指令状态位。

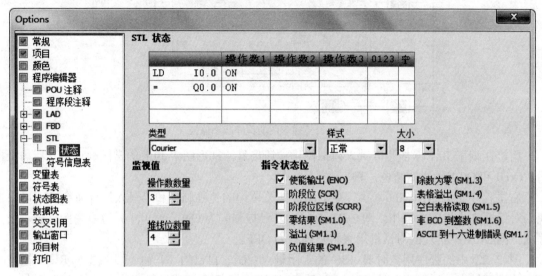

图 2-24　语句表中程序状态监控的设置

视频"用程序状态监控程序"可通过扫描二维码 2-9 播放。

2.4.2　用状态图表监控与调试程序

如果需要同时监控的变量不能在程序编辑器中同时显示，可以使用状态图表监控功能。

1. 打开和编辑状态图表

在程序运行时，可以用状态图表来读、写、强制和监控 PLC 中的变量。双击项目树的"状态图表"文件夹中的"图表 1"，或者单击导航栏上的"状态图表"按钮▦，均可以打开状态图表（见图 2-25），并对它进行编辑。如果项目中有多个状态图表，可以用状态图表编辑器底部的标签切换它们。

2. 生成要监控的地址

未起动状态图表的监控功能时，在状态图表的"地址"列键入要监控的变量的绝对地址或符号地

图 2-25　状态图表

址，可以采用默认的显示格式，或用"格式"列隐藏的下拉式列表来改变显示格式。工具栏上的按钮▣▾用来切换地址的显示方式。具体的使用方法见 2.3 节中的"8.切换地址的显式方式"。

定时器和计数器可以分别按位或按字监控。如果按位监控，显示的是它们的输出位的 ON/OFF 状态。如果按字监控，显示的是它们的当前值。

选中符号表中的符号单元或地址单元，并将其复制到状态图表的"地址"列，可以快速创建要监控的变量。单击选中状态图表某个"地址"列的单元格（例如 VW20）后按〈ENTER〉键，可以在下一行插入或添加一个具有顺序递增的地址（例如 VW22）和相同显示格式的新的行。

按住〈Ctrl〉键，将选中的操作数从程序编辑器拖拽到状态图表，可以替换已有的条目，或生成新的条目。此外，还可以从 Excel 电子表格复制和粘贴数据到状态图表。

3．创建新的状态图表

可以根据不同的监控任务，创建几个状态图表。右击项目树中的"状态图表"，执行弹出的菜单中的"插入"→"图表"命令，或单击状态图表工具栏上的"插入图表"按钮，可以创建新的状态图表。

4．启动和关闭状态图表的监控功能

建立起与 PLC 的通信连接后，打开状态图表，单击工具栏上的"图表状态"按钮（见图 2-25），该按钮被"按下"（按钮背景变为黄色），启动了状态图表的监控功能。编程软件从 PLC 收集状态信息，状态图表的"当前值"列将会显示从 PLC 中读取的连续更新的动态数据。

启动监控后，用接在输入端子上的小开关来模拟起动按钮和停止按钮信号，可以看到各个位地址的 ON/OFF 状态和定时器当前值变化的情况。

单击状态图表工具栏上的"图表状态"按钮，该按钮"弹起"（按钮背景色变为灰色），监控功能被关闭，"当前值"列显示的数据消失。

用二进制格式监控字节、字或双字，可以在一行中同时监控 8 点、16 点或 32 点的位变量（见图 2-25 中对 IW0 的监控）。

5．单次读取状态信息

状态图表的监控功能被关闭时，或 PLC 处于 STOP 模式，单击状态图表工具栏上的"读取"按钮，可以获得打开的图表中数值的单次"快照"（更新一次状态图表中所有的值），并在状态图表的"当前值"列显示出来。

6．RUN 模式与 STOP 模式下监控的区别

在 RUN 模式下可以使用状态图表和程序状态功能，连续采集变化的 PLC 数据值。在 STOP 模式下不能执行上述操作。

只有在 RUN 模式时，程序编辑器才会用彩色显示状态值和元素，在 STOP 模式时则用灰色显示。只有在 RUN 模式并且已启动程序状态时，程序编辑器才显示强制值锁定符号，才能使用写入、强制和取消强制功能。在 RUN 模式暂停程序状态后，也可以启用写入、强制和取消强制功能。

7．趋势视图

趋势视图（见图 2-26）用随时间变化的曲线跟踪 PLC 的状态数据。单击状态图表工具栏上的趋势视图按钮，可以在表格视图与趋势视图之间切换。右击状态图表内部，然后执行弹出的快捷菜单中的"趋势形式的视图"命令，也可以完成同样的操作。

用 100ms 定时器 T38 的常开触点控制它的 IN 输入端（见图 2-22），使 T38 的当前值按图 2-26 所示的锯齿波变化。T38 的常开触点每 2s 产生一个脉冲，将字节 MB10 的值加 1。MB10 的最低位 M10.0 的 ON/OFF 状态以 4s 的周期变化。

图 2-26 是监控 T38 的当前值和 M10.0 的趋势视图，趋势行号与状态图表的行号对应。

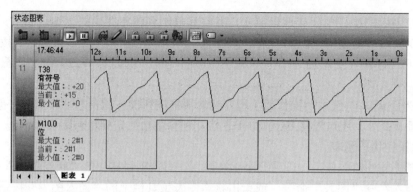

图 2-26 趋势视图

右击趋势视图，执行弹出的菜单中的命令，可以在趋势视图运行时删除被选中的变量行、插入新的行和修改趋势视图的时间基准（即时间轴的刻度）。如果更改了时间基准（0.25s～5min），整个图的数据都会被清除，并用新的时间基准重新显示。执行弹出的菜单中的"属性"命令，在弹出的对话框中，可以修改被右击的行变量的地址和显示格式，以及显示的上限和下限。

启动趋势视图后单击工具栏上的"暂停图表"按钮 ■，可以"冻结"趋势视图。再次单击该按钮将结束暂停。

视频"用状态图表监控程序"可通过扫描二维码 2-10 播放。

2-10
用状态图表监控程序

实时趋势功能不支持历史趋势，即不会保留超出趋势视图窗口的时间范围的趋势数据。

2.4.3 写入与强制数据

本节介绍用程序编辑器和状态图表将新的值写入或强制给操作数的方法。

1. 写入数据

"写入"功能用于将数值写入 PLC 的变量。将变量新的值键入状态图表的"新值"列后（见图2-27），单击状态图表工具栏上的"全部写入"按钮 ✎，将"新值"列所有的值传送到 PLC。在 RUN 模式时，因为用户程序的执行，写入的数值可能很快被程序改写成新的数值。不能用写入功能改写物理输入点（I 或 AI 地址）的状态。

图 2-27 用状态图表强制变量

在程序状态监控时，右击梯形图中的某个地址或语句表中的某个操作数的值，可以用弹出的快捷菜单中的"写入"命令，在弹出的"写入"对话框中完成写入操作。

视频"用编程软件写入数据"可通过扫描二维码 2-11 播放。

2-11
用编程软件写入数据

2. 强制的基本概念

强制（Force）功能通过强制 V 和 M 来模拟逻辑条件，通过强制 I/O 点来模拟物理条件。例如可以通过对输入点的强制代替输入端外接的小开关，来调试程序。

可以强制所有的 I/O 点，还可以同时强制最多 16 个 V、M、AI 或 AQ 地址。最多可以强制

100 个字节的 PROFINET I/O 值。可以按字节、字或双字强制 V、M 存储区或 PROFINET I/O 值。只能从偶数字节开始以字为单位强制 AI 和 AQ，不能强制 I 和 Q 之外的位地址。强制的数据用 CPU 的 EEPROM 永久性地存储。

在读取输入阶段，强制值被当作输入读入；在程序执行阶段，强制数据用于立即读和立即写指令指定的 I/O 点。在通信处理阶段，强制值用于通信的读/写请求；在修改输出阶段，强制数据被当作输出写到输出电路。进入 STOP 模式时，输出将变为强制值，而不是系统块中设置的值。虽然在一次扫描过程中，程序可以修改被强制的数据，但是新一轮扫描开始后，会重新应用强制值。

在写入或强制输出时，如果 S7-200 SMART 与其他设备相连，可能导致系统出现无法预料的情况，引起人员伤亡或设备损坏，只有合格的人员才能进行强制操作。强制程序值后，务必通知所有有权维修或调试过程的人员。

3．强制的操作方法

可以用"调试"菜单功能区的"强制"区域中的按钮（见图 2-18），或状态图表工具栏上的按钮（见图 2-27）执行下列操作：强制、取消强制、全部取消强制、读取所有强制。右击状态图表中的某一行，可以用弹出的菜单中的命令完成上述的强制操作。

（1）强制

启动了状态图表监控功能后，右击 I0.0，执行快捷菜单中的"强制"命令，将它强制为 ON。强制后不能用外接的小开关改变 I0.0 的强制值。

将要强制的新的值 16#1234 键入状态图表中 VW0 的"新值"列（见图 2-27），单击状态图表工具栏上的"强制"按钮🔒，VW0 被强制为新的值。在当前值的左边出现强制图标🔒。

要强制程序状态或状态图表中的某个地址，可以用鼠标右击它，执行快捷菜单中的"强制"命令，然后用出现的"强制"对话框进行强制操作（见图 2-21）。

一旦使用了强制功能，每次扫描都会将强制的数值用于该操作数，直到取消对它的强制。即使关闭 STEP 7-Micro/WIN SMART，或者断开 S7-200 SMART 的电源，都不能取消强制。

黄色的强制图标🔒（合上的锁）表示该地址被显式强制，对它取消强制之前，用其他方法不能改变该地址的值。

灰色的强制图标🔒（合上的锁）表示该地址被隐式强制。图 2-27 中的 VW0 被显示强制，VB0 和 V1.3 是 VW0 的一部分，因此它们被隐式强制。

灰色的部分强制图标🔒（半块锁）表示该地址被部分强制。图 2-27 中的 VW0 被显示强制，因为 VW1 的第一个字节 VB1 是 VW0 的第二个字节，VW1 的一部分也被强制。因此 VW1 被部分强制。

不能直接取消对 VB0、V1.3 的隐式强制和对 VW1 的部分强制，必须取消对 VW0 的显式强制，才能同时取消上述的隐式强制和部分强制。

（2）取消对单个操作数的强制

选择一个被显式强制的操作数，然后单击状态图表工具栏上的"取消强制"按钮🔒，被选择的地址的强制图标将会消失。也可以右击程序状态或状态图表中被强制的地址，用快捷菜单中的命令取消对它的强制。

（3）取消全部强制（仅限状态图表）

单击状态图表工具栏上的"全部取消强制"按钮🔒，可以取消对被强制的全部地址的强制，使用该功能之前不必选中某个地址。

（4）读取全部强制

关闭状态图表监控，单击状态图表工具栏上的"读取所有强制"按钮 ，状态图表中的当前值列将会显示出已被显式强制、隐式强制和部分强制的所有地址相应的强制图标。

4. STOP 模式下强制

在 STOP 模式时，可以用状态图表查看操作数的当前值、写入值、强制值或解除强制。

如果在写入或强制输出点 Q 时，S7-200 SMART PLC 已连接到设备，这些更改将会传送到该设备。这可能导致设备出现异常，从而造成人员伤亡或设备损坏。作为一项安全防范措施，必须首先启用"STOP 下强制"功能。

单击"调试"菜单功能区的"设置"区域中的"STOP 下强制"按钮，再单击出现的对话框中的"是"按钮以确认，才能在 STOP 模式下启动强制功能。

2-12
用编程软件强制数据

视频"用编程软件强制数值"可通过扫描二维码 2-12 播放。

2.4.4　调试用户程序的其他方法

1. 使用书签

图 2-1 的工具栏上的"切换书签"按钮 用于在当前光标位置指定的程序段设置或删除书签，单击 或 按钮，光标将移动到程序中下一个或上一个标有书签的程序段。单击 按钮将删除程序中所有的书签。

2. 单次扫描

从 STOP 模式进入 RUN 模式，首次扫描位（SM0.1）在第一次扫描时为 ON。由于执行速度太快，在程序运行状态不可能看到首次扫描刚结束时某些编程元件的状态。

在 STOP 模式下单击"调试"菜单功能区的"扫描"区域中的"执行单次"按钮，PLC 进入 RUN 模式，执行一次扫描后，自动回到 STOP 模式，可以观察到首次扫描后的状态。

3. 多次扫描

在 STOP 模式下单击"调试"菜单功能区的"扫描"区域中的"执行多次"按钮，在出现的对话框中指定执行程序扫描的次数（1～65535 次）。单击"启动"按钮，执行完指定的扫描次数后，自动返回 STOP 模式。在 RUN 模式下如果使用首次扫描或多次扫描功能，将会出现显示"PLC 处于错误模式"的对话框。

4. 交叉引用表

交叉引用表用于检查程序中参数当前的赋值情况，可以防止无意间的重复赋值。必须成功地编译程序后才能查看交叉引用表。交叉引用表并不下载到 PLC。

打开项目树中的"交叉引用"文件夹，双击其中的"交叉引用""字节使用"或"位使用"，或单击导航栏中的交叉引用按钮 ，都可以打开交叉引用表（见图 2-28）。

元素	块	位置	上下文
6	I0.5	主程序 (OB1)	程序段 7	⊣⊢
7	I0.5	主程序 (OB1)	程序段 8	⊣⊢
8	QB3	主程序 (OB1)	程序段 8	SEG
9	Q0.0	主程序 (OB1)	程序段 4	⊣⊦
10	VD4	主程序 (OB1)	程序段 1	I_DI
11	VD12	主程序 (OB1)	程序段 2	⊣>R⊦

字节	9	8	7	6	5	4	3	2	1	0
VB0	B	B	D	D	D	W	W	W	W	W
VB10			W	W	D	D	D	W	W	W
VB20	W	W	B	W	B	B	B	W	W	W
VB30		B	B	B	W	W		W		b
VB40	B	B	B	B	B		B	B		B
VB50									W	W

字节	7	6	5	4	3	2	1	0
I0.0			b		b	b	b	b
Q0.0								b
Q1.0								
Q2.0								
Q3.0	B	B	B	B	B	B	B	B
M0.0							b	b

图 2-28　交叉引用表

　　交叉引用表列举出程序中使用的各编程元件所有的触点、线圈等在哪一个 POU 的哪一个程序段中出现，以及使用的指令。还可以察看哪些存储器单元已经被使用，是作为位（b）使用还是作为字节（B）、字（W）或双字（D）使用。

　　双击交叉引用表中的某一行，可以显示出该行的操作数和指令所在的程序段。

　　交叉引用表的工具栏上的 按钮用来切换地址的显示方式。具体的使用方法见 2.3 节中的"8. 切换地址的显示方式"。

2.5　使用系统块设置 PLC 的参数

2.5.1　组态 PLC 的参数

1．系统块概述

　　系统块用于 CPU、信号板和扩展模块的组态。单击导航栏上的"系统块"按钮，或双击项目树中的"系统块"，可以打开系统块。将系统块下载到 PLC 后，它的设置才生效。可以从 CPU 上传系统块，使 STEP 7-Micro/WIN SMART 的项目组态与 CPU 中的组态相匹配。

2．设置 PLC 断电后的数据保存方式

　　选中系统块上半部分的模块列表中的 CPU（见图 2-4），可以设置 CPU 模块的属性。

　　单击系统块下半部分左边窗口中的"保持范围"节点（见图 2-29），可以用右边窗口设置 6个在电源掉电时需要保持数据的存储区的范围，可以设置保存全部 V、M、C 区，只能保持 TONR（保持型定时器）和计数器的当前值，不能保持定时器位和计数器位，上电时它们被置为 OFF。可以组态最多 10KB（10240B）的保持范围。默认的设置是 CPU 未定义保持区域。

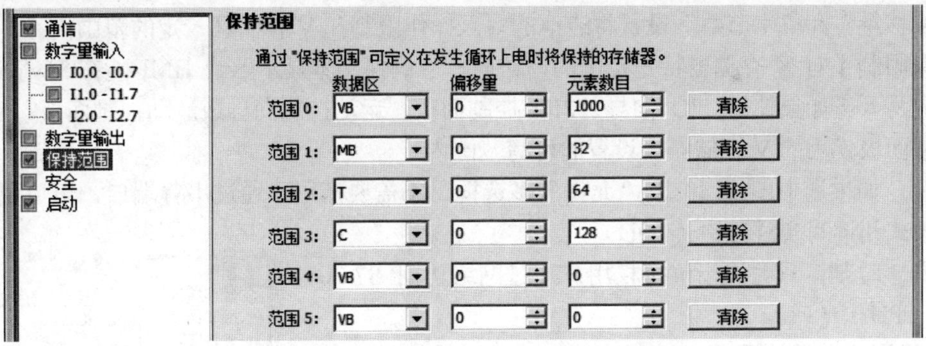

图 2-29　设置断电后数据保持的地址范围

　　断电时 CPU 将指定的保持性存储器的值保存到永久存储器。上电时 CPU 首先将 V、M、C和 T 存储器清零，将数据块中的初始值复制到 V 存储器，然后将保存的保持值从永久存储器复制到 RAM。

3．组态系统安全

　　单击图 2-30 左边窗口的"安全"节点，可以进行安全设置。

　　CPU 提供四级密码保护（见表 2-1），默认的是完全权限（1 级，没有设置密码）。如果设置了密码，只有输入正确的密码后，S7-200 SMART 才根据设置的授权级别提供相应的操作功能。系统块下载到 CPU 后，密码才起作用。2 级和 3 级分别为读取权限和最低权限。在第 4 级密码（不允许上传）的保护下，即使有正确的密码也不能上传程序。限制级别为 2~4 级时，应输入并

核实密码，密码长度为 10～63 个字符，必须包含数字、大写字母、小写字母和特殊字符。

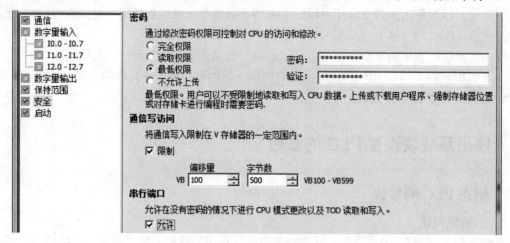

图 2-30　CPU 的密码和安全设置

表 2-1　S7-200 SMART CPU 密码保护权限级别

任　务	1 级	2 级	3 级	4 级
读、写用户数据和读取实时时钟	允许	允许	允许	允许
上传用户程序、数据块和系统块，程序状态，项目比较	允许	允许	有限制	不允许
CPU 的启动、停止和上电复位，设置实时时钟，下载，在 STOP 模式下写输出，复位为出厂默认设置。删除程序块、数据块或系统块，或将它们复制到存储卡。复位 PLC 信息中的扫描速率，强制状态图表中的数据，执行单次或多次扫描操作	允许	有限制	有限制	有限制

　　勾选图 2-30 中的"限制"多选框，除了禁止通过通信改写 I、Q、AQ 和 M 存储区，还可以用"偏移量"和"字节数"设置将通信的写入操作限制在 V 存储区一定的范围内。

　　如果限制了对 V 存储器特定范围的写访问，应确保文本显示器或 HMI 能在 V 存储器的可写范围内写入。如果使用 PID 向导、PID 控制面板、运动控制向导或运动控制面板，应确保这些向导或面板使用的 V 存储器在设置的可写范围内。

　　此外，如果选中图 2-30 的"允许"多选框，不需要密码，通过串行端口，可以更改 CPU 的工作模式和读写实时时钟（TOD）。

　　在同一时刻，只允许一位授权用户通过网络访问 S7-200 SMART CPU。

4. 设置启动后的模式

　　S7-200 SMART 的 CPU 没有 S7-200 那样的模式选择开关，只能用编程软件工具栏上的按钮来切换 CPU 的 RUN/STOP 模式。单击图 2-31 左边窗口的"启动"节点，可选择上电后的启动模式为 RUN、STOP 和 LAST（上一次上电或重启前的工作模式），并设置在两种特定的条件下是否允许启动。LAST 模式用于程序开发或调试，系统正式投入运行后应选 RUN 模式。

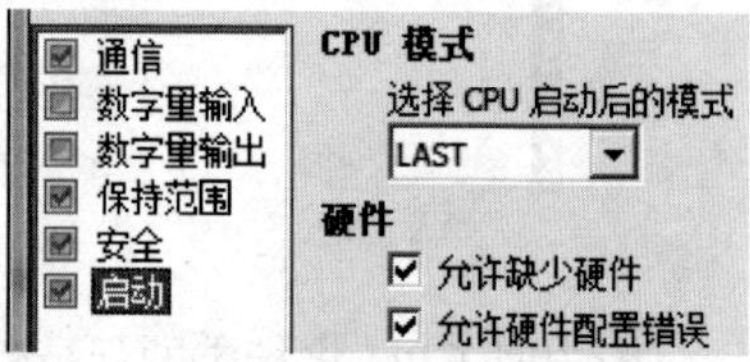

图 2-31　设置启动后的模式

　　视频"用系统块组态硬件"可通过扫描二维码 2-13 播放。

2-13　用系统块组态硬件

5. 清除 PLC 的存储区

　　CPU 在 STOP 模式时，单击"PLC"菜单功能区的"修改"区域的"清除"按钮，再单击下拉式菜单中的某个对象，将会删除选中的对象。

如果忘记了密码，可插入专门为此创建的"复位为出厂默认存储卡"，完成复位操作后，密码、原来的 IP 地址和波特率都被清除，但是实时时钟不受影响。具体的操作可以在在线帮助中搜索"创建复位为出厂默认存储卡"和"清除 PLC 存储区"。

忘记密码的另一个处理方法不需要存储卡。单击"PLC"菜单功能区的"修改"区域的"清除"按钮，单击出现的下拉式菜单中的"全部"，出现"清除"对话框。单击"复位为出厂默认值"和"忘记密码"多选框，多选框内出现一个勾（称为勾选），单击"清除"按钮，在 1min 内断电后又上电，CPU 被复位为出厂默认设置。

视频"CPU 密码的设置与清除"可通过扫描二维码 2-14 播放。

6．组态电池板

组态信号板 SB BA01 时，可以设置是否启用该信号板的电池电量低报警，还可以设置电池电量低是否启用 I7.0 监视信号板的状态。

2.5.2　组态输入/输出参数

1．组态数字量输入的滤波器时间

选中图 2-4 中系统块上半部分的 CPU 模块、有数字量输入的模块或信号板，单击系统块下半部分左边浏览窗口中的某个数字量输入字节（见图 2-32），可以在右边窗口设置该字节各数字量输入点的属性。

输入滤波器用来滤除输入线上的干扰噪声，例如触点闭合或断开时产生的抖动。输入状态改变时，输入必须在设置的时间内保持新的状态，才能被认为有效。可以选择的时间值见图 2-32中的下拉式列表，默认的滤波时间为 6.4ms。为了消除触点抖动的影响，应选 12.8ms。

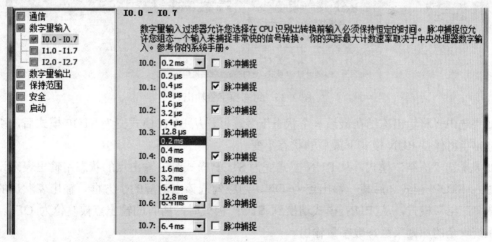

图 2-32　组态数字量输入

为了防止高速计数器的高速输入脉冲被过滤掉，可在编程软件的帮助中搜索"高速输入降噪"，根据脉冲的最高频率，可以在出现的表格中得到对应的输入滤波时间。

2．组态脉冲捕捉功能

因为在每一个扫描周期开始时读取数字量输入，CPU 可能发现不了宽度小于一个扫描周期的脉冲。脉冲捕捉功能用来捕捉持续时间很短的高电平脉冲或低电平脉冲。启动了某个输入点的脉冲捕捉功能后（勾选了它的"脉冲捕捉"多选框，见图 2-32），输入状态的变化被锁存并保存到下一次输入更新（见图 2-33）。

可以设置 CPU 的前 14 个数字量输入点和信号板 SB DT04 的数字量输入点是否有脉冲捕捉功能。默认的设置是禁止所有的输入点具有脉冲捕捉功能。

脉冲捕捉功能在数字量输入滤波器之后（见图 2-34），使用脉冲捕捉功能时，必须同时调节输入滤波时间，使窄脉冲不会被输入滤波器过滤掉。

一个扫描周期内如果有多个输入脉冲，只能检测出第一个脉冲。如果希望在一个扫描周期内检测出多个脉冲，可启用数字量输入的上升沿/下降沿中断功能（见 4.6 节）。

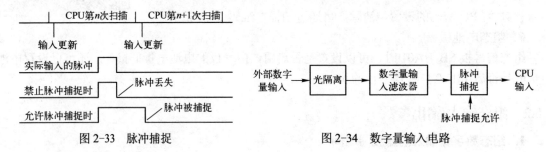

图 2-33　脉冲捕捉　　　　　　　　　图 2-34　数字量输入电路

3. 组态数字量输出

选中系统块上半部分的 CPU 模块、有数字量输出的模块或信号板（见图 2-4），再选中系统块下半部分（见图 2-35）左边窗口的"数字量输出"节点，在右边窗口设置从 RUN 模式变为 STOP 模式后各输出点的状态。

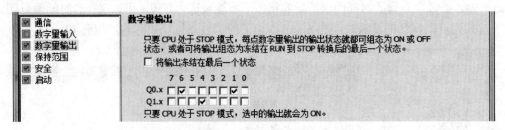

图 2-35　组态数字量输出

如果选中"将输出冻结在最后一个状态"多选框，从 RUN 模式变为 STOP 模式后，所有数字量输出点将保持 RUN 模式下最后的状态不变。

如果未选"冻结"模式，从 RUN 模式变为 STOP 模式时各输出点的状态用输出表来设置。希望进入 STOP 模式之后某一输出点为 ON，则应勾选该点对应的小方框。输出表默认的设置是未选"冻结"模式，从 RUN 模式切换到 STOP 模式时，所有的输出点被复位为 OFF。应按确保系统安全的原则来组态数字量输出。

4. 组态模拟量输入

S7-200 的模拟量模块用 DIP 开关切换信号类型和量程，用增益和偏移量电位器调节测量范围。S7-200 SMART 和 S7-1200 一样，模拟量模块取消了 DIP 开关和电位器，用系统块设置信号类型和量程。

选中系统块上半部分的表格中有模拟量输入的模块或信号板，单击系统块下半部分左边窗口的

"模块参数"节点（见图 2-36），可以设置是否启用用户电源报警。选中某个模拟量输入通道，可以设置模拟量信号的类型（电压或电流）、测量范围、干扰抑制频率和是否启用超上限、超下限报警。干扰抑制频率用来抑制设置的频率的交流信号对模拟量输入信号的干扰，一般设置为 50Hz。

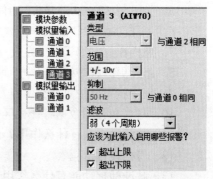

图 2-36　组态模拟量输入

为偶数通道选择的"类型"同时适用于其后的奇数通道，例如为通道 2 选择的类型也适用于通道 3。为通道 0 设置的干扰抑制频率同时用于其他所有的通道。

模拟量输入采用平均值滤波，有"无、弱、中、强"4 种平滑算法可供选择。滤波后的值是所选的采样次数（分别为 1、4、16、32 次）的各次模拟量输入的平均值。采样次数多，将使滤波后的值稳定，但是响应较慢。采样次数少，则滤波效果较差，但是响应较快。

5. 组态模拟量输出

选中系统块上半部分的表格中有模拟量输出的模块或信号板，再选中系统块下半部分左边窗口中的某个模拟量输出通道（见图 2-37），可以设置模拟量信号的类型（电压或电流）、测量范围、是否启用超上限、超下限、断线和短路报警。

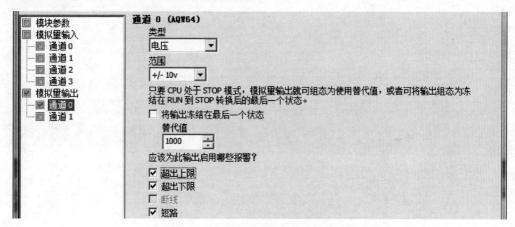

图 2-37　组态模拟量输出

"将输出冻结在最后一个状态"选项的意义与数字量输出的相同。如果未选"冻结"模式，可以设置从 RUN 模式变为 STOP 模式后模拟量输出的替代值（−32512～32511）。默认的替代值为 0。

视频"设置输入/输出参数"可通过扫描二维码 2-15 播放。

2-15
设置输入输出参数

2.6　习题

1. 怎样获得在线帮助？
2. 硬件组态的任务是什么？
3. 在梯形图中怎样划分程序段？
4. 写出 S7-200 SMART CPU 默认的 IP 地址和子网掩码。

5．为了与 S7-200 SMART 通信，应怎样设置计算机网卡的 IP 地址？

6．怎样切换 CPU 的工作模式？

7．怎样在程序编辑器中定义或编辑符号？

8．怎样更改程序编辑器中地址的显示方式？

9．程序状态监控有什么优点？什么情况应使用状态图表？

10．写入和强制数据有什么区别？

11．交叉引用表有什么作用？怎样生成交叉引用表？

12．怎样设置密码？

13．脉冲捕捉功能有什么作用？

14．怎样设置 CPU 切换到 STOP 模式后数字量输出点的状态？

第 3 章　S7-200 SMART 编程基础

3.1　PLC 的编程语言与程序结构

与个人计算机相比，PLC 的硬件、软件的体系结构都是封闭的而不是开放的。各厂家的 PLC 的编程语言和指令系统的功能和表达方式也不一致，互不兼容。IEC 61131 是 IEC（国际电工委员会）制定的 PLC 标准，其中的第三部分 IEC 61131-3 是 PLC 的编程语言标准。IEC 61131-3 是世界上第一个，也是至今为止唯一的工业控制系统的编程语言标准。

目前已有越来越多的 PLC 生产厂家提供符合 IEC 61131-3 标准的产品，IEC 61131-3 已经成为各种工控产品事实上的软件标准。

IEC 61131-3 标准详细地说明了句法、语义和下述 5 种编程语言（见图 3-1）：

1）顺序功能图（Sequential Function Chart，SFC）。

2）梯形图（Ladder Diagram，LD）。

3）功能块图（Function Block Diagram，FBD）。

4）指令表（Instruction List，IL）。

5）结构文本（Structured Text，ST）。

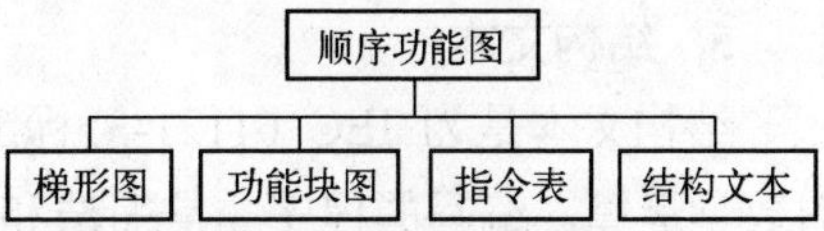

图 3-1　PLC 的编程语言

顺序功能图、梯形图和功能块图是图形编程语言，指令表和结构文本是文字语言。

1. 顺序功能图

这是一种位于其他编程语言之上的图形语言，用来编制顺序控制程序。顺序功能图提供了一种组织程序的图形方法，第 5 章将详细介绍顺序功能图的使用方法。

2. 梯形图

梯形图是使用得最多的 PLC 图形编程语言。梯形图与继电器控制系统的电路图很相似，具有直观易懂的优点，很容易被工厂中熟悉继电器控制的电气人员掌握，特别适合数字量逻辑控制。有时把梯形图称为电路。使用编程软件可以直接生成和编辑梯形图。

梯形图由触点、线圈和方框指令组成。触点代表逻辑输入条件，例如外部的开关、按钮和内部条件等。线圈通常代表逻辑输出结果，用来控制外部的指示灯、交流接触器和内部的标志位等。方框用来表示定时器、计数器或者数学运算等指令。

在分析梯形图中的逻辑关系时，可以借用继电器电路图的分析方法。可以想象左右两侧垂直"电源线"之间有一个左正右负的直流电源电压，S7-200 SMART 的梯形图（见图 3-2）省略了右侧的垂直电源线。当 I0.0 与 I0.1 的触点接通，或者 Q0.0 与 I0.1 的触点接通时，有一个假想的"能流"（Power Flow）流过 Q0.0 的线圈。利用能流这一概念，可以帮助我们更好地理解和分析梯形图，能流只能从左向右流动。

梯形图程序被划分为若干个程序段，一个程序段只能有一块不能分开的独立电路。在程序

47

段中，逻辑运算按从左到右的方向执行，与能流的方向一致。没有跳转指令时，各程序段按从上到下的顺序执行，执行完所有的程序段后，下一个扫描周期返回最上面的程序段 1，重新开始执行程序。

3. 语句表

S7 系列 PLC 将指令表称为语句表。语句表程序由指令组成，PLC 的指令是一种与计算机的汇编语言中的指令相似的助记符表达式。图 3-3 是图 3-2 对应的语句表。语句表比较适合熟悉 PLC 和有丰富的程序设计经验的程序员使用。

4. 功能块图

功能块图是一种类似于数字逻辑电路的编程语言。它用类似于与门、或门的方框来表示逻辑运算关系，方框的左侧为逻辑运算的输入变量，右侧为输出变量，输入、输出端的小圆圈表示"非"运算，方框被"导线"连接在一起，信号从左向右流动。图 3-4 中的控制逻辑与图 3-2 中的相同。

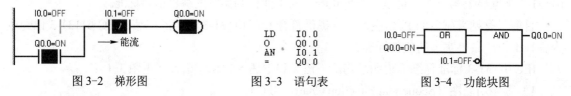

| 图 3-2 梯形图 | 图 3-3 语句表 | 图 3-4 功能块图 |

5. 结构文本

结构文本是为 IEC 61131-3 标准创建的一种高级编程语言。与梯形图相比，它能实现复杂的数学运算，编写的程序非常简洁和紧凑。

6. 编程语言的相互转换和选用

在编程软件中，用户可以用"视图"菜单中的命令切换编程语言，选用梯形图、功能块图和语句表来编程。国内很少有人使用功能块图语言。

梯形图与继电器电路图的表达方式极为相似，梯形图中输入信号（触点）与输出信号（线圈）之间的逻辑关系一目了然，易于理解。语句表程序较难阅读，其中的逻辑关系很难一眼看出。在设计复杂的数字量控制程序时建议使用梯形图语言。

但是语句表程序的输入方便快捷，还可以为每一条语句加上注释，便于复杂程序的阅读。在设计通信、数学运算等高级应用程序时，建议使用语句表。

7. S7-200 SMART 的程序结构

S7-200 SMART CPU 的控制程序由主程序、子程序和中断程序组成。

（1）主程序

主程序（OB1）是程序的主体，每一个项目都必须有并且只能有一个主程序。在主程序中可以调用子程序，子程序又可以调用其他子程序。每个扫描周期都要执行一次主程序。

（2）子程序

子程序是可选的，仅在被其他程序调用时执行。同一个子程序可以在不同的地方被多次调用。使用子程序可以简化程序代码和减少扫描时间。

（3）中断程序

中断程序用来及时处理与用户程序的执行时序无关的操作，或者用来处理不能事先预测何时发生的中断事件。中断程序不是由用户程序调用，而是在中断事件发生时由操作系统调用。中断程序是用户编写的。

8．S7-200 SMART 与 S7-200 的指令比较

两者的指令基本上相同。S7-200 SMART 用 GET/PUT 指令取代了 S7-200 的网络读、写指令 NETR/NETW。用获取非致命错误代码指令 GET_ERROR 取代了诊断 LED 指令 DIAG_LED。S7-200 SMART 还增加了"通信"文件夹、"PROFINET"文件夹和指令列表的"库"文件夹中用于以太网通信的指令。

3.2 数据类型与寻址方式

3.2.1 数制

1．二进制数

所有的数据在 PLC 中都以二进制形式储存，在编程软件中可以使用不同的数制。

（1）用 1 位二进制数表示数字量

二进制数的 1 位（bit）只能取 0 和 1 这两个不同的值，可以用一个二进制位来表示开关量（或称为数字量）的两种不同的状态，例如触点的断开和接通，线圈的通电和断电等。如果该位为 1，梯形图中对应的位编程元件（例如 M 和 Q）的线圈"通电"，其常开触点接通，常闭触点断开，以后称该编程元件为 1 状态，或称该编程元件为 ON（接通）。如果该位为 0，对应的编程元件的线圈和触点的状态与上述的相反，称该编程元件为 0 状态，或称该编程元件为 OFF（断开）。

（2）多位二进制数

可以用多位二进制数来表示大于 1 的数字，二进制数遵循逢 2 进 1 的运算规则，每一位都有一个固定的权值，从右往左的第 n 位（最低位为第 0 位）的权值为 2^n，第 3 位至第 0 位的权值分别为 8、4、2、1，所以二进制数又称为 8421 码。

S7-200 SMART 用 2#来表示二进制常数。16 位二进制数 2#0000 0100 1000 0110 对应的十进制数为 $2^{10} + 2^7 + 2^2 + 2^1 = 1158$。

（3）有符号数的表示方法

PLC 用二进制补码来表示有符号数，其最高位为符号位，最高位为 0 时为正数，为 1 时为负数。正数的补码是它本身，最大的 16 位二进制正数为 2#0111 1111 1111 1111，对应的十进制数为 32767。

将正数的补码逐位取反（0 变为 1，1 变为 0）后加 1，得到绝对值与它相同的负数的补码。例如将 1158 对应的补码 2#0000 0100 1000 0110 逐位取反后，得到 2#1111 1011 0111 1001，加 1 后得到-1158 的补码 1111 1011 0111 1010。

将负数的补码的各位取反后加 1，得到它的绝对值对应的正数。例如将-1158 的补码 2#1111 1011 0111 1010 逐位取反后得到 2#0000 0100 1000 0101，加 1 后得到 1158 的补码 2#0000 0100 1000 0110。表 3-1 给出了不同进制的数的表示方法。常数的取值范围见表 3-2。

2．十六进制数

多位二进制数的读、写很不方便，为了解决这个问题，可以用十六进制数来表示多位二进制数。十六进制数使用 16 个数字符号，即 0～9 和 A～F，A～F 分别对应于十进制数 10～15。可以用数字后面加 "H" 来表示十六进制常数，例如 AE75H。S7-200 SMART 用数字前面的 "16#" 来表示 16 进制常数。4 位二进制数对应于 1 位十六进制数，例如二进制常数 2#1010 1110 0111 0101 可以转换为 16#AE75。

表 3-1　不同进制的数的表示方法

十进制数	十六进制数	二进制数	BCD 码	十进制数	十六进制数	二进制数	BCD 码
0	0	00000	0000 0000	9	9	01001	0000 1001
1	1	00001	0000 0001	10	A	01010	0001 0000
2	2	00010	0000 0010	11	B	01011	0001 0001
3	3	00011	0000 0011	12	C	01100	0001 0010
4	4	00100	0000 0100	13	D	01101	0001 0011
5	5	00101	0000 0101	14	E	01110	0001 0100
6	6	00110	0000 0110	15	F	01111	0001 0101
7	7	00111	0000 0111	16	10	10000	0001 0110
8	8	01000	0000 1000	17	11	10001	0001 0111

表 3-2　常数的取值范围

数据的位数	无符号整数		有符号整数	
	十进制	十六进制	十进制	十六进制
B（字节），8 位值	0～255	16#0～16#FF	−128～127	16#80～16#7F
W（字），16 位值	0～65535	16#0～16#FFFF	−32768～32767	16#8000～16#7FFF
D（双字），32 位值	0～4294967295	16#0～16#FFFF FFFF	−2147483648～2147483647	16#8000 0000～16#7FFF FFFF

十六进制数采用逢 16 进 1 的运算规则，从右往左第 n 位的权值为 16^n（最低位的 n 为 0），例如 16#2F 对应的十进制数为 $2×16^1+15×16^0=47$。

3．BCD 码

BCD（Binary Coded Decimal）码是各位按二进制编码的十进制数。每位十进制数用 4 位二进制数来表示，0～9 对应的二进制数为 0000～1001，各位 BCD 码之间的运算规则为逢十进 1。以 BCD 码 1001 0110 0111 0101 为例，对应的十进制数为 9675，最高的 4 位二进制数 1001 表示 9000。4 位 BCD 码用 16 位二进制数（即一个字）来表示，允许的最大数字为 9999，最小的数字为 0。

人们熟悉十进制数，因此 PLC 的输入和输出的数据一般采用 BCD 码格式。拨码开关（见图 3-5）内部可转动的圆盘圆周面上有 0～9 这 10 个数字，用它面板上的按钮来增、减各位要输入的数字。它用内部的硬件将显示的十进制数转换为 4 位二进制数。PLC 用输入点读取的多位拨码开关的输出值就是 BCD 码，需要用数据转换指令 BIN 将它转换为 16 位二进制整数。编程软件用十六进制格式（16#）表示 BCD 码。例如从图 3-5 中拨码开关读取的 12 位二进制数为 2#1000 0010 1001，对应的 BCD 码用 16#829 来表示。

用 PLC 的 4 个输出点给译码驱动芯片 4547 提供输入信号（见图 3-6），可以用共阴极 LED 七段显示器显示一位十进制数。需要用数据转换指令 BCD 将 PLC 中的 16 位二进制整数转换为 BCD 码，然后分别送给各个译码驱动芯片。

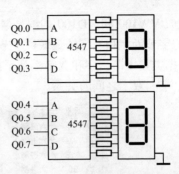

图 3-5　拨码开关

图 3-6　LED 七段显示器电路

视频"容易混淆的 BCD 码和十六进制数"可通过扫描二维码 3-1 播放。

3-1
容易混淆的 BCD 码和十六进制数

3.2.2　数据类型

数据类型定义了数据的长度（位数）和表示方式。S7-200 SMART 的指令对操作数的数据类型有严格的要求。

1. 位

位（bit）数据的数据类型为 BOOL（布尔）型，BOOL 变量的值为 2#1 和 2#0。BOOL 变量的地址由字节地址和位地址组成，例如 I3.2 中的区域标识符"I"表示输入（Input），字节地址为 3，位地址为 2（见图 3-7）。这种访问方式称为"字节.位"寻址方式。

2. 字节

一个字节（Byte）由 8 个位数据组成，例如输入字节 IB3（B 是 Byte 的缩写）由 I3.0～I3.7 这 8 位组成（见图 3-7）。其中的第 0 位 I3.0 为最低位，第 7 位 I3.7 为最高位。

3. 字和双字

相邻的两个字节组成一个字（Word），相邻的两个字组成一个双字（Double Word）。字和双字都是无符号数，它们用十六进制数来表示。

VW100 是由 VB100 和 VB101 组成的一个字（见图 3-8），VW100 中的 V 为变量存储器的区域标识符，W 表示字。双字 VD100 由 VB100～VB103（或 VW100 和 VW102）组成，VD100 中的 D 表示双字。字的取值范围为 16#0000～16#FFFF，双字的取值范围为 16#0000 0000～16#FFFF FFFF。

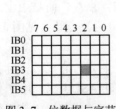

图 3-7　位数据与字节

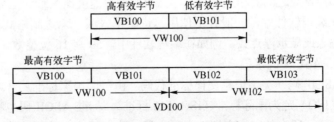

图 3-8　字节、字和双字

需要注意下列问题：

1）以组成字 VW100 和双字 VD100 的编号最小的字节 VB100 的编号 100 作为 VW100 和 VD100 的编号。

2）组成 VW100 和 VD100 的编号最小的字节 VB100 为 VW100 和 VD100 的最高位字节，编号最大的字节为字和双字的最低位字节。

3）数据类型字节、字和双字都是无符号数，它们的数值用十六进制数表示。从图 3-9 可以看出字节、字和双字之间的关系。

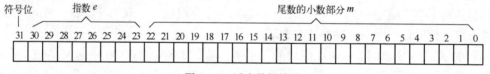

	地址	格式	当前值
13	VD4	十六进制	16#1234ABCD
14	VW4	十六进制	16#1234
15	VW6	十六进制	16#ABCD
16	VB6	十六进制	16#AB
17	VB7	十六进制	16#CD
18	VD8	二进制	2#0100_0010_0100_1000_0000_0000_0000_0000
19	VD8	浮点	50.0

图 3-9　状态图表

4. 16 位整数和 32 位双整数

16 位整数（INT，Integer）和 32 位双整数（DINT，Double Integer）都是有符号数。整数的取值范围为 –32768～32767，双整数的取值范围为 –2147483648～2147483647。

5. 32 位浮点数

浮点数（REAL）又称为实数，可以表示为 $1.m \times 2^E$，尾数中的 m 和指数 E 均为二进制数，E 可能是正数，也可能是负数。ANSI/IEEE 754-1985 标准格式的 32 位实数的格式为 $1.m \times 2^e$，式中的指数 $e = E + 127$（$1 \leqslant e \leqslant 254$），为 8 位正整数。

ANSI/IEEE 标准浮点数的格式如图 3-10 所示。共占用一个双字（32 位）。最高位（第 31 位）为浮点数的符号位，最高位为 0 时为正数，为 1 时为负数；8 位指数 e 占第 23～30 位；因为规定尾数的整数部分总是为 1，只保留了尾数的小数部分 m（第 0～22 位）。第 22 位的权值为 2^{-1}，第 0 位的权值为 2^{-23}。浮点数的范围为 $\pm 1.175495 \times 10^{-38} \sim \pm 3.402823 \times 10^{38}$。

符号位　　指数 e　　　　　　　尾数的小数部分 m

31	30	29	28	27	26	25	24	23	22	21	20	19	18	17	16	15	14	13	12	11	10	9	8	7	6	5	4	3	2	1	0

图 3-10　浮点数的格式

浮点数的优点是用很小的存储空间（4B）可以表示非常大和非常小的数。PLC 的输入、输出变量（例如模拟量输入值和模拟量输出值）大多是整数，用浮点数来处理这些数据需要进行整数和浮点数之间的相互转换，浮点数的运算速度比整数的运算速度慢一些。

在编程软件中，一般并不使用二进制格式或十六进制格式表示的浮点数，而是用十进制小数来输入或显示浮点数，例如在编程软件中，50 是 16 位整数，而 50.0 为浮点数（见图 3-9）。

6. ASCII 码字符

ASCII 码（美国信息交换标准代码）由美国国家标准局（ANSI）制定，它已被国际标准化组织（ISO）定为国际标准（ISO 646 标准）。标准 ASCII 码也称为基础 ASCII 码，用 7 位二进制数来表示所有的英文大写、小写字母，数字 0～9，标点符号，以及在美式英语中使用的特殊控制字符。数字 0～9 的 ASCII 码为十六进制数 30H～39H，英文大写字母 A～Z 的 ASCII 码为41H～5AH，英语小写字母 a～z 的 ASCII 码为 61H～7AH。

7．字符串

数据类型为 STRING 的字符串由若干个 ASCII 码字符组成，第一个字节定义字符串的长度（0～254，见图 3-11），后面的每个字符占一个字节。变量字符串最多 255 个字节（长度字节加上 254 个字符字节）。

长度	字符1	字符2	字符3	字符4	……	字符254
字节0	字节1	字节2	字节3	字节4		字节254

图 3-11　字符串的格式

3.2.3　CPU 的存储区

1．过程映像输入寄存器（I）

在每个扫描周期开始时，CPU 对物理输入点进行采样，用过程映像输入寄存器来保存采样值。

过程映像输入寄存器是 PLC 接收外部输入的数字量信号的窗口。外部输入电路接通时，对应的过程映像输入寄存器为 ON（1 状态），反之为 OFF（0 状态）。输入端可以外接常开触点或常闭触点，也可以接多个触点组成的串并联电路。在梯形图中，可以多次使用输入位的常开触点和常闭触点。

I、Q、V、M、S、SM 和 L 存储器均可以按位、字节、字和双字来访问，例如 I3.5、IB2、IW4 和 ID6。

2．过程映像输出寄存器（Q）

在扫描周期的末尾，CPU 将过程映像输出寄存器的数据传送给输出模块，再由后者驱动外部负载。如果梯形图中 Q0.0 的线圈"通电"，继电器型输出模块中对应的硬件继电器的常开触点闭合，使接在 Q0.0 对应的端子的外部负载通电，反之则该外部负载断电。输出模块中的每一个硬件继电器仅有一对常开触点，但是在梯形图中，每一个输出位的常开触点和常闭触点都可以被多次使用。

3．变量存储器（V）

变量（Variable）存储器用来在程序执行过程中存放中间结果，或者用来保存与过程或任务有关的其他数据。

4．位存储器（M）

位存储器（M0.0～M31.7）又称为标志存储器，它类似于继电器控制系统的中间继电器，用来存储中间状态或其他控制信息。S7-200 SMART 的 M 存储器只有 32B，如果不够用，可以用 V 存储器来代替 M 存储器。

5．定时器（T）

定时器相当于继电器系统中的时间继电器。S7-200 SMART 有 3 种时间基准（1ms、10ms 和 100ms）的定时器。定时器的当前值为 16 位有符号整数，用于存储定时器累计的时间基准增量值（1～32767）。预设值是定时器指令的一部分。

定时器位用来描述定时器的延时动作的触点的状态，定时器位为 ON 时，梯形图中对应的定时器的常开触点闭合，常闭触点断开；定时器位为 OFF 时梯形图中触点的状态相反。

用定时器地址（例如 T5）来访问定时器的当前值和定时器位，带位操作数的指令用来访问定时器位，带字操作数的指令用来访问当前值。

6．计数器（C）

计数器用来累计其计数输入脉冲电平由低到高（即上升沿）的次数，S7-200 SMART 有加计数器、减计数器和加减计数器。计数器的当前值为 16 位有符号整数，用来存放累计的脉冲数。用计数器地址（例如 C20）来访问计数器的当前值和计数器位。带位操作数的指令访问计数器位，带字操作数的指令访问当前值。

7．高速计数器（HC）

高速计数器用来累计比 CPU 的扫描速率更快的事件，计数过程与扫描周期无关。其当前值和预设值为 32 位有符号整数，当前值为只读数据。高速计数器的地址由区域标识符 HC 和高速计数器号组成，例如 HC2。

8．累加器寄存器（AC）

累加器寄存器简称为累加器，它是一种特殊的存储单元，可以用来向子程序传递参数和从子程序返回参数，或用来临时保存中间的运算结果。CPU 提供了 4 个 32 位累加器（AC0～AC3），可以按字节、字和双字来访问累加器中的数据。按字节、字只能访问累加器的低 8 位或低 16 位，按双字访问全部的 32 位，访问的数据长度由所用的指令决定。例如在指令"MOVW AC2, VW100"中，按字（W）访问 AC2。

9．特殊存储器（SM）

特殊存储器用于 CPU 与用户程序之间交换信息，例如 SM0.0 一直为 ON，SM0.1 仅在执行用户程序的第一个扫描周期为 ON。SM0.4 和 SM0.5 分别提供周期为 1min 和 1s 的时钟脉冲。SM1.0、SM1.1 和 SM1.2 分别是零标志、溢出标志和负数标志。

10．局部存储器（L）

S7-200 SMART 将主程序、子程序和中断程序统称为程序组织单元（POU），各 POU 都有自己的 64B 的局部（Local）存储器。使用梯形图和功能块图时，将保留局部存储器的最后 4B。

局部存储器简称为 L 存储器，仅仅在它被创建的 POU 中有效，各 POU 不能访问其他 POU 的局部存储器。局部存储器作为暂时存储器，或用来作子程序的输入、输出参数。变量存储器（V）是全局存储器，可以被所有的 POU 访问。

S7-200 SMART 给主程序及其调用的 8 个子程序嵌套级别、中断程序及其调用的 4 个子程序嵌套级别各分配 64B 局部存储器。

11．模拟量输入（AI）

S7-200 SMART 的 AI 模块将现实世界连续变化的模拟量（例如温度、电流和电压等）按比例转换为一个字长（16 位）的数字量，用区域标识符 AI、表示数据长度的 W（字）和起始字节的地址来表示模拟量输入的地址，例如 AIW16。因为模拟量输入的长度为一个字，应从偶数字节地址开始存放，模拟量输入值为只读数据。

12．模拟量输出（AQ）

S7-200 SMART 的 AO 模块将长度为一个字的数字转换为现实世界的模拟量，用区域标识符 AQ、表示数据长度的 W（字）和起始字节的地址来表示存储模拟量输出的地址，例如 AQW32。因为模拟量输出的长度为一个字，应从偶数字节地址开始存放，模拟量输出值是只写数据，用户不能读取模拟量输出值。

13．顺序控制继电器（S）

32B 的顺序控制继电器（SCR）位用于组织设备的顺序操作，与顺序控制继电器指令配合使用，详细的使用方法见 5.4 节。

14．CPU 存储器的范围与特性

标准型 CPU 存储器的范围如表 3-3 所示。紧凑型 CPU 没有模拟量输入 AIW 和模拟量输出 AQW。

表 3-3　S7-200 SMART CPU 存储器的范围

寻址方式	紧凑型 CPU	CPU SR20/ST20	CPU SR30/ST30	CPU SR40/ST40	CPU SR60/ST60
位访问（字节. 位）	I0.0~31.7　Q0.0~31.7　M0.0~31.7　SM0.0~1535.7　S0.0~31.7　T0~255　C0~255　L0.0~63.7				
	V0.0~8191.7		V0.0~12287.7	V0.0~16383.7	V0.0~20479.7
字节访问	IB0~31　　QB0~31　　MB0~31　　SMB0~1535　　SB0~31　　LB0~63　　AC0~3				
	VB0~8191		VB0~12287	VB0~16383	VB0~20479
字访问	IW0~30　QW0~30　MW0~30　SMW0~1534　SW0~30　T0~255　C0~255　LW0~62　AC0~3				
	VW0~8190		VW0~12286	VW0~16382	VW0~20478
	－		AIW0~110　　AQW0~110		
双字访问	ID0~28　　QD0~28　　MD0~28　　SMD0~1532　　SD0~28　　LD0~60　　AC0~3　　HC0~3				
	VD0~8188		VD0~12284	VD0~16380	VD0~20476

3.2.4　直接寻址与间接寻址

在 S7-200 SMART 中，通过地址访问数据，地址是访问数据的依据，访问数据的过程称为"寻址"。几乎所有的指令和功能都与各种形式的寻址有关。

1．直接寻址

直接寻址指定了存储器的区域、长度和位置，例如 VW90 是 V 存储器中 16 位的字，其地址为 90。

2．间接寻址的指针

间接寻址在指令中给出的不是操作数的值或操作数的地址，而是给出一个被称为指针的双字存储单元的地址，指针里存放的是真正的操作数的地址。

间接寻址用来在程序运行期间，通过改变指针中地址的值，动态地修改指令中的地址。间接寻址常用于循环程序和查表程序。用循环程序来累加一片连续的存储区中的数值时，每次循环累加一个数值。应在累加后修改指针中存储单元的地址值，使指针指向下一个存储单元，为下一次循环的累加运算做好准备。没有间接寻址，就不能编写循环程序。

地址指针就像收音机调台的指针，改变指针的位置，指针指向不同的电台。改变指针中的地址值，指针"指向"不同的地址。

旅客入住酒店时，在前台办完入住手续，酒店就会给旅客一张房卡，房卡里面有房间号，旅客根据房间号使用酒店的房间。修改房卡中的房间号，旅客用同一张房卡就可以入住不同的房间。这里房卡就是指针，房间相当于存储单元，房间号就是存储单元的地址。

S7-200 SMART CPU 允许使用指针，对存储器区域 I、Q、V、M、S、AI、AQ、SM、T（仅当前值）和 C（仅当前值）进行间接寻址。间接寻址不能访问单个位（bit）地址、HC、L存储区和累加器。

使用间接寻址之前，应创建一个指针。指针为双字存储单元，用来存放要访问的存储器的地址，只能用 V、L 或累加器作指针。建立指针时，用双字传送指令 MOVD 将需要间接寻址的存储器地址送到指针中，例如"MOVD &VB200, AC1"（见图 3-12）。&VB200 是 VB200（即

VW200 的首字节）的地址，而不是 VB200 中的值。

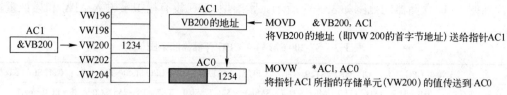

图 3-12　指针与间接寻址

3.用指针访问数据

用指针访问数据时，操作数前加"*"号，表示该操作数为一个指针。图 3-12 的"MOVW *AC1, AC0"是字操作指令，AC1 是一个指针，*AC1 是 AC1 所指的地址中的数据。图 3-12 存放在 VB200 和 VB201 组成的 VW200 中的数据字被传送到累加器 AC0 的低 16 位。

4.修改指针

用指针访问相邻的下一个数据时，因为指针是 32 位的数据，应使用双字指令来修改指针值，例如双字加法指令 ADDD 或双字递增指令 INCD。修改时记住需要调整的存储器地址的字节数，访问字节时，指针值加 1，访问字时，指针值加 2，访问双字时，指针值加 4。

【例 3-1】　某发电机在计划发电时每个小时有一个有功功率给定值，从 0 点开始，这些给定值依次存放在 VW100～VW146 组成的表格中，一共 24 个字。从实时时钟读取的小时值（0～23）保存在 VD20 中，用 VD10 作指针，用间接寻址读取当时的功率给定值，送给 VW30。下面是例程"计划发电"中的语句表程序。

```
LD      SM0.0
MOVD    &VB100, VD10     //表格的起始地址送 VD10
+D      VD20, VD10
+D      VD20, VD10       //起始地址加偏移量
MOVW    *VD10, VW30      //读取表格中的数据，*VD10 为当前的有功功率给定值
```

一个字由两个字节组成，地址相邻的两个字的地址增量为 2，所以用了两条双字加法指令。在程序运行时，启动程序状态监控。设置 VD20 的值为 8（当前时间为上午 8 时），执行两次加法指令后，指针 VD10 中是 VW116 的地址。*VD10 的值是读取的上午 8 时的有功功率给定值。启动语句表程序状态监控，*VD10 后面的括号中给出了操作数的地址 VW116（见附录中的图 A-2）。

视频"间接寻址"可通过扫描二维码 3-2 播放。

例 4-7 给出了在循环程序中使用间接寻址的例子。

3-2
间接寻址

3.3　位逻辑指令

3.3.1　触点指令与逻辑堆栈指令

1.标准触点指令

常开触点对应的位地址值为 1 时，该触点闭合，在语句表中，分别用 LD（Load，装载）、A（And，与）和 O（Or，或）指令来表示电路开始、串联和并联的常开触点（见图 3-13、表 3-4 和配套资源中的例程"位逻辑指令 1"）。触点指令中变量的数据类型为 BOOL 型。

常闭触点对应的位地址值为 0 时，该触点闭合，在语句表中，分别用 LDN（取反后装载，Load Not）、AN（与非，And Not）和 ON（或非，Or Not）来表示开始、串联和并联的常闭触点。梯形图中触点中间的"/"表示常闭。

表 3-4　标准触点指令

语　句　表	描　　　述	语　句　表	描　　　述
LD　bit	装载，电路开始的常开触点	LDN　bit	取反后装载，电路开始的常闭触点
A　bit	与，串联的常开触点	AN　bit	与非，串联的常闭触点
O　bit	或，并联的常开触点	ON　bit	或非，并联的常闭触点

2. 输出指令

输出指令（=）对应于梯形图中的线圈。驱动线圈的触点电路接通时，有"能流"流过线圈，输出指令指定的位地址的值为 1，反之则为 0。输出指令将下面要介绍的逻辑堆栈的栈顶值复制到对应的位地址。

梯形图中两个并联的线圈（例如图 3-13 中 Q0.0 和 M0.4 的线圈）用语句表中两条相邻的输出指令来表示。图 3-13 中 I0.6 的常闭触点和 Q0.2 的线圈组成的串联电路与上面的两个线圈并联，但是该触点应使用 AN 指令，因为它与左边的电路串联。

【例 3-2】已知图 3-14 中 I0.1 的波形，画出 M0.0 的波形。

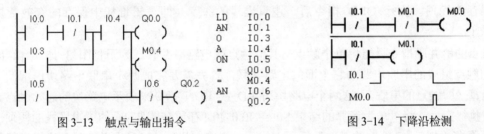

图 3-13　触点与输出指令　　　　　　　　　图 3-14　下降沿检测

在 I0.1 下降沿之前，I0.1 为 ON，它的两个常闭触点均断开，M0.0 和 M0.1 均为 OFF，其波形用低电平表示。在 I0.1 的下降沿之后第一个扫描周期，I0.1 的常闭触点闭合。CPU 先执行第一行的电路，因为前一个扫描周期 M0.1 为 OFF，执行第一行指令时 M0.1 的常闭触点闭合，所以 M0.0 变为 ON。执行第二行电路后，M0.1 变为 ON。

从下降沿之后的第二个扫描周期开始，M0.1 均为 ON，其常闭触点断开，使 M0.0 为 OFF。因此，M0.0 只是在 I0.1 的下降沿这一个扫描周期为 ON。

在分析电路的工作原理时，一定要有循环扫描和指令执行的先后顺序的概念。

如果交换图 3-14 梯形图中上下两行的位置，在 I0.1 的下降沿之后的第一个扫描周期，M0.1 的线圈先"通电"，M0.1 的常闭触点断开，因此 M0.0 的线圈不会"通电"。由此可知，如果交换相互有关联的两个程序段的相对位置，可能会使有关的线圈"通电"或"断电"的时间提前或延后一个扫描周期。因为 PLC 的扫描周期很短，一般为几毫秒或几十毫秒，在绝大多数情况下，这是无关紧要的。但是在某些特殊情况下，可能会影响系统的正常运行。

3. 逻辑堆栈的基本概念

S7-200 SMART 有一个 32 位的逻辑堆栈，最上面的第一层称为栈顶（见图 3-16），用来存储逻辑运算的结果，下面的 31 位用来存储中间运算结果。逻辑堆栈中的数据一般按"先进后出"的原则访问，逻辑堆栈指令见表 3-5。AENO 指令的应用见 4.1.2 节。

表 3-5　与逻辑堆栈有关的指令

语 句 表	描　述	语 句 表	描　述
ALD	与装载，电路块串联连接	LPP	逻辑出栈
OLD	或装载，电路块并联连接	LDS　N	装载堆栈
LPS	逻辑进栈	AENO	与 ENO
LRD	逻辑读栈		

执行 LD 指令时，将指令指定的位地址中的二进制数据装载入栈顶。

执行 A（与）指令时，对指令指定的位地址中的二进制数和栈顶中的二进制数作"与"运算，将运算结果存入栈顶。栈顶之外其他各层的值不变。每次逻辑运算只保留运算结果，栈顶原来的数值丢失。

执行 O（或）指令时，指令指定的位地址中的二进制数和栈顶中的二进制数作"或"运算，将运算结果存入栈顶。

执行常闭触点对应的 LDN、AN 和 ON 指令时，取出指令指定的位地址中的二进制数据后，先将它取反（0 变为 1，1 变为 0），然后再作相应的装载、与、或操作。

4. 或装载指令

或装载指令 OLD（Or Load）对逻辑堆栈最上面两层中的二进制位作"或"运算，将运算结果存入栈顶。执行 OLD 指令后，逻辑堆栈的深度（即逻辑堆栈中保存的有效数据的个数）减 1。

触点的串并联指令只能将单个触点与其他触点或电路串并联。为了将图 3-15 中由 I0.3 和 I0.4 的触点组成的串联电路与它上面的电路并联，首先需要完成两个串联电路块内部的"与"逻辑运算（即触点的串联），这两个电路块用 LD 或 LDN 指令来表示电路块的起始触点。前两条指令执行完后，将"与"运算的结果 $S0 = I0.0 \cdot I0.1$ 存放在图 3-16 的逻辑堆栈的栈顶。执行完第 3 条指令时，将 I0.3 的值取反后压入栈顶，原来在栈顶的 S0 自动下移到逻辑堆栈的第二层，第二层的数据下移到第 3 层……逻辑堆栈最下面一层的数据丢失。执行完第 4 条指令时，"与"运算的结果 $S1 = \overline{I0.3} \cdot I0.4$ 保存在栈顶。

第 5 条指令 OLD 对逻辑堆栈第一层和第二层的"与"运算的结果作"或"运算（将两个串联电路块并联），并将运算结果 $S2 = S0 + S1$ 存入逻辑堆栈的栈顶，第 3 层～第 32 层中的数据依次向上移动一层（见图 3-16）。

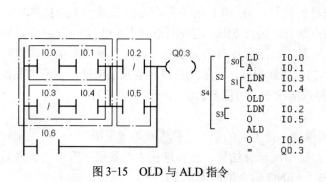

图 3-15　OLD 与 ALD 指令

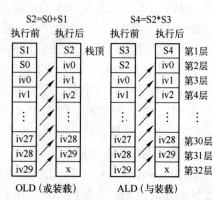

图 3-16　OLD 与 ALD 指令的堆栈操作

OLD 指令不需要地址，它相当于需要并联的两块电路右端的一段垂直连线。图 3-16 逻辑堆栈中的 x 表示不确定的值。

5. 与装载指令

图 3-15 的语句表中 OLD 下面的两条指令将两个触点并联，执行指令"LDN I0.2"时，运算结果被压入栈顶，逻辑堆栈中原来的数据依次向下一层推移，逻辑堆栈最底层的值被推出并丢失。与装载指令 ALD（And Load）对逻辑堆栈第一层和第二层的数据作"与"运算（将两个电路块串联），并将运算结果 S4 = S2 · S3 存入逻辑堆栈的栈顶，第 3 层～第 32 层中的数据依次向上移动一层（见图 3-16）。"与"运算式中的乘号可用图 3-16 中的星号代替。

将电路块串并联时，每增加一个用 LD 或 LDN 指令开始的电路块的运算结果，逻辑堆栈中将增加一个数据，堆栈深度加 1，每执行一条 ALD 或 OLD 指令，堆栈深度减 1。

【例 3-3】 已知图 3-17 中的语句表程序，画出对应的梯形图。

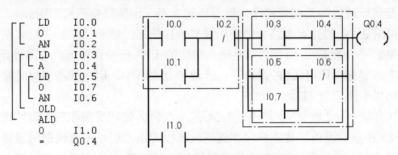

图 3-17 语句表与对应的梯形图

对于较复杂的程序，特别是含有 ORB 和 ANB 指令的程序，在画梯形图之前，应分析清楚电路的串并联关系后，再开始画梯形图。首先将电路划分为若干块，各电路块从含有 LD 的指令（例如 LD、LDI 和 LDP 等）开始，在下一条含有 LD 的指令（包括 ALD 和 OLD）之前结束。然后分析各块电路之间的串/并联关系。

在图 3-17 的语句表程序中，划分出 3 块电路。OLD 或 ALD 指令将它上面靠近它的已经连接好的电路并联或串联起来，所以 OLD 指令并联的是语句表中划分的 OLD 指令上面的第 2 块和第 3 块电路。从图 3-17 可以看出语句表和梯形图中电路块的对应关系。

6. 其他逻辑堆栈指令

逻辑进栈（Logic Push，LPS）指令复制栈顶（即第一层）的值并将其推入逻辑堆栈的第二层，逻辑堆栈中原来的数据依次向下一层推移，逻辑堆栈最底层的值被推出并丢失（见图 3-18）。

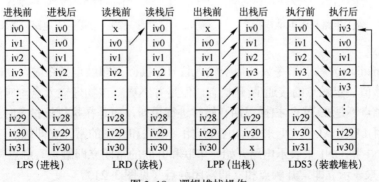

图 3-18 逻辑堆栈操作

逻辑读栈（Logic Read，LRD）指令将逻辑堆栈第二层的数据复制到栈顶，原来的栈顶值被复制值替代。第 2 层~第 32 层的数据不变。图中的 x 表示任意的数。

逻辑出栈（Logic Pop，LPP）指令将栈顶值弹出，逻辑堆栈各层的数据向上移动一层，第二层的数据成为新的栈顶值。可以用语句表的程序状态来查看逻辑堆栈中保存的数据（见图 2-23）。

装载堆栈（Load Stack，LDS N，N = 1~31）指令复制逻辑堆栈内第 N 层的值到栈顶。逻辑堆栈中原来的数据依次向下移动一层，逻辑堆栈最底层的值被推出并丢失。一般很少使用这条指令。

编辑梯形图和功能块图时，编辑器自动地插入处理逻辑堆栈操作所需要的指令。用编程软件将梯形图转换为语句表程序时，编程软件会自动生成逻辑堆栈指令。写入语句表程序时，必须由编程人员写入这些逻辑堆栈处理指令。

梯形图总是可以转换为语句表程序，但是语句表不一定能转换为梯形图。

图 3-19 和图 3-20 的分支电路分别使用逻辑堆栈的第二层和第二、三层来保存电路分支处的逻辑运算结果。每一条 LPS 指令必须有一条对应的 LPP 指令，中间的支路使用 LRD 指令，处理最后一条支路时必须使用 LPP 指令。在一块独立电路中，用进栈指令同时保存在逻辑堆栈中的中间运算结果不能超过 31 个。

图 3-20 中的第一条 LPS 指令将栈顶的 A 点的逻辑运算结果保存到逻辑堆栈的第二层，第二条 LPS 指令将 B 点的逻辑运算结果保存到逻辑堆栈的第二层，A 点的逻辑运算结果被"压"到逻辑堆栈的第 3 层。第一条 LPP 指令将逻辑堆栈第二层 B 点的逻辑运算结果上移到栈顶，第 3 层中 A 点的逻辑运算结果上移到逻辑堆栈的第二层。最后一条 LPP 指令将逻辑堆栈第二层的 A 点的逻辑运算结果上移到栈顶。从这个例子可以看出，逻辑堆栈"先入后出"的数据访问方式，刚好可以满足多层分支电路保存和取用分支点逻辑运算结果所要求的顺序。

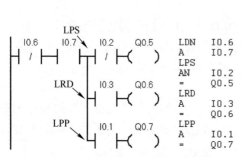

图 3-19　分支电路与逻辑堆栈指令

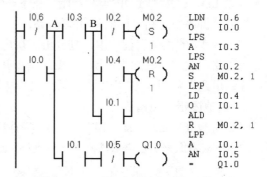

图 3-20　双重分支电路与逻辑堆栈指令

7. 立即触点

立即（Immediate）触点指令只能用于输入位 I，执行立即触点指令时，立即读取物理输入点的值，根据该值决定触点的接通/断开状态，但是并不更新该物理输入点对应的过程映像输入寄存器。立即触点不是在 PLC 扫描周期开始时进行更新，而是在执行该指令时立即更新。在语句表中，分别用 LDI、AI 和 OI 来表示电路开始、串联和并联的常开立即触点（见表 3-6）。分别用 LDNI、ANI 和 ONI 来表示电路开始、串联和并联的常闭立即触点。触点符号中间的"I"和"/I"分别用来表示立即常开触点和立即常闭触点（见图 3-21）。

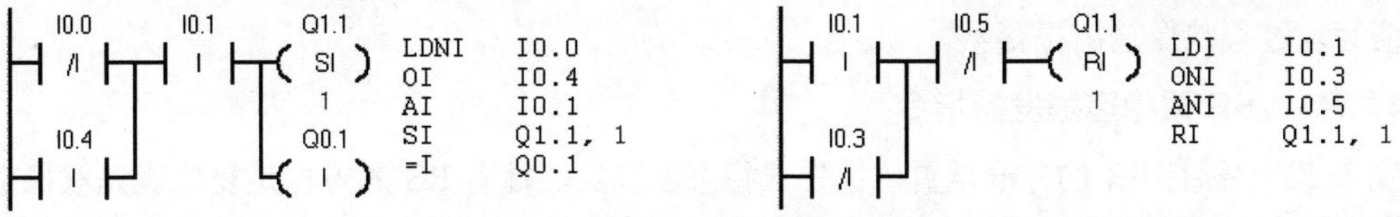

	I0.0	I0.1	Q1.1				I0.1	I0.5	Q1.1		

图 3-21　立即触点与立即输出指令

表 3-6　立即触点指令

语句表	描述	语句表	描述
LDI bit	立即装载，电路开始的常开触点	LDNI bit	取反后立即装载，电路开始的常闭触点
AI bit	立即与，串联的常开触点	ANI bit	立即与非，串联的常闭触点
OI bit	立即或，并联的常开触点	ONI bit	立即或非，并联的常闭触点

3.3.2　输出类指令与其他指令

输出类指令（见表 3-7）应放在梯形图同一行的最右边，指令中的变量为 BOOL 型（二进制位）。

表 3-7　输出类指令

语句表	描述	语句表	描述	语句表	描述	梯形图符号	描述
= bit	输出	S bit, N	置位	R bit, N	复位	SR	置位优先双稳态触发器
=I bit	立即输出	SI bit, N	立即置位	RI bit, N	立即复位	RS	复位优先双稳态触发器

1. 立即输出

立即输出指令（=I）只能用于输出位 Q，执行该指令时，将栈顶值立即写入指定的物理输出点和对应的过程映像输出寄存器。线圈符号中的"I"用来表示立即输出（见图 3-21）。

2. 置位与复位

置位指令 S（Set）用于将指定的位地址开始的 N 个连续的位地址置位（变为 ON 并保持该状态），复位指令 R（Reset）用于将指定的位地址开始的 N 个连续的位地址复位（变为 OFF 并保持该状态），N = 1～255。图 3-22 中 N = 1，是最常见的情况。

置位指令与复位指令最主要的特点是有记忆和保持功能。如果图 3-22 中 I0.1 的常开触点接通，M0.3 被置位为 ON。即使 I0.1 的常开触点断开，它也仍然保持为 ON。当 I0.2 的常开触点闭合时，M0.3 被复位为 OFF。即使 I0.2 的常开触点断开，它也仍然保持为 OFF。图 3-22 中的电路具有和起保停电路相同的功能（见配套资源中的例程"位逻辑指令 2"）。

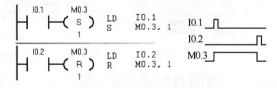

图 3-22　置位指令与复位指令

如果被指定复位的是定时器（T）或计数器（C），将清除定时器/计数器的当前值，它们的位被复位为 OFF。

3. 立即置位与立即复位

执行立即置位指令（SI）或立即复位指令（RI）时（见图 3-21），从指定位地址开始的 N 个连续的物理输出点将被立即置位或复位，N = 1～255，线圈中的 I 表示立即。该指令只能用于输出位 Q，新值被同时写入对应的物理输出点和过程映像输出寄存器。置位指令与复位指令仅将新值写入过程映像输出寄存器。

4. RS、SR 双稳态触发器指令

图 3-23 中标有 SR 的方框是置位优先双稳态触发器，标有 RS 的方框是复位优先双稳态触发器。它们相当于置位指令 S 和复位指令 R 的组合，用置位输入和复位输入来控制方框上面名为"bit"（位）的变量。可选的 OUT 连接反映了"bit"变量的信号状态。置位输入和复位输入均为 OFF 时，"bit"变量的状态不变。置位输入和复位输入只有一个为 ON 时，为 ON 的起作用。

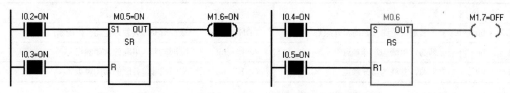

图 3-23　置位优先触发器与复位优先触发器

两种触发器的区别仅在于置位输入和复位输入均为 ON 的时候。SR 触发器的置位信号 S1 和复位信号 R 同时为 ON 时，M0.5 和 M1.6 被置位为 ON（见图 3-23）。RS 触发器的置位信号 S 和复位信号 R1 同时为 ON 时，M0.6 和 M1.7 被复位为 OFF。

5. 其他位逻辑指令

（1）跳变触点

中间有"P"和"N"的触点分别是正跳变触点和负跳变触点（见图 3-24）。正跳变触点检测到能流从断开到接通的上升沿时，或负跳变触点检测到能流从接通到断开的下降沿时，能流流通一个扫描周期。在程序中一共可以使用最多 1024 条边沿检测器指令。

语句表中的 EU（Edge Up，上升沿）指令（见表 3-8）用于检测正跳变，ED（Edge Down，下降沿）指令用于检测负跳变。它们分别检测到逻辑堆栈的栈顶值从 0 跳变到 1，或从 1 跳变到 0 时，将栈顶值设置为 1；否则将其设置为 0。

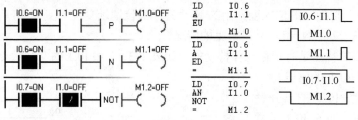

图 3-24　跳变触点与取反触点

表 3-8　其他位逻辑指令

语句	描述
EU	上升沿检测
ED	下降沿检测
NOT	取反
NOP　N	空操作

（2）取反指令

在梯形图中，取反指令（NOT）将能流输入的状态取反。能流到达 NOT 触点时将停止（见图 3-24）；没有能流到达 NOT 触点时，该触点给右侧提供能流。在语句表中，取反（NOT）指令将堆栈的栈顶值从 0 更改为 1，或从 1 更改为 0。

3-3
位逻辑指令
（A）

视频"位逻辑指令（A）"和"位逻辑指令（B）"可通过扫描二维码 3-3 和二维码 3-4 播放。

（3）空操作指令

空操作指令（NOP　N）不影响程序的执行，操作数 N 取值范围

3-4
位逻辑指令
（B）

为 0～255。

6. 程序的优化设计

在设计并联电路时，应将单个触点的支路放在下面；设计串联电路时，应将单个触点放在右边，否则语句表程序将会多用一条指令（见图 3-25）。

建议在有线圈的并联电路中，将单个线圈放在上面，将图 3-25a 的电路改为图 3-25b 的电路，可以避免使用逻辑进栈指令 LPS 和逻辑出栈指令 LPP。

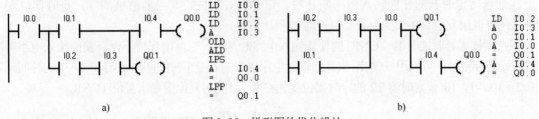

图 3-25　梯形图的优化设计

a) 原梯形图　b) 优化后的梯形图

3.4　定时器指令与计数器指令

3.4.1　定时器指令

1. 定时器的分辨率

定时器有 1ms、10ms 和 100ms 三种分辨率，分辨率取决于定时器地址（见表 3-9）。输入定时器地址后，在定时器方框的右下角内将会出现定时器的分辨率（见图 3-26）。

表 3-9　定时器地址与分辨率

类　型	分辨率/ms	定时范围/s	定时器地址	类　型	分辨率/ms	定时范围/s	定时器地址
TON/TOF	1	32.767	T32、T96	TONR	1	32.767	T0、T64
	10	327.67	T33～T36 和 T97～T100		10	327.67	T1～T4 和 T65～T68
	100	3276.7	T37～T63 和 T101～T255		100	3276.7	T5～T31 和 T69～T95

2. 接通延时定时器和保持型接通延时定时器

定时器和计数器的当前值、定时器的预设时间 PT（Preset Time）的数据类型均为 16 位有符号整数（INT），允许的最大值为 32767。除了常数外，还可以用 VW、IW 等地址作定时器和计数器的预设值。定时器指令与计数器指令见表 3-10。

表 3-10　定时器/计数器指令

语　句　表	描　述	语　句　表	描　述
TON　Txxx, PT	接通延时定时器	CITIM　IN, OUT	计算间隔时间
TOF　Txxx, PT	断开延时定时器	CTU　Cxxx, PV	加计数
TONR　Txxx, PT	保持型接通延时定时器	CTD　Cxxx, PV	减计数
BITIM　OUT	开始间隔时间	CTUD　Cxxx, PV	加/减计数

定时器方框指令左边的 IN 为使能输入端，可以将定时器方框视为定时器的线圈。

接通延时定时器 TON 和保持型接通延时定时器 TONR 的使能输入电路接通后开始定时，当前值不断增大。当前值大于等于 PT 端指定的预设值（1～32767）时，定时器位变为 ON，梯形图中对应的定时器的常开触点闭合，常闭触点断开。达到预设值后，当前值仍继续增加，直到最大值 32767。

定时器的预设时间等于预设值与分辨率的乘积，图 3-26 中的 T37 为 100ms 定时器（见配套资源中的例程"定时器应用"），预设时间为 $100ms \times 90 = 9s$。

接通延时定时器的使能输入电路断开时，定时器被复位，其当前值被清零，定时器位变为 OFF。还可以用复位（R）指令来复位定时器和计数器。

保持型接通延时定时器 TONR 的使能输入电路断开时，当前值保持不变。使能输入电路再次接通时，继续定时。可以用 TONR 来累计输入电路接通的若干个时间间隔。图 3-27 中的时间间隔 $t1 + t2 = 10s$ 时，10ms 定时器 T2 的定时器位变为 ON。只能用复位指令来复位 TONR。

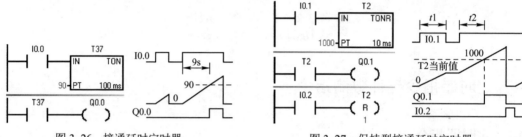

图 3-26 接通延时定时器　　　　　图 3-27 保持型接通延时定时器

在第一个扫描周期，所有的定时器位被清零。非保持型的定时器 TON 和 TOF 被自动复位，当前值和定时器位均被清零。可以在系统块中设置有断电保持功能的 TONR 的地址范围。断电后再上电，有断电保持功能的 TONR 保持断电时的当前值不变。

如果要确保最小时间间隔，应将预设值 PT 增大 1。例如使用 100ms 定时器时，为确保最小时间间隔至少为 2000ms，应将 PV 设置为 21。

图 3-28 是用接通延时定时器 T38 编程实现的脉冲定时器程序，在 I0.3 由 OFF 变为 ON 时（能流的上升沿），Q0.2 的线圈通电并自保持。T38 开始定时，定时时间到时，T38 的常闭触点断开，Q0.2 的线圈断电，T38 的使能输入端断电，它被复位。因此通过 Q0.2 输出了一个宽度等于 T38 设定值（3s）的脉冲。因为 I0.3 的常开触点串接了正跳变触点，I0.3 提供的脉冲宽度可以大于 3s，也可以小于 3s。

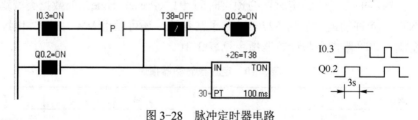

图 3-28 脉冲定时器电路

3. 断开延时定时器指令

断开延时定时器（TOF，见图 3-29）用来在使能输入（IN）电路断开后延时一段时间，再使定时器位变为 OFF。它用 IN 输入从 ON 到 OFF 的负跳变启动定时。

断开延时定时器的使能输入电路接通时，定时器位立即变为 ON，当前值被清零。使能输入电路断开时，开始定时，当前值从 0 开始增大。当前值等于预设值时，输出位变为 OFF，当前值保持不变，直到使能输入电路接通。断开延时定时器可用于设备停机后的延时，例如大型变频电动机的冷却风扇的延时。图 3-29 同时给出了断开延时定时器的语句表程序。

视频"定时器的基本功能"可通过扫描二维码 3-5 播放。

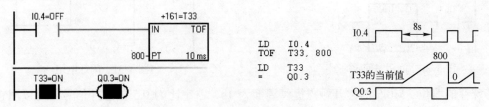

图 3-29 断开延时定时器

TOF 与 TON 不能使用相同的定时器号，例如不能同时对 T37 使用指令 TON 和 TOF。

4．分辨率对定时器的影响

执行 1ms 分辨率的定时器指令时开始计时，其定时器位和当前值的更新与扫描周期不同步，每 1ms 更新一次。

执行 10ms 分辨率的定时器指令时开始计时，记录自定时器启动以来经过的 10ms 时间间隔的个数。在每个扫描周期开始时，10ms 分辨率的定时器的定时器位和当前值被刷新，一个扫描周期累计的 10ms 时间间隔数被累加到定时器当前值。定时器位和当前值在整个扫描周期中不变。

100ms 分辨率的定时器记录从定时器上次更新以来经过的 100ms 时间间隔的个数。在执行该定时器指令时，将从前一扫描周期起累积的 100ms 时间间隔个数累加到定时器的当前值。为了使定时器正确地定时，应确保在一个扫描周期中只执行一次 100ms 定时器指令。启动该定时器后，如果在某个扫描周期内未执行定时器指令，或者在一个扫描周期多次执行同一条定时器指令，定时时间都会出错。

5．间隔时间定时器

在图 3-30 的 Q0.4 的上升沿执行"开始间隔时间"指令 BGN_ITIME，读取内置的 1ms 双字计数器的当前值，并将该值储存在 VD0 中。

"计算间隔时间"指令 CAL_ITIME 计算当前时间与 IN 输入端的 VD0 提供的时间（即图 3-30 中 Q0.4 的上升沿的时间）之差，并将该时间差储存在 OUT 端指定的 VD4 中。

双字计数器的最大计时间隔为 2^{32}ms 或 49.7 天。CAL_ITIME 指令将自动处理计算时间间隔期间发生的 1ms 双字计数器的翻转（即它的值由最大值变为 0）。

【例 3-4】 用定时器设计输出脉冲的周期和占空比可调的振荡电路（即闪烁电路）。

图 3-31 中 I0.3 的常开触点接通后，T41 的 IN 输入端为 ON，T41 开始定时。2s 后定时时间到，T41 的常开触点接通，使 Q0.7 变为 ON，同时 T42 开始定时。3s 后 T42 的定时时间到，它的常闭触点断开，T41 因为 IN 输入电路断开而被复位。T41 的常开触点断开，使 Q0.7 变为 OFF，同时 T42 因为 IN 输入电路断开而被复位。复位后其常闭触点接通，下一扫描周期 T41 又开始定时。以后 Q0.7 的线圈将这样周期性地"通电"和"断电"，直到 I0.3 变为 OFF。Q0.7 的线圈"通电"和"断电"的时间分别等于 T42 和 T41 的预设值。

闪烁电路实际上是一个具有正反馈的振荡电路，T41 和 T42 的输出信号通过它们的触点分别控制对方的线圈，形成了正反馈。

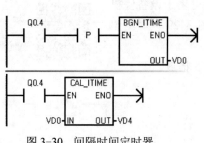

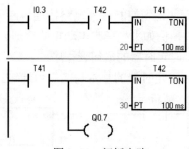

图 3-30　间隔时间定时器　　　　　　　　图 3-31　闪烁电路

特殊存储器位 SM0.5 的常开触点提供周期为 1s、占空比为 0.5 的脉冲信号，可以用它来驱动需要闪烁的指示灯。

6. 两条运输带的控制程序

两条运输带顺序相连（见图 3-32），为了避免运送的物料在下面的 1 号运输带上堆积，按下起动按钮 I0.5，1 号运输带开始运行，8s 后上面的 2 号运输带自动起动。停机的顺序与起动的顺序刚好相反，即按了停止按钮 I0.6 后，先停 2 号运输带，8s 后停 1 号运输带。PLC 通过 Q0.4 和 Q0.5 控制两台运输带。

梯形图程序如图 3-33 所示（见配套资源中的例程"定时器应用"），程序中设置了一个用起动按钮和停止按钮控制的辅助元件 M0.0，用它的常开触点控制接通延时定时器 T39 和断开延时定时器 T40。

接通延时定时器 T39 的常开触点在 I0.5 的上升沿之后 8s 接通，在它的 IN 输入端为 OFF 时（M0.0 的下降沿）断开。综上所述，可以用 T39 的常开触点直接控制 2 号运输带 Q0.5。

断开延时定时器 T40 的常开触点在它的 IN 输入为 ON 时接通，在它结束 8s 延时后断开，因此可以用 T40 的常开触点直接控制 1 号运输带 Q0.4。

3-6
定时器应用
程序

视频"定时器应用程序"可通过扫描二维码 3-6 播放。

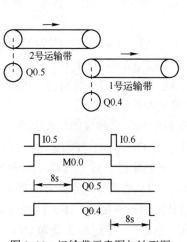

图 3-32　运输带示意图与波形图

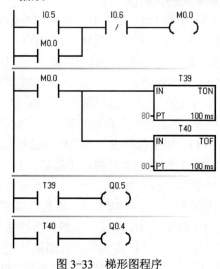

图 3-33　梯形图程序

3.4.2　计数器指令

计数器的地址范围为 C0~C255，不同类型的计数器不能共用同一个地址。本节的程序见配套资源中的例程"计数器应用"。

1. 加计数器（CTU）

满足下列条件时，加计数器的当前值加 1（见图 3-34），直到计数最大值 32767。

1）接在 R 输入端的复位输入电路断开（未复位）。

2）接在 CU 输入端的加计数脉冲输入电路由断开变为接通（即 CU 信号的上升沿）。

3）当前值小于最大值 32767。

当前值大于等于数据类型为 INT 的预设值 PV 时，计数器位变为 ON。当复位输入 R 为 ON 或对计数器执行复位（R）指令时，计数器被复位，计数器位变为 OFF，当前值被清零。在首次扫描时，所有的计数器位被复位为 OFF。可以用系统块设置有断电保持功能的计数器的地址范围。断电后又上电，有断电保持功能的计数器保持断电时的当前值不变。

在语句表中，栈顶值是复位输入（R），加计数输入值（CU）放在逻辑堆栈的第 2 层。

2. 减计数器（CTD）

在装载输入 LD 的上升沿，计数器位被复位为 OFF，并把预设值 PV 装入当前值寄存器。在减计数脉冲输入信号 CD（见图 3-35）的上升沿，从预设值开始，减计数器的当前值减 1，减至 0 时，停止计数，计数器位被置位为 ON。

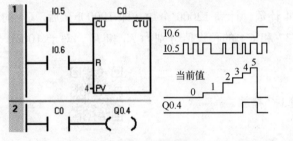

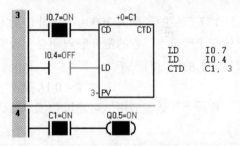

图 3-34　加计数器　　　　　　　　　　　图 3-35　减计数器

在语句表中，栈顶值是装载输入 LD，减计数输入 CD 放在逻辑堆栈的第二层。图 3-35 给出了减计数器的语句表程序。

3. 加减计数器（CTUD）

在加计数脉冲输入 CU（见图 3-36）的上升沿，计数器的当前值加 1，在减计数脉冲输入 CD 的上升沿，计数器的当前值减 1。当前值大于等于预设值 PV 时，计数器位为 ON，反之为 OFF。若复位输入 R 为 ON，或对计数器执行复位（R）指令时，计数器被复位。当前值为最大值 32767（对应的十六进制数为 16#7FFF）时，下一个 CU 输入的上升沿使当前值加 1 后变为最小值-32768（对应的十六进制数为 16#8000）。当前值为-32768 时，下一个 CD 输入的上升沿使当前值减 1 后变为最大值 32767。

在语句表中，栈顶值是复位输入 R，减计数脉冲输入 CD 在逻辑堆栈的第 2 层，加计数脉冲输入 CU 在逻辑堆栈的第 3 层。

图 3-36　加减计数器

【例 3-5】 用计数器设计长延时电路。

S7-200 SMART 的定时器最长的定时时间为 3276.7s，如果需要更长的定时时间，可以使用图 3-37 中的计数器 C3 来实现长延时。周期为 1min 的时钟脉冲 SM0.4 的常开触点为加计数器 C3 提供计数脉冲。I0.1 由 OFF 变为 ON 时，解除了对 C3 的复位，C3 开始定时。图中的定时时间为 30000min（500h）。

【例 3-6】 用计数器扩展定时器的定时范围。

图 3-38 中的 100ms 定时器 T37 和加计数器 C4 组成了长延时电路。I0.2 为 OFF 时，T37 和 C4 处于复位状态，它们不能工作。I0.2 为 ON 时，其常开触点接通，T37 开始定时，3000s 后 T37 的定时时间到，其常开触点闭合，使 C4 加 1。T37 的常闭触点断开，使它自己复位，当前值变为 0。复位后下一扫描周期因为 T37 的常闭触点接通，它又开始定时。

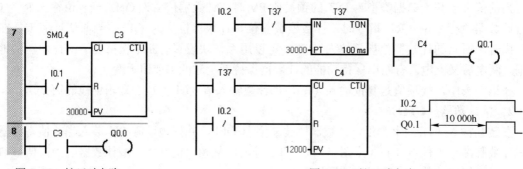

图 3-37　长延时电路　　　　　　　　　　　　图 3-38　长延时电路

T37 产生的周期为 3000s 的脉冲送给 C4 计数，计满 12000 个数（即 10000h）后，C4 的当前值等于预设值，它的常开触点闭合。设 T37 和 C4 的预设值分别为 K_T 和 K_C，对于 100ms 定时器，总的定时时间 T 为

$$T = 0.1 K_T K_C$$

视频"计数器应用"可通过扫描二维码 3-7 播放。

3-7
计数器应用

3.5　习题

1. 填空

1）立即触点指令只能用于_____，立即输出指令只能用于_____。

2）SM_____在首次扫描时为 ON，SM0.0 一直为_____。

3）每一位 BCD 码用___位二进制数来表示，其取值范围为二进制数_____～_____。

4）二进制数 2#0000 0010 1001 1101 对应的十六进制数是_____，对应的十进制数是_____，绝对值与它相同的负数的补码是 2#_____。

5）BCD 码 16#7824 对应的十进制数是_____。

6）接通延时定时器 TON 的使能（IN）输入电路_____时开始定时，当前值大于等于预设值时其定时器位变为_____，梯形图中其常开触点_____，常闭触点_____。

7）接通延时定时器 TON 的使能输入电路_____时被复位，复位后梯形图中其常开触点_____，常闭触点_____，当前值等于_____。

8）保持型接通延时定时器 TONR 的使能输入电路_____时开始定时，使能输入电路断开时，当前值_____。使能输入电路再次接通时_____。必须用_____指令来复位 TONR。

9）断开延时定时器 TOF 的使能输入电路接通时，定时器位立即变为_____，当前值被_____。使能输入电路断开时，当前值从 0 开始_____。当前值等于预设值时，定时器位变为_____，梯形图中其常开触点_____，常闭触点_____，当前值_____。

10）若加计数器的计数输入电路 CU_____、复位输入电路 R_____，计数器的当前值加 1。当前值大于等于预设值 PV 时，梯形图中其常开触点_____，常闭触点_____。复位输入电路_____时，计数器被复位，复位后梯形图中其常开触点_____，常闭触点_____，当前值为_____。

2. 2#0010 1001 0011 1010 是否为 BCD 码？为什么？

3. 求出二进制补码 2#1111 1110 0100 1001 对应的十进制数。

4. 状态图表用什么数据格式表示 BCD 码？

5. 字节、字、双字、整数、双整数和浮点数中哪些是有符号数？哪些是无符号数？

6. VW50 由哪两个字节组成？哪个是高位字节？

7. VD50 由哪两个字组成？由哪 4 个字节组成？哪个是高位字？哪个是最低位字节？

8. 在编程软件中，用什么格式键入和显示浮点数？

9. 字符串中第一个字节的作用是什么？

10. 位存储器（M）有多少个字节？

11. T0、T3、T32 和 T39 分别属于什么定时器？它们的分辨率分别是多少 ms？

12. S7-200 SMART 有几个累加器？它们用来存储多少位的数据？主要作用是什么？

13. POU（程序组织单元）包括哪些程序？

14. 特殊存储器位 SM1.3 有什么作用？

15. &VB100 和 *VD120 分别用来表示什么？

16. 地址指针有什么作用？

17. 写出图 3-39 所示梯形图对应的语句表程序。

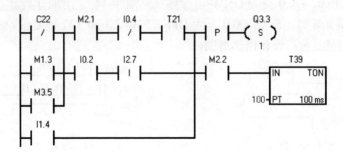

图 3-39 题 17 的图

18. 写出图 3-40 所示梯形图对应的语句表程序。

19. 写出图 3-41 所示梯形图对应的语句表程序。

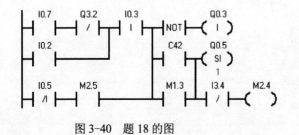

图 3-40 题 18 的图　　　　　　　　　　图 3-41 题 19 的图

20．画出图 3-42a 中的语句表对应的梯形图。

21．画出图 3-42b 中的语句表对应的梯形图。

22．画出图 3-42c 中的语句表对应的梯形图。

23．用接在 I0.0 输入端的光电开关检测传送带上通过的产品，有产品通过时 I0.0 为 ON，如果在 10s 内没有产品通过，由 Q0.0 发出报警信号，用 I0.1 输入端外接的开关解除报警信号。画出梯形图，并写出对应的语句表程序。

网络 1

```
LDI   I0.2
AN    I0.0           网络 2                        网络 3
O     Q0.3           LD    I0.1           LD    I0.7
ONI   I0.1           AN    I0.0           AN    I2.7
LD    Q2.1           LPS                  LDI   I0.3
O     M3.7           AN    I0.2           ON    I0.1
AN    I1.5           LPS                  A     M0.1
LDN   I0.5           A     I0.4           OLD
A     I0.4           =     Q2.1           LD    I0.5
ON    M0.2           LPP                  A     I0.3
OLD                  A     I4.6           O     I0.4
ALD                  R     Q0.3, 1        ALD
O     I0.4           LPP                  ON    M0.2
LPS                  LPS                  =I    Q0.4
EU                   A     I0.5
=     M3.7           =     M3.6           网络 4
LPP                  LPP                  LD    I2.5
AN    I0.4           AN    I0.4           LD    M3.5
NOT                                       ED
SI    Q0.3, 1        TON   T37, 25        CTU   C41, 30
```

a)   b)   c)

图 3-42 题 20～题 22 的图

24．用 S、R 和跳变触点指令设计满足图 3-43 所示波形的梯形图。

25．按下按钮 I0.0，Q0.0 变为 ON 并自保持（见图 3-44）。用加计数器 C1 计数，I0.1 输入 3 个脉冲后，T37 开始定时。5s 后 Q0.0 变为 OFF，同时 C1 和 T37 被复位。在 PLC 刚开始执行用户程序时，C1 也被复位，设计出梯形图。

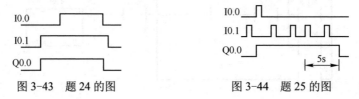

图 3-43 题 24 的图   图 3-44 题 25 的图

第4章 S7-200 SMART 的功能指令

4.1 功能指令概述

4.1.1 功能指令的分类与学习方法

第 3 章介绍了用于数字量控制的位逻辑指令和定时器、计数器指令，它们属于 PLC 最基本的指令。功能指令是指这些基本指令和第 5 章介绍的顺序控制继电器指令之外的指令。

功能指令可以分为下面几种类型。

1. 通用指令

通用指令是指几乎所有的计算机语言（包括高级语言、PLC 的编程语言和单片机的汇编语言）都有的指令，例如比较、转换、传送、移位/循环、程序控制、整数运算、浮点数运算、逻辑运算等指令。这类指令非常重要，它们与计算机的基础知识（例如数制和数据类型等）有关，可以通过书中的例程和实验了解这些指令的基本功能。

学好了一种型号的 PLC 的通用指令，再学其他型号的 PLC 的这类指令就很容易了。

2. 与 PLC 的高级应用有关的指令

例如与中断、高速计数、高速输出、PID 控制、位置控制和通信有关的指令，这些指令需要通过教材有关章节的学习，阅读有关的例程，和动手做实验，才能正确地理解和使用它们。大部分通信指令在指令列表的"库"文件夹中，具体的使用方法见第 6 章。

为了减轻编程的负担，S7-200 SMART 用向导实现某些高级应用的功能，而不是直接用这些指令来编程。本书用实例介绍某些向导的使用方法。

3. 用得较少和很少使用的指令

字符串指令、表格指令、时钟指令、移位寄存器指令、间隔时间定时器指令、GET_ERROR 指令等用得较少。对它们有一般性的了解就可以了。

"通信"文件夹中的 XMT 和 RCV 指令也用得较少，该文件夹中的其他指令和"PROFINET"文件夹中的指令都很少使用。

4. 功能指令的学习方法

初学功能指令时，可以首先按指令的分类浏览所有的指令，了解它们大致的功能。

功能指令的使用涉及很多细节问题，例如指令的功能，每个操作数的作用、数据类型和可以使用的存储器区，是输入参数还是输出参数；该指令执行后受影响的特殊存储器（SM），使方框指令的 ENO（使能输出）为 0 的非致命错误条件等。

PLC 的初学者没有必要花大量的时间去熟悉功能指令使用中的大量细节，更没有必要死记硬背它们。单击选中程序中或指令列表中的某条指令，然后按〈F1〉键，通过出现的在线帮助就可以获得该指令的上述详细信息。

　　学习功能指令时，应重点了解指令的基本功能和有关的基本概念。与学外语不能只靠背单词，应主要通过阅读和会话来学习一样，要学好功能指令，也离不开实践。一定要通过读程序、编程序和调试程序来学习功能指令，逐渐加深对功能指令的理解，在实践中提高阅读程序和编写程序的能力。仅仅阅读编程手册或教材中指令有关的信息，是永远掌握不了指令的使用方法的。

4-1
怎样学习功能指令

　　视频"怎样学习功能指令"可通过扫描二维码 4-1 播放。

4.1.2　S7-200 SMART 的指令规约

1．使能输入与使能输出

　　在梯形图中，用方框表示某些指令，例如定时器和数学运算指令。方框指令的输入参数和 IN_OUT 参数均在左边，输出参数均在右边。梯形图中有一条提供"能流"的左侧垂直母线，图 4-1 中 I0.0 的常开触点接通时，能流流到整数除法指令 DIV_I 的使能（Enable）输入端 EN，该输入端有能流时，指令 DIV_I 才能被执行。

　　能流只能从左往右流动，程序段中不能有短路、开路和反方向的能流。

图 4-1　ENO 为 ON 的梯形图程序状态

　　如果方框指令的 EN 输入端有能流流入且执行时无错误（例如 DIV_I 指令的除数为非 0 的整数），则使能输出 ENO（Enable Output）将能流传递给下一个元件（见图 4-1）。ENO 可以作为下一个方框指令的 EN 输入，即几个方框指令可以串联在同一行中。

　　如果指令在执行时出错，能流在出现错误的方框指令处终止。图 4-2 中的 I0.0 为 ON 时，有能流流入 DIV_I 指令的 EN 输入端。因为 VW0 中的除数为 0，DIV_I 指令框和方框外的地址和常数变为红色，表示该指令的执行出错。此时没有能流从它的 ENO 输出端流出，它右边的"导线"、方框指令和线圈为灰色，表示没有能流流过它们。

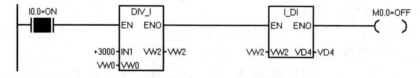

图 4-2　ENO 为 OFF 的梯形图程序状态

　　只有前一个方框指令被正确执行，后一个方框指令才能被执行。EN 和 ENO 的操作数均为能流，数据类型为 BOOL（布尔）型。

　　语句表（STL）程序没有 EN 输入，逻辑堆栈的栈顶值为 1 时 STL 指令才能执行。与梯形图中的 ENO 相对应，语句表设置了一个 ENO 位，可以用 AENO（AND ENO）指令访问 ENO 位，AENO 用来产生与方框指令的 ENO 相同的效果。

　　下面是图 4-1 中的梯形图对应的语句表程序。

```
    LD      I0.0
    MOVW    +3000, VW2          //3000→VW2
    AENO
```

```
/I      VW0, VW2                //VW2/VW0→VW2
AENO
ITD     VW2, VD4                //将 VW2 转换为双整数后送给 VD4
AENO
=       M0.0
```

梯形图中除法指令的操作为 IN1/IN2 = OUT，语句表中除法指令的操作为 OUT/IN1 = OUT，输出参数 OUT 同时又是被除数，所以梯形图转换为语句表时自动增加了一条字传送指令 MOVW，为除法指令的执行做好准备。如果删除上述程序中的前两条 AENO 指令，将程序转换为梯形图后，可以看到图 4-1 中的两个方框指令由串联变为并联。

2. 梯形图中的指令

必须有能流输入才能执行的方框指令或线圈指令称为条件输入指令，它们不能直接连接到左侧母线上。如果需要无条件地执行这些指令，可以用接在左侧母线上的 SM0.0（该位始终为 ON）的常开触点来驱动它们。

有的线圈或方框指令的执行与能流无关，例如标号指令 LBL（见图 4-22）和顺序控制指令 SCR（见图 5-27）等，应将它们直接连接到左侧母线上。

触点比较指令（见图 4-4）没有能流输入时，输出为 0，有能流输入时，其输出与比较结果有关。

在键入语句表指令时，值得注意的是必须使用英文的标点符号。如果使用中文的标点符号，将会出错。错误的输入用红色标记。

符号"#INPUT1"中的"#"号表示该符号是局部变量，生成新的编程元件时出现的红色问号"??.?"或"????"表示需要输入地址或数值（见图 4-3）。

3. 能流指示器

LAD 提供两种能流指示器，它们由编辑器自动添加和移除，并不是用户放置的。

→是开路能流指示器（见图 4-3），指示程序段中存在开路状况。必须解决开路问题，程序段才能成功编译。

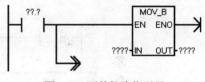

→是可选能流指示器，用于指令的级联。该指示器出现在功能框元素的 ENO 能流输出端，表示可将其他梯形图元件附加到该位置。但是即使没有在该位置添加元件，程序段也能成功编译。

图 4-3　两种能流指示器

4.2　数据处理指令

4.2.1　比较指令与数据传送指令

1. 字节、整数、双整数和实数比较指令

比较指令用来比较两个数据类型相同的数值 IN1 与 IN2 的大小（见图 4-4）。可以比较无符号字节、整数、双整数、实数和字符串。在梯形图中，满足比较关系式给出的条件时，比较指令对应的触点接通。触点中间和语句表指令中的 B、I（语句表指令中为 W）、D、R、S 分别表示无符号字节、有符号整数、

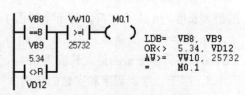

图 4-4　使用比较指令的程序

有符号双整数、有符号实数（Real，或称为浮点数）和字符串（String）比较。表 4-1 中的字节、整数、双整数和实数的比较条件"x"分别是==（语句表为=）、<>（不等于）、>=、<=、>和<。以比较条件">"为例，当 IN1 > IN2，梯形图中的比较触点闭合。IN1 在触点的上面，IN2 在触点下面。

表 4-1　比较指令

无符号字节比较		有符号整数比较		有符号双整数比较		有符号实数比较		字符串比较	
LDBx	IN1, IN2	LDWx	IN1, IN2	LDDx	IN1, IN2	LDRx	IN1, IN2	LDSx	IN1, IN2
ABx	IN1, IN2	AWx	IN1, IN2	ADx	IN1, IN2	ARx	IN1, IN2	ASx	IN1, IN2
OBx	IN1, IN2	OWx	IN1, IN2	ODx	IN1, IN2	ORx	IN1, IN2	OSx	IN1, IN2

在语句表中，以 LD、A、O 开始的比较指令分别表示开始、串联和并联的比较触点。满足比较条件时，以 LD、A、O 开始的比较指令分别将二进制常数 2#1 装载到逻辑堆栈的栈顶、将 2#1 与栈顶中的值进行"与"运算或者"或"运算。

字节比较指令用来比较两个无符号数字节 IN1 与 IN2 的大小；整数比较指令用来比较两个有符号整数 IN1 与 IN2 的大小，最高位为符号位，例如 16#7FFF > 16#8000（后者为负数）；双整数比较指令用来比较两个有符号双整数 IN1 与 IN2 的大小；实数比较指令用来比较两个有符号实数 IN1 与 IN2 的大小。

本节的程序见配套资源中的例程"比较指令与传送指令"。

【例 4-1】 用接通延时定时器和比较指令组成占空比可调的脉冲发生器。

用 100ms 定时器 T37 的常闭触点控制它的 IN（使能）输入端，组成了一个脉冲发生器，使 T37 的当前值按图 4-5 所示的锯齿波变化。比较指令用来产生脉冲宽度可调的方波，Q0.0 为 OFF 的时间取决于比较指令"LDW>= T37, 8"的第 2 个操作数的值。

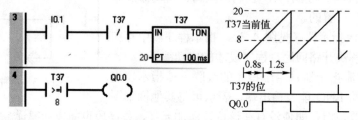

图 4-5　定时器和比较指令组成的脉冲发生器

2. 字符串比较指令

字符串比较指令用于比较两个数据类型为 STRING 的 ASCII 码字符串相等或不相等。表 4-1 中的比较条件"x"只有==（语句表为=）和<>。

可以比较两个字符串变量，或比较一个常数字符串和一个字符串变量。如果比较中使用了常数字符串，它必须是梯形图中比较触点上面的参数，或语句表中比较指令的第一个参数。

在程序编辑器中，常数字符串参数赋值必须以英语的双引号字符开始和结束。常数字符串的最大长度为 126 个字符，每个字符占 1 字节。

如果字符串变量从 VB100 开始存放，字符串比较指令中该字符串对应的输入参数为 VB100。字符串变量的最大长度为 254 个字符（字节），可以用数据块初始化字符串。

3. 字节、字、双字和实数的传送

传送指令（见图 4-6）将源输入 IN 指定的数据传送到输出参数 OUT 指定的目的地址，传送过程中不改变源存储单元的数据值。表 4-2 的传送指令的助记符中最后的 B、W、DW（或

D）和 R 分别表示操作数为字节、字、双字和实数。

表 4-2　传送指令

梯　形　图	语　句　表	描　述	梯　形　图	语　句　表	描　述
MOV_B	MOVB　IN, OUT	传送字节	MOV_BIW	BIW　IN, OUT	字节立即写
MOV_W	MOVW　IN, OUT	传送字	BLKMOV_B	BMB　IN, OUT, N	传送字节块
MOV_DW	MOVD　IN, OUT	传送双字	BLKMOV_W	BMW　IN, OUT, N	传送字块
MOV_R	MOVR　IN, OUT	传送实数	BLKMOV_D	BMD　IN, OUT, N	传送双字块
MOV_BIR	BIR　IN, OUT	字节立即读	SWAP	SWAP　IN	交换字节

字传送指令的操作数的数据类型可以是 WORD 和 INT，双字传送指令的操作数的数据类型可以是 DWORD 和 DINT。

4. 传送字节立即读取和立即写入指令

传送字节立即读取指令 MOV_BIR（Move Byte Immediate Read）用于读取输入 IN 指定的 1 字节的物理输入，并将结果写入 OUT 指定的地址，但是并不更新对应的过程映像输入寄存器。

传送字节立即写入指令 MOV_BIW（Move Byte Immediate Write）用于将输入 IN 指定的 1 字节的数值写入 OUT 指定的物理输出，同时更新对应的过程映像输出字节。这两条指令的参数 IN 和 OUT 的数据类型都是 BYTE（字节）。

5. 字节、字、双字的块传送指令

块传送指令将起始地址为 IN 的 N 个连续的存储单元中的数据，传送到从 OUT 指定的地址开始的 N 个存储单元，字节变量 N 的取值范围为 1～255。图 4-6 中的字节块传送指令 BLKMOV_B 将 VB22～VB24 中的数据传送到 VB25～VB27 中。

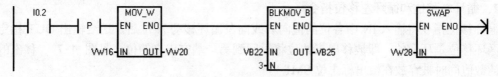

图 4-6　传送与交换指令

6. 字节交换指令

字节交换指令 SWAP（Swap Bytes）用来交换输入参数 IN 指定的数据类型为 WORD 的字的高字节与低字节。该指令应采用脉冲执行方式，否则每个扫描周期都要交换一次。

视频"比较指令与传送指令"可通过扫描二维码 4-2 播放。

4-2
比较指令与传送指令

4.2.2　移位指令与循环移位指令

字节、字、双字移位指令和循环移位指令的操作数 IN 和 OUT 的数据类型分别为 BYTE、WORD 和 DWORD。移位位数 N 的数据类型为 BYTE。本节的程序见配套资源中的例程"移位指令与彩灯控制程序"。

1. 右移位和左移位指令

移位指令（见表 4-3）将输入 IN 中的二进制数各位的值向右或向左移动 N 位后，送给输出 OUT 指定的地址。移位指令对移出位自动补 0（见图 4-7），如果移动的位数 N 大于允许值（字节操作为 8，字操作为 16，双字操作为 32），实际移位的位数为最大允许值。字节移位操作是无符号的，对有符号的字和双字移位时，符号位也被移位。

表 4-3 移位指令与循环移位指令

梯形图	语 句 表	描 述	梯 形 图	语 句 表	描 述
SHR_B	SRB OUT, N	字节右移	ROR_B	RRB OUT, N	字节循环右移
SHL_B	SLB OUT, N	字节左移	ROL_B	RLB OUT, N	字节循环左移
SHR_W	SRW OUT, N	字右移	ROR_W	RRW OUT, N	字循环右移
SHL_W	SLW OUT, N	字左移	ROL_W	RLW OUT, N	字循环左移
SHR_DW	SRD OUT, N	双字右移	ROR_DW	RRD OUT, N	双字循环右移
SHL_DW	SLD OUT, N	双字左移	ROL_DW	RLD OUT, N	双字循环左移
—	—	—	SHRB	SHRB DATA, S_BIT, N	移位寄存器

如果移位次数非 0，"溢出"标志位 SM1.1 保存最后一次被移出的位的值（见图 4-7）。如果移位操作的结果为 0，零标志位 SM1.0 被置为 ON。

如果源操作数和目标操作数相同，移位指令和循环移位指令应采用脉冲执行方式。

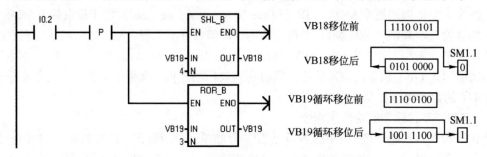

图 4-7 移位指令与循环移位指令

2. 循环右移位和循环左移位指令

循环移位指令将输入 IN 中各位的值向右或向左循环移动 N 位后，送给输出 OUT 指定的地址。循环移位是环形的，即被移出来的位将返回到另一端空出来的位（见图 4-7）。移出的最后一位的数值同时被存放在溢出标志位 SM1.1。

如果移动的位数 N 大于允许值（字节操作为 8，字操作为 16，双字操作为 32），执行循环移位之前先对 N 进行求模运算。例如字循环移位时，将 N 除以 16 后取余数，从而得到一个有效的移位次数。字节循环移位求模运算的结果为 0~7，字循环移位为 0~15，双字循环移位为 0~31。如果求模运算的结果为 0，不进行循环移位操作，零标志位 SM1.0 被置为 ON。

字节操作是无符号的，对有符号的字和双字循环移位时，符号位也被移位。

视频"移位与循环移位指令"可通过扫描二维码 4-3 播放。

3. 移位寄存器指令

移位寄存器指令 SHRB 用于将 DATA 端输入的位数值移入移位寄存器（见图 4-8），移位寄存器的最大长度为 64 位。用参数 S_BIT 指定移位寄存器最低位的地址，用字节型变量 N 指定移位寄存器的长度和移位方向，正向移位（左移）时 N 为正，反向移位（右移）时 N 为负。移出的位被传送到溢出标志位 SM1.1。DATA 和 S_BIT 为 BOOL 变量。这条指令实际上很少使用。

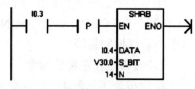

图 4-8 移位寄存器指令

4.2.3　数据转换指令与表格指令

1．标准转换指令

表 4-4 中除了解码、编码指令之外的 10 条指令均属于标准转换指令，它们是字节（B）与整数（I）之间（数值范围为 0～255）、整数与双整数（DI）之间、BCD 码与整数之间、双整数（DI）与实数（R）之间的转换指令（见图 4-9），和七段译码指令。ASCII 字符或字符串与数据的转换指令见 4.8.2 节。本节的程序见配套资源中的例程"数据转换指令"。

表 4-4　数据转换指令

梯　形　图	语　句　表	描　述	梯　形　图	语　句　表	描　述
B_I	BTI　IN, OUT	字节转换为整数	BCD_I	BCDI　OUT	BCD 码转换为整数
I_B	ITB　IN, OUT	整数转换为字节	ROUND	ROUND　IN, OUT	实数四舍五入为双整数
I_DI	ITD　IN, OUT	整数转换为双整数	TRUNC	TRUNC　IN, OUT	实数截位取整为双整数
DI_I	DTI　IN, OUT	双整数转换为整数	SEG	SEG　IN, OUT	段码
DI_R	DTR　IN, OUT	双整数转换为实数	DECO	DECO　IN, OUT	解码
I_BCD	IBCD　OUT	整数转换为 BCD 码	ENCO	ENCO　IN, OUT	编码

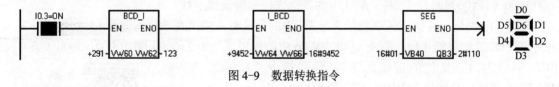

图 4-9　数据转换指令

BCD 码与整数相互转换的指令的有效范围为 0～9999。STL 中的 BCDI 和 IBCD 指令的输入、输出参数使用同一个地址。

如果转换后的数值超出输出的允许范围，溢出标志位 SM1.1 将被置为 ON。

有符号的整数转换为双整数时，符号位被扩展到高位字。字节是无符号的，字节转换为整数时没有扩展符号位的问题（高位字节恒为 0）。

整数转换为字节指令只能转换 0～255 之间的整数，转换其他数值时会产生溢出，并且输出不会改变。

ROUND 指令将 32 位的实数四舍五入后转换为双整数，如果小数部分≥0.5，则整数部分加 1。截位取整指令 TRUNC 将 32 位实数转换为 32 位带符号整数，小数部分被舍去。如果转换后的数超出双整数的允许范围，溢出标志位 SM1.1 被置为 ON。

2．段码指令

段（Segment）码指令 SEG 根据输入字节 IN 的低 4 位对应的十六进制数（16#0～16#F），产生点亮 7 段显示器各段的代码，并送到输出字节 OUT。图 4-9 中 7 段显示器的 D0～D6 段分别对应于输出字节的最低位（第 0 位）～第 6 位，某段应亮时输出字节中对应的位为 1，反之为 0。例如显示数字"1"时，仅 D1 和 D2 段亮，其余各段熄灭，SEG 指令的输出值为二进制数 2#0000 0110（见图 4-9）。

用 PLC 的 4 个输出点来驱动外接的七段译码驱动芯片，再用它来驱动七段显示器（见图 3-6），可以节省 3 个输出点，并且不需要使用段码指令。

3．计算程序中的数据转换

压力变送器的量程为 0～10MPa，输出信号的量程为 0～10V，模拟量输入模块的量程为

$0\sim10V$，转换后的数字量的量程为 $0\sim27648$，设转换后的数字为 N，以 kPa 为单位的压力值的转换公式为

$$P = (10000 \times N)/27648 = 0.36169 \times N \qquad (3\text{-}1)$$

AI 模块将模拟量转换为 AIW16 中的 16 位整数，首先用 I_DI 指令将整数转换为双整数（见图 4-10），然后用 DI_R 指令转换为实数（Real），再用实数乘法指令 MUL_R 完成式（3-1）的运算。最后用四舍五入的 ROUND 指令，将运算结果转换为以 kPa 为单位的整数。

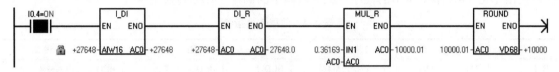

图 4-10 压力计算程序

4. 解码指令与编码指令

解码（Decode，或称为译码）指令 DECO 根据输入字节 IN 的最低 4 位表示的位编号，将输出字 OUT 对应的位置位为 1，输出字的其他位均为 0。图 4-11 的 VB83 中是错误代码 3，解码指令"DECO　VB83, VW84"将 VW84 的第 3 位置 1，VW84 中的二进制数为 2#0000 0000 0000 1000（16#0008）。可以用 VW84 中的各位来控制错误指示灯。

编码（Encode）指令 ENCO 将输入字 IN 中的最低有效位（有效位的值为 1）的位编号写入输出字节 OUT 的最低 4 位。图 4-11 的 VW86 中的错误信息为 2#0000 0010 0001 0000（第 4 位和第 9 位为 1，低位的错误优先），编码指令"ENCO　VW86, VB88"将错误信息转换为 VB88 中的错误代码 4。

假设 VW86 的各位对应于指示电梯的轿厢所在楼层的 16 个限位开关，执行编码指令后，VB88 中是轿厢所在的楼层数。

视频"数据转换指令应用"可通过扫描二维码 4-4 播放。

4-4
数据转换指令应用

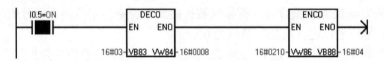

图 4-11 解码指令与编码指令

5. 表格指令

表格由一片连续的 V 存储区组成，表格中的字数值称为条目。表格中的第一个数是表格的最大条目数 TL，第二个数是表格内实际的条目数 EC。添表指令 ATT（见表 4-5）用于向表格 TBL 中增加一个参数 DATA 指定的整数值，新数据被放入表格内上一次填入的数的后面。每向表格内填入一个新的数据，EC 自动加 1。除了 TL 和 EC 外，表格最多可以装入 100 个数据。

先入先出指令 FIFO 用于从 TBL 指定的表格中移走最先放进去的第一个条目，并将它送入 DATA 指定的地址。表格中剩余的各条目依次向上移动一个位置。

后入先出指令 LIFO 用于从 TBL 指定的表格中移走最后放进的条目，并将它送入 DATA 指定的地址。每执行一次 FIFO 或 LIFO 指令，条目数 EC 减 1。

查表指令 TBL_FIND 从指针 INDX 所指的地址开始查 TBL 指定的表格，搜索与数据 PTN 的关系满足输入参数 CMD 定义的条件的数据。CMD 为 1～4 时，搜索条件分别为 =、<>（不等于）、< 和 >。上述指令实际上很少使用，在线帮助提供了表格指令的应用实例。

表 4-5　表格指令

梯 形 图	语 句 表		描 述	梯 形 图	语 句 表		描 述
AD_T_TBL	ATT	DATA, TBL	添表	TBL_FIND	FND>	TBL, PTN, INDX	查表
TBL_FIND	FND=	TBL, PTN, INDX	查表	FIFO	FIFO	TBL, DATA	先入先出
TBL_FIND	FND<>	TBL, PTN, INDX	查表	LIFO	LIFO	TBL, DATA	后入先出
TBL_FIND	FND<	TBL, PTN, INDX	查表	FILL_N	FILL	IN, OUT, N	存储器填充

6. 存储器填充指令

"表格"文件夹中的"存储器填充"指令 FILL 用 IN 指定的字值填充从地址 OUT 开始的 N 个连续的字,字节型参数 N 的取值范围为 1~255。图 4-12 中的 FILL-N 指令将 5678 填入 VW30~VW36 这 4 个字。IN 和 OUT 的数据类型为 INT。

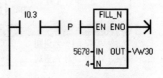

图 4-12　存储器填充指令

4.2.4　实时时钟指令

1. 用编程软件读取与设置实时时钟的日期和时间

与 PLC 建立起通信连接后,单击"PLC"菜单功能区的"修改"区域中的"设置时钟"按钮,打开"CPU 时钟操作"对话框(见图 4-13),可以看到 CPU 中的日期和时间。单击"读取 CPU"按钮,显示出 CPU 实时时钟的日期和时间的当前值。修改日期和时间的设定值后,单击"设置"按钮,设置的日期和时间被下载到 CPU。

单击"读取 PC"按钮,显示出动态变化的计算机实时时钟的日期和时间。单击"设置"按钮,显示的日期和时间值被下载到 CPU。

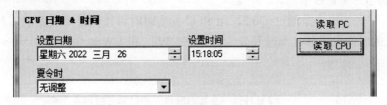

图 4-13　读取与设置实时时钟

2. 读取实时时钟指令

读取实时时钟指令 READ_RTC(见表 4-6 和图 4-14)用于从 CPU 的实时时钟读取当前日期和时间,并把它们装载到从字节地址 T 开始的 8B 时间缓冲区中,依次存放的是年的低 2位、月、日、时、分、秒、0 和星期的代码,日期和时间的数据类型为字节型 BCD 码。用十六进制数的显示格式输入和显示 BCD 码,例如小时数 16#23 表示 23 点。

星期的取值范围为 0~7,1 表示星期日,2~7 表示星期一~星期六,为 0 时将禁用星期(保持为 0)。实时时钟指令不接收无效日期,例如,如果输入 2 月 30 日,将会发生非致命性实时时钟错误。本节的程序见配套资源中的例程"实时时钟指令"。

表 4-6　时钟指令

梯 形 图	语 句 表		描 述	梯 形 图	语 句 表		描 述
READ_RTC	TODR	T	读取实时时钟	READ_RTCX	TODRX	T	读取扩展实时时钟
SET_RTC	TODW	T	设置实时时钟	SET_RTCX	TODWX	T	设置扩展实时时钟

图 4-14 中的程序在 I0.5 的上升沿读取日期时间值,用 VB42 开始的时间缓冲区保存读取的值。在状态图表中用十六进制格式监控 VD42 和 VD46 中读取的 BCD 码值,图中读取的日期和

时间为 2022 年 3 月 25 日 21 时 9 分 22 秒，星期五。

3. 设置实时时钟指令

图 4-15 中的设置实时时钟指令 SET_RTC 用于将 VB50 开始的 8B 时间日期值写入 CPU 的实时时钟。

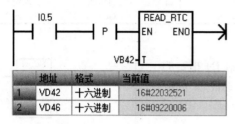

	地址	格式	当前值
1	VD42	十六进制	16#22032521
2	VD46	十六进制	16#09220006

图 4-14　读取实时时钟指令

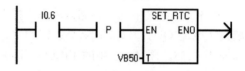

图 4-15　设置实时时钟指令

4. 时钟数据的断电保持

在失去电源后，CPU 靠内置的超级电容为实时时钟提供缓冲电源。缓冲电源放电完毕后，再次上电时，时钟值为默认值，并停止运行。实时时钟的保持时间通常为 7 天，25℃时最少为 6 天。

紧凑型 CPU 没有实时时钟和超级电容，可以用 READ_RTC 和 SET_RTC 指令设置和读取日期时间值，但是没有断电保持功能，上电时被初始化为 2000 年 1 月 1 日。

5. 读取和设置扩展实时时钟指令

读取扩展实时时钟指令 TODRX 和设置扩展实时时钟指令 TODWX 用于读/写实时时钟的夏令时时间和日期。我国不使用夏令时，出口设备可以根据不同的国家对夏令时的时区偏移量进行修正。有关的信息见系统手册。

【例 4-2】　下面的程序是通过 Q0.2，用 PLC 的实时时钟控制某个设备的运行。起动和停止的 BCD 码格式的时间设定值（小时和分）分别在 VW78 和 VW80 中。

```
LD      SM0.5
EU
TODR    VB70          //每秒读一次实时时钟，小时和分钟值在 VW73
LDW>=   VW73, VW78    //VW78 中是设置的 BCD 码格式的起始时、分值
AW<     VW73, VW80    //VW80 中是设置的 BCD 码格式的结束时、分值
=       Q0.2          //在指定的时间区间，Q0.2 为 ON
```

视频"实时时钟指令应用"可通过扫描二维码 4-5 播放。

4-5
实时时钟指令
应用

4.3　数学运算指令

4.3.1　四则运算指令与递增/递减指令

1. 加减乘除指令

在梯形图中，整数、双整数与浮点数的加、减、乘、除指令（见表 4-7）分别执行下列运算：

$$IN1 + IN2 = OUT,\ IN1 - IN2 = OUT,\ IN1 * IN2 = OUT,\ IN1 / IN2 = OUT$$

在语句表中，整数、双整数与浮点数的加、减、乘、除指令分别执行下列运算：

$$IN1 + OUT = OUT,\ OUT - IN1 = OUT,\ IN1 * OUT = OUT,\ OUT / IN1 = OUT$$

这些指令影响 SM1.0（运算结果为零）、SM1.1（有溢出、运算期间生成非法值或非法输

入）、SM1.2（运算结果为负）和 SM1.3（除数为 0）。

表 4-7　数学运算指令

梯 形 图	语 句 表		描 述	梯 形 图	语 句 表		描 述
ADD_I	+I	IN1, OUT	整数加法	DIV_DI	/D	IN1, OUT	双整数除法
SUB_I	−I	IN1, OUT	整数减法	ADD_R	+R	IN1, OUT	实数加法
MUL_I	*I	IN1, OUT	整数乘法	SUB_R	−R	IN1, OUT	实数减法
DIV_I	/I	IN1, OUT	整数除法	MUL_R	*R	IN1, OUT	实数乘法
ADD_DI	+D	IN1, OUT	双整数加法	DIV_R	/R	IN1, OUT	实数除法
SUB_DI	−D	IN1, OUT	双整数减法	MUL	MUL	IN1, OUT	整数相乘产生双整数
MUL_DI	*D	IN1, OUT	双整数乘法	DIV	DIV	IN1, OUT	带余数的整数除法

整数（I）、双整数（DI 或 D）和实数（浮点数，R）运算指令的运算结果分别为整数、双整数和实数，除法不保留余数。运算结果如果超出允许的范围，溢出标志位被置 1。

整数乘法产生双整数指令 MUL 将两个 16 位整数相乘，产生一个 32 位乘积。在 STL 的 MUL 指令中，32 位 OUT 的低 16 位被用作乘数。

带余数的整数除法指令 DIV 将两个 16 位整数相除，产生一个 32 位结果，高 16 位为余数，低 16 位为商。在 STL 的 DIV 指令中，32 位 OUT 的低 16 位被用作被除数。本节的程序见配套资源中的例程"数学运算指令"。

【例 4-3】　压力变送器的压力计算公式为 $P = 10000 \times (N - 5530) / 22118$（单位为 kPa，见例 1-1），式中的 N 是 AI 模块将 4～20mA 电流转换后得到的 5530～27648 的整数。假设使用的 AI 模块的通道地址为 AIW16，计算程序见图 4-16，N 为 10000 时，计算出的压力值为 2020kPa，与用计算器计算出的值相同。可以用累加器来保存运算的中间结果。

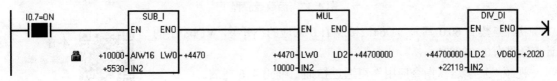

图 4-16　数学运算程序

如果调试程序时没有 AI 模块，在程序状态监控时右击 AIW16 方框外的值，单击出现的快捷菜单中的"强制"，在"强制"对话框输入强制值。单击"强制"按钮，可以看到刚输入的强制值和它左边的强制符号。

2. 递增/递减指令

在梯形图中，递增（Increment）和递减（Decrement）指令（见表 4-8）分别执行运算 IN + 1 = OUT 和 IN - 1 = OUT。在语句表中，递增指令和递减指令分别执行运算 OUT + 1 = OUT 和 OUT - 1 = OUT。

表 4-8　递增/递减指令

梯 形 图	语 句 表		描 述	梯 形 图	语 句 表		描 述
INC_B	INCB	OUT	字节递增	DEC_B	DECB	OUT	字节递减
INC_W	INCW	OUT	字递增	DEC_W	DECW	OUT	字递减
INC_D	INCD	OUT	双字递增	DEC_D	DECD	OUT	双字递减

字节递增、递减操作是无符号的，整数和双整数的递增、递减操作是有符号的。这些指令影响零标志位 SM1.0、溢出标志位 SM1.1 和负数标志位 SM1.2。

4.3.2 浮点数函数运算指令

浮点数函数运算指令（见表 4-9）的输入参数 IN 与输出参数 OUT 均为实数（即浮点数）。这类指令影响零标志 SM1.0、溢出标志 SM1.1 和负数标志 SM1.2。SM1.1 用于表示溢出错误和非法数值。PID 回路指令将在第 7 章中介绍。

1．三角函数指令

正弦（SIN）、余弦（COS）和正切（TAN）指令用于计算输入参数 IN 提供的角度值的三角函数，运算结果存放在输出参数 OUT 指定的地址中。其输入值是以弧度为单位的浮点数，求三角函数之前应先将以度为单位的角度值乘以 $\pi/180$（约为 0.01745329），转换为弧度值。

【例 4-4】 图 4-17 是求余弦值的程序，VD64 中的角度值是以度为单位的浮点数，LD6 中是转换后的弧度值，用 COS 指令求输入的角度的余弦值。

表 4-9 浮点数函数运算指令

梯形图	语句表	描述	梯形图	语句表	描述
SIN	SIN IN, OUT	正弦	LN	LN IN, OUT	自然对数
COS	COS IN, OUT	余弦	EXP	EXP IN, OUT	自然指数
TAN	TAN IN, OUT	正切	SQRT	SQRT IN, OUT	平方根
—	—	—	PID	PID TBL, LOOP	PID 回路

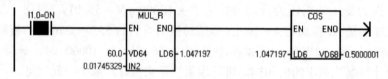

图 4-17 函数运算程序

将浮点数值 60.0 写入 VD64，接通 I1.0 对应的小开关，VD68 中的计算结果为 0.5000001。

视频"数学运算指令应用"可通过扫描二维码 4-6 播放。

4-6
数学运算指令
应用

2．自然对数和自然指数指令

自然对数（Natural Logarithm）指令 LN 用于计算输入值 IN 的自然对数，并将结果存放在输出参数 OUT 中，即 ln(IN)= OUT。求以 10 为底的对数时，应将自然对数值除以 2.302585（10 的自然对数值）。

自然指数（Natural Exponential）指令 EXP 用于计算输入值 IN 的以 e 为底的指数（e 约等于 2.71828），计算结果用 OUT 指定的地址存放。该指令与自然对数指令配合，可以实现以任意实数为底、任意实数为指数的运算。

求 5 的立方：$5^3 = EXP[3.0 \times LN(5.0)] = 125.0$。

求 5 的 3/2 次方：$5^{3/2} = EXP[1.5 \times LN(5.0)] = 11.18034$。

3．平方根指令

平方根（Square Root）指令 SQRT 将 32 位正实数 IN 开平方，得到 32 位实数运算结果 OUT，即 $\sqrt{IN} = OUT$。

4.3.3 逻辑运算指令

字节、字、双字逻辑运算指令各操作数的数据类型分别为 BYTE、WORD 和 DWORD。本节的程序见配套资源中的例程"逻辑运算指令"。

1. 取反指令

梯形图中的取反（求反码）指令（见图 4-18）将输入参数 IN 中的二进制数逐位取反，即二进制数的各位由 0 变为 1，由 1 变为 0（见图 4-19 中的 VB72 和 VB73），并将运算结果装入输出参数 OUT 指定的地址。取反指令影响零标志位 SM1.0。语句表中的取反指令（见表 4-10）将 OUT 中的二进制数逐位取反，并将运算结果装入 OUT 指定的地址。

2. 逻辑运算指令

字节、字、双字做"与"运算时，如果两个操作数的同一位均为 1，运算结果的对应位为 1，否则为 0（见图 4-18）。做"或"运算时，如果两个操作数的同一位均为 0，运算结果的对应位为 0，否则为 1。做"异或"（Exclusive Or）运算时，如果两个操作数的同一位不同，运算结果的对应位为 1，否则为 0。这些指令影响零标志位 SM1.0。

在状态图表中生成用二进制格式监控的 VB72 后（见图 4-19），单击选中 VB72，然后按〈Enter〉键，将会自动生成具有相同显示格式的下一个字节 VB73，用这样的方法可以快速地生成要监控的 VB72～VB82 这 11 个字节。

梯形图中的指令对两个输入参数 IN1 和 IN2 进行逻辑运算，语句表中的指令对变量 IN1 和 OUT 进行逻辑运算（见表 4-10），将运算结果存放在 OUT 指定的地址中。

表 4-10　逻辑运算指令

梯 形 图	语 句 表		描 述	梯 形 图	语 句 表		描 述
INV_B	INVB	OUT	字节取反	WAND_W	ANDW	IN1, OUT	字与
INV_W	INVW	OUT	字取反	WOR_W	ORW	IN1, OUT	字或
INV_DW	INVD	OUT	双字取反	WXOR_W	XORW	IN1, OUT	字异或
WAND_B	ANDB	IN1, OUT	字节与	WAND_DW	ANDD	IN1, OUT	双字与
WOR_B	ORB	IN1, OUT	字节或	WOR_DW	ORD	IN1, OUT	双字或
WXOR_B	XORB	IN1, OUT	字节异或	WXOR_DW	XORD	IN1, OUT	双字异或

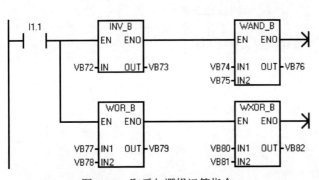

图 4-18　取反与逻辑运算指令　　　　　　　　图 4-19　状态图表

【例 4-5】 在 I0.1 的上升沿，求 VW10 中的整数的绝对值，结果仍然存放在 VW10 中。

```
LD      I0.1
EU                      //在 I0.1 的上升沿
AW<     VW10, 0         //如果 VW10 中为负数
INVW    VW10            //VW10 逐位取反
INCW    VW10            //加 1 得到 VW10 中原来的数的绝对值
```

3. 逻辑运算指令应用举例

要求在 I0.3 的上升沿，用字节逻辑"或"运算将 QB0 的低 3 位置位为 1，其余各位保持不变。图 4-20 中的 WOR_B 指令的输入参数 IN1（16#07）的最低 3 位为 1，其余各位为 0。QB0 的某一位与 1 做"或"运算，运算结果为 1，与 0 做"或"运算，运算结果不变。不管 QB0 最低 3 位为 0 或 1，逻辑"或"运算后 QB0 的这几位总是为 1，其他位不变。

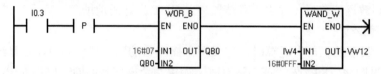

图 4-20　逻辑运算指令应用举例

要求在 I0.3 的上升沿，用 IW4 的低 12 位读取 3 位拨码开关的 BCD 码，IW4 的高 4 位另做它用。

图 4-20 中的 WAND_W 指令的输入参数 IN2（16#0FFF）的最高 4 位二进制数为 0，低 12 位为 1。IW4 的某一位与 1 做"与"运算，运算结果不变；与 0 做"与"运算，运算结果为 0。WAND_W 指令的运算结果 VW12 的低 12 位与 IW4 的低 12 位（3 位拨码开关输入的 BCD 码）的值相同，VW12 的高 4 位为 0。

视频"逻辑运算指令应用"可通过扫描二维码 4-7 播放。

两个相同的字节做"异或"运算后，运算结果的各位均为 0。图 4-21 的 VB14 中是上一个扫描周期 IB0 的值。如果 IB0 至少有一位的状态发生了变化，前后两个扫描周期 IB0 的值的异或运算结果 VB15 的值非 0，图中的比较触点接通，将 M10.0 置位。状态发生了变化的位的异或运算结果为 1。异或运算后将 IB0 的值保存到 VB14，供下一扫描周期做异或运算时使用。

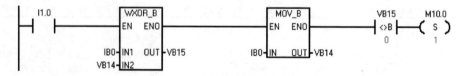

图 4-21　"异或"运算指令应用举例

4.4　程序控制指令

4.4.1　跳转指令

1. 跳转与标号指令

JMP 线圈通电（即栈顶的值为 1）时，跳转条件满足，跳转指令 JMP（Jump）使程序流程跳转到对应的标号 LBL（Label）处，标号指令用来指示跳转指令的目的位置。JMP 与 LBL 指令的操作数 n 为常数 0～255，JMP 和对应的 LBL 指令（见表 4-11）必须在同一个 POU（程序组织单元）中。多条跳转指令可以跳到同一个标号处。如果用一直为 ON 的 SM0.0 的常开触点驱动 JMP 线圈，相当于无条件跳转。

将配套资源中的例程"跳转指令"下载到 PLC 后运行程序，启动程序状态监控。图 4-22

的左图中 I0.3 的常开触点断开，跳转条件不满足，顺序执行下面的程序段，可以用 I0.5 控制 Q1.1。图 4-26 的右图中 I0.3 的常开触点接通，跳转到标号 LBL 2 处。因为没有执行 I0.5 的触点所在的程序段，用灰色显示其中的触点和线圈，此时不能用 I0.5 控制 Q1.1。Q1.1 保持跳转之前最后一个扫描周期的状态不变。

表 4-11　程序控制指令

梯 形 图	语 句 表	描　述	梯 形 图	语 句 表	描　述
END	END	程序有条件结束	—	CALL SBR_n, x1, x2, …	调用子程序
STOP	STOP	切换到 STOP 模式	RET	CRET	从子程序有条件返回
WDR	WDR	看门狗定时器复位	FOR	FOR　INDX, INIT, FINAL	循环
JMP	JMP　N	跳转到标号	NEXT	NEXT	循环结束
LBL	LBL　N	标号	GET_ERROR	GEER　ECODE	获取非致命错误代码

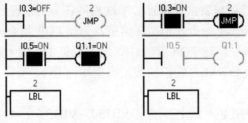

图 4-22　跳转与标号指令

2．跳转指令对定时器的影响

图 4-23 中的 I0.0 为 OFF 时，跳转条件不满足，用 I0.1～I0.3 启动各定时器开始定时。定时时间未到时，令 I0.0 为 ON，跳转条件满足。100ms 定时器 T37 停止定时，当前值保持不变。10ms 和 1ms 定时器 T33 和 T32 继续定时，定时时间到时，它们在跳转区外的触点也会动作。令 I0.0 变为 OFF，停止跳转，100ms 定时器在保持当前值的基础上继续定时。

3．跳转对功能指令的影响

未跳转时，图 4-23 中周期为 1s 的时钟脉冲 SM0.5（Clock_1s）通过 INC_W 指令使 VW2 每秒加 1。跳转条件满足时不执行被跳过的 INC_W 指令，VW2 的值保持不变。

视频"跳转指令应用"可通过扫描二维码 4-8 播放。

4-8 跳转指令应用

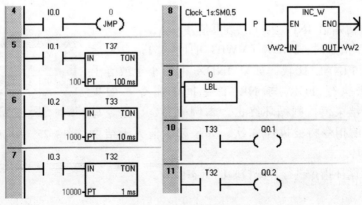

图 4-23　跳转与定时器

4. 跳转指令的应用

【例 4-6】 用跳转指令实现图 4-24 中流程图的要求。图中标出了跳转（JMP）和标号（LBL）指令中的操作数。下面是满足要求的程序。

```
LD      I0.5
JMP     1        //I0.5 为 ON 时跳转到 LBL 1 处
LD      SM0.0
MOVW    20, VW4  //I0.5 为 OFF 时将 20→VW4
JMP     2        //跳转到标号指令 LBL 2 处
LBL     1
MOVW    10, VW4  //I0.5 为 ON 时将 10→VW4
LBL     2
```

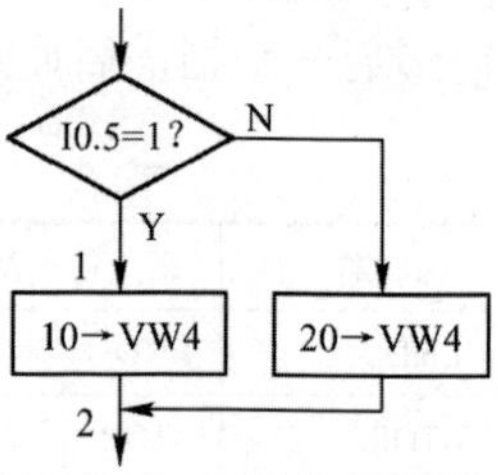

图 4-24 跳转流程图

4.4.2 循环指令

在控制系统中经常会遇到需要重复执行若干次相同任务的情况，这时可以使用循环指令。FOR 指令表示循环开始，NEXT 指令表示循环结束。驱动 FOR 指令的逻辑条件满足时，反复执行 FOR 与 NEXT 之间的指令。在 FOR 指令中，需要设置 INDX（索引值或当前循环次数计数器）、初始值 INIT 和结束值 FINAL，它们的数据类型均为 INT。

1. 单重循环

【例 4-7】 用循环程序在 I0.5 的上升沿求 VB130～VB133 中 4 字节的异或值，运算结果用 VB134 保存。VB130～VB133 同一位中 1 的个数为奇数时，VB134 对应位的值为 1，反之为 0。本节的程序见配套资源中的例程"程序控制指令"。

第一次循环将指针 AC1 所指的 VB130 与 VB134 异或，运算结果用 VB134 保存。然后将地址指针 AC1 的值加 1，指针指向 VB131，为下一次循环的异或运算做好准备。

```
LD      I0.5
EU                       //在 I0.5 的上升沿
MOVB    0, VB134         //将保存运算结果的存储单元清零
MOVD    &VB130, AC1      //将存储区起始地址送给地址指针 AC1
FOR     VW0, 1, 4        //循环开始
LD      SM0.0
XORB    *AC1, VB134      //对字节进行异或运算
INCD    AC1              //指针 AC1 的值加 1，指向下一个变量存储器字节
NEXT                     //循环结束
```

FOR 指令的初始值 INIT 为 1，结束值 FINAL 为 4，每次执行到 NEXT 指令时，INDX（VW0）的值加 1，并将运算结果与结束值 FINAL 比较。如果 INDX 的值小于或等于结束值，返回去执行 FOR 与 NEXT 之间的指令。如果 INDX 的值大于结束值，则循环终止。本例中 FOR 指令与 NEXT 指令之间的指令将被执行 4 次。如果起始值大于结束值，则不执行循环。

	地址	格式	当前值
34	VB130	二进制	2#1000_1011
35	VB131	二进制	2#0100_1111
36	VB132	二进制	2#0101_0011
37	VB133	二进制	2#1110_1001
38	VB134	二进制	2#0111_1110

图 4-25 异或运算的状态图表

图 4-25 是用循环指令进行异或校验的状态图表。

2. 多重循环

允许循环嵌套（FOR/NEXT 循环在上一层的 FOR/NEXT 循环之中），最多可以嵌套 8 层。

在图 4-26 中 I0.6 的上升沿，执行 10 次标有 1 的外层循环，如果此时 I0.7 为 ON，每执行一次外层循环，将执行 8 次标有 2 的内层循环。每次内层循环将 VW10 加 1，执行完后，VW10 的值增加 80（即执行内层循环的次数为 80）。

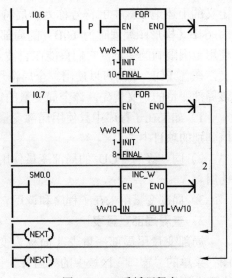

图 4-26　双重循环程序

下面是使用 FOR/NEXT 循环的注意事项：

1）如果启动了 FOR/NEXT 循环，除非在循环内部修改了结束值，循环就一直进行，直到循环结束。在循环的执行过程中，可以改变循环的参数。

2）再次启动循环时，初始值 INIT 被传送到指针 INDX 中。

3）循环程序是在一个扫描周期内执行的，如果循环次数很大，循环程序的执行时间很长，可能使监控定时器（看门狗）动作。循环程序一般在信号的上升沿时调用。

视频"循环程序的编写与调试"可通过扫描二维码 4-9 播放。

4-9
循环程序的编写与调试

4.4.3　其他指令

1. 条件结束指令与条件停止指令

条件结束指令 END（见表 4-11）根据控制它的逻辑条件终止当前的扫描周期。只能在主程序中使用 END 指令。

条件停止指令 STOP 使 CPU 从 RUN 模式切换到 STOP 模式，立即终止用户程序的执行。如果在中断程序中执行 STOP 指令，中断程序立即终止，忽略全部等待执行的中断，继续执行主程序的剩余部分。并在主程序执行结束时，完成从 RUN 模式至 STOP 模式的转换。

可以在检测到 I/O 错误时（SM5.0 为 ON）执行 STOP 指令，将 PLC 强制切换到 STOP 模式。

2. 监控定时器复位指令

监控定时器又称为看门狗（Watchdog），它的定时时间为 500ms，每次扫描它都被自动复位，然后又开始定时。正常工作时扫描周期小于 500ms，它不起作用。如果扫描周期超过 500ms，CPU 会自动切换到 STOP 模式，并产生非致命错误"扫描看门狗超时"。

如果扫描周期可能超过 500ms，可以在程序中使用看门狗复位指令 WDR，以扩展允许使用的扫描周期。每次执行 WDR 指令时，看门狗超时时间都会复位为 500ms。即使使用了 WDR 指令，如果扫描持续时间超过 5s，CPU 将会无条件地切换到 STOP 模式。

4.5　局部变量与子程序

4.5.1　局部变量

1. 局部变量与全局变量

I、Q、M、SM、AI、AQ、V、S、T、C、HC 地址区中的变量称为全局变量。在符号表中定义的上述地址区中的符号称为全局符号。程序中的每个 POU（程序组织单元），均有自己的由 64B（梯形图编程时为 60B）的局部（Local）存储器组成的局部变量。局部变量用来定义有使用范围限制的变量，它们只能在它被创建的 POU 中使用。与此相反，全局变量在符号表中定义，在各 POU 中均可以使用。全局符号与局部变量名称相同时，在定义局部变量的 POU 中，该局部变量的定义优先，该全局变量的定义只能在其他 POU 中使用。局部变量有以下优点：

1）如果在子程序中只使用局部变量，不使用全局变量，不做任何改动，就可以将子程序移植到别的项目中去。

2）同一级的 POU 的局部变量使用公用的存储区，使物理存储器可以在不同的程序中分时使用。

3）局部变量用来在子程序和调用它的程序之间传递输入参数和输出参数。

2. 查看局部变量表

局部变量用局部变量表（简称为变量表）来定义。如果没有打开变量表窗口，单击"视图"菜单的"窗口"区域中的"组件"按钮，再单击打开的下拉菜单中的"变量表"，变量表将出现在程序编辑器的下面。右击上述菜单中的"变量表"，可以用出现的快捷菜单命令将变量表放在快速访问工具栏上。

3. 局部变量的声明类型

（1）临时变量（TEMP）

临时变量是暂时保存在局部数据堆栈中的变量。只有在执行某个 POU 时，它的临时变量才被使用。同一级的 POU 的局部变量使用公用的存储区，类似于公用的布告栏，谁都可以往上面贴布告，后贴的布告会将原来的布告覆盖。每次调用 POU 之后，不再保存它的局部变量的值。假设主程序调用子程序 1 和子程序 2，它们属于同一级的子程序。在子程序 1 调用结束后，它的局部变量的值将被后面调用的子程序 2 的局部变量覆盖。每次调用子程序和中断程序时，首先应初始化局部变量（写入数值），然后再使用它，简称为"先赋值后使用"。

如果要在多个 POU 中使用同一个变量，应使用全局变量，而不是局部变量。主程序和中断程序的局部变量表中只有 TEMP 变量。子程序的局部变量表中还有下面 3 种局部变量。

（2）输入参数（IN）

输入参数用来将调用它的 POU 提供的数据值传入子程序。如果参数是直接寻址，例如VB10，指定地址的值被传入子程序。如果参数是间接寻址，例如*AC1，用指针指定的地址的值被传入子程序。如果参数是常数（例如 16#1234）或地址（例如&VB100），常数或地址的值被传入子程序。

（3）输出参数（OUT）

输出参数用来将子程序的执行结果返回给调用它的 POU。由于输出参数并不保留子程序上次执行时分配给它的值，所以每次调用子程序时必须给输出参数分配值。

（4）输入_输出参数（IN_OUT）

其初始值由调用它的 POU 传送给子程序，并用同一个参数将子程序的执行结果返回给调用它的POU。常数和地址值（例如&VB100）不能作为输出参数和输入_输出参数。

4. 在局部变量表中增加和删除变量

首先应在变量表中定义局部变量，然后才能在 POU 中使用它们。在程序中使用符号名时，程序编辑器首先检查当前执行的 POU 的局部变量表，然后检查符号表。如果符号名在这两个表中均未定义，程序编辑器则将它视为未定义的全局符号；这类符号用绿色波浪下划线指示。

每个子程序最多可以使用 16 个输入、输出参数。如果下载超出此限制的程序，STEP 7-Micro/WIN SMART 将返回错误。

主程序和中断程序只有 TEMP（临时）变量。右击它们的局部变量表中的某一行，在弹出的菜单中执行"插入"→"行"命令，将在所选行的上面插入新的行。执行弹出的菜单中的"插入"→"下方的行"命令，将在所选行的下面插入新的行。

子程序的局部变量表有声明类型为 IN、IN_OUT、OUT 和 TEMP 的一系列行，不能改变它们的顺序。如果要增加新的局部变量，必须右击某个已有的行，并用弹出菜单在所选行的上面或下面插入相同声明类型的新的行。

选中变量表中的某一行，单击变量表窗口工具栏上的按钮，将在所选行上面自动生成一个新的行，其声明类型与所选变量的声明类型相同。

单击变量表中某一行最左边的变量序号，该行的背景色变为深蓝色，按〈Delete〉键可以删除该行。也可以用右键快捷菜单中的命令删除选中的行。

选择声明类型与要定义的声明类型相符的空白行，然后在"符号"列键入变量的符号名，符号名最多由 23 个字符组成，第一个字符不能是数字。单击"数据类型"列，用出现的下拉式列表设置变量的数据类型。

5. 局部变量的地址分配

在局部变量表中定义变量时，只需指定局部变量的声明类型（TEMP、IN、IN_OUT 或 OUT）和数据类型，不用指定存储器地址。程序编辑器自动地在局部存储器中为所有局部变量指定存储器地址。起始地址为 LB0，1～8 个连续的位参数分配一个字节，字节中的位地址为 Lx.0～Lx.7（x 为字节地址）。字节、字和双字值在局部存储器中按字节顺序分配，例如 LBx、LWx 或 LDx。

4.5.2 子程序的编写与调用

S7-200 SMART 的控制程序由主程序 OB1、子程序和中断程序组成。STEP 7-Micro/WIN SMART 在程序编辑器窗口里为每个 POU（程序组织单元）提供一个独立的页（见图 4-28）。主程序总是第 1 页，后面是子程序和中断程序。一个项目最多可以有 128 个子程序。

因为各个 POU 在程序编辑器窗口中是分页存放的，子程序或中断程序在执行到末尾时自动返回，不必加返回指令；在子程序或中断程序中可以使用条件返回指令。

1. 子程序的作用

子程序常用于需要多次反复执行相同任务的地方，只需编写一次子程序，别的程序在需要它的时候可以多次调用它，而不需要重写该程序。子程序的调用是有条件的，未调用它时不会执行子程序中的指令，因此使用子程序可以减少扫描时间。

在编写复杂的 PLC 程序时，一般把全部控制功能划分为若干个符合工艺控制要求的子程序，每个子程序可以由一个或多个下一级的子程序组成。子程序使程序结构简单清晰，易于调试、查错和维护。在子程序中应尽量使用局部变量，避免使用全局变量或全局符号，因为不会与其他 POU 发生地址冲突，可以很方便地将这些子程序移植到其他项目。不能使用跳转指令跳入或跳出子程序。在同一个扫描周期内多次调用同一个子程序时，该子程序内不能使用上升沿、下降沿、定时器和计数器指令。

2．子程序中的定时器

停止调用子程序时，子程序内线圈的 ON/OFF 状态保持不变。如果在停止调用子程序 SRB_2 时（见图 4-27 和配套资源中的例程"子程序调用"），该子程序中的定时器正在定时，100ms 定时器 T37 将停止定时，当前值保持不变。但是 1ms 定时器 T32 和 10ms 定时器 T33 将会继续定时，定时时间到，它们在子程序之外的触点也会动作。重新调用子程序时 100ms 定时器继续定时。

3．子程序举例

名为"正弦计算"的子程序如图 4-28 所示，创建项目时自动生成了一个子程序 SBR0。

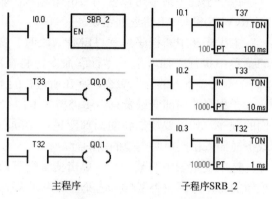

图 4-27 主程序与子程序 SBR_2

右击项目树中的该子程序，执行出现的快捷菜单中的"重命名"命令，将它的符号名改为"正弦计算"。

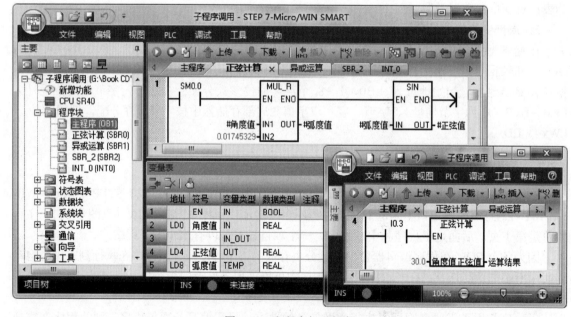

图 4-28 主程序与子程序

在该子程序的变量表中，定义了名为"角度值"的输入参数、名为"正弦值"的输出参数和名为"弧度值"的临时（TEMP）变量。

局部变量表的"地址"列是编程软件自动分配的每个参数在局部存储器中的地址。

子程序中变量名称前面的"#"表示局部变量，它是编程软件自动添加的。在子程序中键入局部变量时不用键入"#"号。

4．子程序的调用

可以在主程序、其他子程序或中断程序中调用子程序，调用子程序时将执行子程序中的指令，直至子程序结束，然后返回调用它的程序中，执行该子程序调用指令的下一条指令。

子程序可以嵌套调用，即在子程序中调用别的子程序，从主程序调用时子程序的嵌套深度为 8 级，从中断程序调用时嵌套深度为 4 级。

主程序、从主程序启动的 8 级嵌套深度的子程序、中断程序和从中断程序启动的 4 级嵌套深度的子程序，均有它们的 64B 的局部存储器。

对于梯形图程序，在子程序局部变量表中为该子程序定义参数后，将生成客户化调用程序块（见图 4-28 中的小图），子程序方框内左边是子程序的输入参数和输入_输出参数，右边是输出参数。它们被称为子程序的形式参数，简称为形参，形参在子程序内部的程序中使用。别的程序调用子程序时，需要为每个形参指定实际的参数，简称为实参。实参在方框的外面。

在主程序中插入子程序调用指令时，首先打开程序编辑器窗口的主程序 OB1，显示出需要调用子程序的地方。打开项目树的"程序块"文件夹或最下面的"调用子例程"文件夹，用鼠标左键按住需要调用的子程序"正弦计算"，将它"拖"到程序编辑器中需要的位置。松开左键，子程序"正弦计算"便被放置在该位置。也可以将矩形光标置于程序编辑器窗口中需要放置该子程序的地方，然后双击项目树中要调用的子程序，子程序方框将自动出现在光标所在的位置。

视频"局部变量与子程序"可通过扫描二维码 4-10 播放。

如果用语句表编程，子程序调用指令的格式为

```
CALL  子程序号，参数 1，参数，…，参数 n
```

$n = 1 \sim 16$，其中的参数为实参。图 4-28 中的主程序梯形图对应的语句表程序为：

```
LD    I0.3
CALL  正弦计算，30.0，运算结果
```

在语句表中调用带参数的子程序时，参数按下述的顺序排列。输入参数在最前面，其次是输入_输出参数，最后是输出参数。在语句表中，各类参数内部按梯形图调用子程序时从上到下的顺序排列。

子程序调用指令中的有效操作数为存储器地址、常数（只能用于输入参数）、全局符号和调用指令所在的 POU 中的局部变量，不能指定为被调用子程序中的局部变量。

在调用子程序时，CPU 保存整个逻辑堆栈，将栈顶值置为 1，堆栈中的其他值被清零，控制权交给被调用的子程序。该子程序执行完后，CPU 将逻辑堆栈恢复为调用时保存的数值，并将控制权返回给调用子程序的 POU。

子程序和调用它的程序共用累加器，不会因为使用子程序自动保存或恢复累加器的值。

调用子程序时，输入参数被复制到子程序的局部存储器，子程序执行完后，从局部存储器复制输出参数值到指定的输出参数地址。

如果在使用子程序调用指令后修改了该子程序中的局部变量表，调用指令将变为无效。必须删除无效调用，然后重新调用修改后的子程序。

5. 局部变量数据类型的检查

调用子程序时，为子程序的输入、输出参数指定的变量（即实参）的数据类型，应与对应的子程序的参数（即形参）的数据类型匹配，编程软件将对此进行检查。

例如图 4-28 在主程序 OB1 中调用子程序"正弦计算"，在该子程序的局部变量表中，定义

了一个名为"正弦值"的实数型输出参数。当 OB1 调用该子程序时，输出参数"正弦值"的数值被传送给符号表中定义的全局变量"运算结果"，后者和"正弦值"的数据类型必须匹配（均为 REAL）。

6. 用地址指针作输入参数的子程序

【例 4-8】 设计对 V 存储器中连续的若干个字节做异或运算的子程序，在 I0.5 的上升沿调用它，对 VB30 开始的 4B 数据做异或运算，并将运算结果存放在 VB40 中。

右击项目树中的"程序块"或其中的某个 POU，从弹出的菜单中执行命令"插入"→"子程序"，自动生成和打开新建的子程序 SBR1。右击项目树中生成的子程序，用"重命名"命令将它的符号名改为"异或运算"。

单击程序编辑器上面各 POU 的选项卡（见图 4-29），可以在程序编辑器窗口中显示选中的 POU。

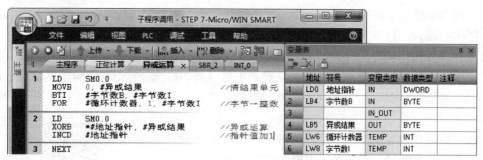

图 4-29　子程序与变量表

图 4-29 中的大图是"异或运算"子程序的 STL 程序，小图是局部变量表。BTI 指令用于将数据类型为字节的输入参数"字节数 B"转换为数据类型为整数的临时变量"字节数 I"。子程序中的"*#地址指针"是输入参数"地址指针"指定的地址中变量的值。在循环程序执行的过程中，该指针中的地址值是动态变化的。

图 4-30 的左图是主程序中调用"异或运算"子程序的程序。调用时指定的"地址指针"的值&VB30 是源地址的初始值，即需要异或运算的数据字节从 VB30 开始存放；需要异或运算的数据的字节数为 4，异或运算的结果用 VB40 保存。程序执行的结果见图 4-30 右边的状态图表。

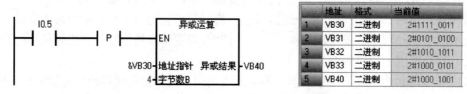

图 4-30　OB1 中的程序与状态图表

7. 子程序的有条件返回

在子程序中用触点电路控制 RET（从子程序有条件返回）线圈指令，触点电路接通时条件满足，子程序被停止执行，返回调用它的程序。

8. 有保持功能的电路的处理

在配套资源中的例程"电机控制子程序调用"的子程序 SBR_0 的局部变量表中，生成输入参数"起动"和"停止"，以及 IN_OUT 参数"电机"，数据类型均为 BOOL。图 4-31 是 SBR_0 中的梯形图。在 OB1 中两次调用 SBR_0（见图 4-32）。

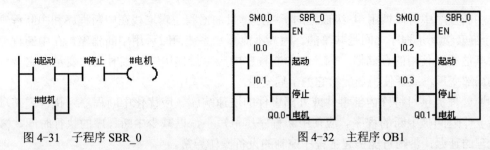

图 4-31　子程序 SBR_0　　　　　　　　　图 4-32　主程序 OB1

如果将参数"电机"的声明类型改为输出（OUT），在运行程序时发现，接通 I0.0 外接的小开关，Q0.0 和 Q0.1 同时变为 ON。这是因为分配给 SBR_0 的输出参数"电机"的地址为 L0.2，第一次调用 SBR_0 之后，L0.2 的值为 ON。第二次调用 SBR_0 时，虽然起动按钮 I0.2 为 OFF，但是因为两次调用 SBR_0 时局部变量区是公用的，此时输出参数"电机"（L0.2）是上一次调用 SBR_0 时的运算结果，仍然为 ON，所以第二次调用 SBR_0 之后，由于执行图 4-31 中的程序，输出参数"电机"使 Q0.1 为 ON。如果将图 4-31 中的电路改为置位、复位电路，也有同样的问题。

将输出参数"电机"的声明类型改为 IN_OUT 就可以解决上述问题。这是因为两次调用子程序，参数"电机"返回的运算结果分别用 Q0.0 和 Q0.1 保存，在第二次调用子程序 SBR_0，执行语句"O #电机"时，用 IN_OUT 参数"电机"接收的是前一个扫描周期保存到 Q0.1 的值，与本扫描周期第一次调用子程序后保存在 Q0.0 的参数"电机"的值无关。POU 中的局部变量一定要遵循"先赋值后使用"的原则。

视频"子程序的编写与调用"可通过扫描二维码 4-11 播放。

9. POU 和项目文件的加密

程序、子程序和中断程序总称为程序组织单元（POU），右击项目树中要加密的 POU，执行弹出的快捷菜单中的"属性"命令，选中打开的"属性"对话框左边窗口中的"保护"，可设置保护该 POU 的密码。

即使不知道密码，也可以使用已加密的 POU。如果知道密码，在被加密的 POU 的"属性"对话框的"保护"页面输入密码后，可以打开被加密的 POU 和删除密码。

单击"文件"菜单功能区的"保护"区域中的"项目""POU"和"数据页"按钮，可以分别为整个项目、打开的 POU 和数据块的数据页加密。具体的操作见在线帮助。

4.6　中断程序与中断指令

4.6.1　中断的基本概念

中断功能通过调用中断程序及时地处理中断事件（见表 4-12），中断事件与用户程序的执行时序无关，有的中断事件不能事先预测何时发生。中断程序不是由用户程序调用，而是在中断事件发生时由操作系统调用。中断程序是用户编写的。

需要由用户程序把中断程序与中断事件连接起来，并且在执行启用中断指令后，才进入等待中断事件触发中断程序执行的状态。可以用指令取消中断程序与中断事件的连接，或者用禁止中断指令全局性地禁止对所有中断事件的处理。

在中断程序中可以调用 4 级嵌套的子程序，累加器和逻辑堆栈在中断程序和中断程序调用的 4 个嵌套级别子程序之间是共享的。因为不能预知系统何时调用中断程序，在中断程序中不应改写其他程序使用的存储器，为此在中断程序中应尽量使用它的临时局部变量和它调用的子程序的局部变量，或者使用分配给它的全局变量。

中断处理提供对特殊内部事件或外部事件的快速响应。应优化中断程序，执行完某项特定任务后立即返回被中断的程序。应使中断程序尽量短小，以减少中断程序的执行时间，减少对其他处理的延迟，否则可能引起主程序控制的设备操作异常。

中断程序不能嵌套，即中断程序不能再被中断。正在执行中断程序时，如果又有中断事件发生，将会按照发生的时间顺序和优先级排队。

新建项目时自动生成中断程序 INT_0，S7-200 SMART CPU 最多可以使用 128 个中断程序。右击项目树的"程序块"文件夹，执行弹出的快捷菜单中的命令"插入"→"中断程序"，可以创建一个中断程序。创建成功后程序编辑器将显示新的中断程序。

表 4-12 中断事件描述

优先级分组	中断号	中断描述	优先级分组	中断号	中断描述
通信（最高）	8	端口 0：字符接收	I/O（中等）	38*	信号板输入 I7.1 的下降沿
	9	端口 0：发送完成		12	HSC0 的当前值等于预设值
	23	端口 0：接收消息完成		27	HSC0 输入方向改变
	24*	端口 1：接收消息完成		28	HSC0 外部复位
	25*	端口 1：字符接收		13	HSC1 的当前值等于预设值
	26*	端口 1：发送完成		16	HSC2 的当前值等于预设值
I/O（中等）	19*	PTO0 脉冲计数完成		17	HSC2 输入方向改变
	20*	PTO1 脉冲计数完成		18	HSC2 外部复位
	34*	PTO2 脉冲计数完成		32	HSC3 的当前值等于预设值
	0	I0.0 的上升沿		29*	HSC4 的当前值等于预设值
	2	I0.1 的上升沿		30*	HSC4 输入方向改变
	4	I0.2 的上升沿		31*	HSC4 外部复位
	6	I0.3 的上升沿		33*	HSC5 的当前值等于预设值
	1	I0.0 的下降沿		43*	HSC5 输入方向改变
	3	I0.1 的下降沿		44*	HSC5 外部复位
	5	I0.2 的下降沿	定时（最低）	10	定时中断 0，使用 SMB34
	7	I0.3 的下降沿		11	定时中断 1，使用 SMB35
	35*	信号板输入 I7.0 的上升沿		21	T32 的当前值等于预设值
	37*	信号板输入 I7.1 的上升沿		22	T96 的当前值等于预设值
	36*	信号板输入 I7.0 的下降沿			

4.6.2 中断指令

1. 启用中断指令与禁止中断指令

启用中断（Enable Interrupt）指令 ENI（见表 4-13）全局性地启用对所有被连接的中断事件的处理。紧凑型 CPU 因为没有以太网端口和扩展功能，不支持表 4-12 中标有*号的中断事件。

表 4-13　中断指令

梯 形 图	语 句 表	描　　述	梯 形 图	语 句 表	描　　述
RETI	CRETI	从中断程序有条件返回	ATCH	ATCH　INT, EVNT	中断连接
ENI	ENI	启用中断	DTCH	DTCH　EVNT	中断分离
DISI	DISI	禁止中断	CLR_EVNT	CEVENT　EVNT	清除中断事件

禁止中断（Disable Interrupt）指令 DISI 全局性地禁止对所有中断事件的处理。

从中断程序有条件返回指令 CRETI 在控制它的逻辑条件满足时从中断程序返回。

2．中断连接指令与中断分离指令

中断连接（Attach Interrupt）指令 ATCH 用来建立中断事件 EVNT 和处理该事件的中断程序 INT 之间的联系，并启用该中断事件。中断事件由表 4-12 中的中断事件号指定，中断程序由中断程序号指定。INT 和 EVNT 的数据类型均为 BYTE。

中断分离（Detach Interrupt）指令 DTCH 用来断开用参数 EVNT 指定的中断事件与所有中断程序之间的联系，从而禁止处理该中断事件。

清除中断事件（Clear Event）指令 CEVENT 用来从中断队列中清除所有类型为 EVNT 的中断事件。如果该指令用于清除假的中断事件，则应确保在从队列中清除事件之前分离该事件。否则，在执行清除事件指令后，将向中断队列中添加新的事件。

3．中断程序的执行

在 CPU 自动调用中断程序之前，应使用 ATCH 指令，建立中断事件和该事件发生时希望执行的中断程序之间的关联。只有在执行了 ENI 和 ATCH 指令之后，出现对应的中断事件时，CPU 才会执行连接的中断程序。否则该事件将添加到中断事件队列中。

执行完中断程序的最后一条指令之后，将会从中断程序返回，继续执行被中断的操作。可以通过执行从中断有条件返回指令（CRETI）退出中断程序。

如果使用禁止中断指令 DISI 禁止了所有的中断，每次出现的中断事件将会排队等待，直到使用启用中断指令 ENI 重新启动中断，或中断队列溢出。进入 RUN 模式时自动禁止中断。

可以使用中断分离指令取消中断事件和中断程序之间的关联，从而禁用单独的中断事件。中断分离指令使对应的中断返回未被激活或被忽略的状态。

可以将多个中断事件连接到同一个中断程序，但是一个中断事件不能同时连接到多个中断程序。中断被允许且中断事件发生时，将执行为该事件指定的最后一个中断程序。

在中断程序中不能使用 DISI、ENI、HDEF（高速计数器定义）和 END 指令。

执行中断程序之前和执行之后，系统保存和恢复逻辑堆栈、累加器和指示累加器与指令操作状态的特殊存储器标志位（SM），避免了中断程序的执行对主程序可能造成的影响。

4．中断优先级与中断队列溢出

中断按以下固定的优先级顺序执行：通信中断（最高优先级）、I/O 中断和定时中断（最低优先级）。在上述 3 个优先级范围内，CPU 按照先来先服务的原则处理中断，任何时刻只能执行一个中断程序。一旦一个中断程序开始执行，它要一直执行到完成，即使另一中断程序的优先级较高，也不能中断正在执行的中断程序。正在处理其他中断时发生的中断事件则排队等待处理。3 个中断队列及其能保存的最大中断个数（队列深度）如表 4-14 所示。

表 4-14 各中断队列的最大中断数和队列溢出位

队列参数	通信队列	I/O 中断队列	定时中断队列
队列深度	4	16	8
队列溢出位	SM4.0	SM4.1	SM4.2

如果中断事件的产生过于频繁，使中断产生的速率比可以处理的速率快，或者中断被 DISI 指令禁止，则中断队列溢出位（见表 4-14）被置 1。只能在中断程序中使用这些位，因为当队列变空或返回主程序时这些位被复位。

如果多个中断事件同时发生，根据组和组内的优先级来确定首先处理哪一个中断事件。处理了优先级最高的中断事件之后，会检查队列，以查找仍在队列中的当前优先级最高的事件，并会执行连接到该事件的中断程序。CPU 将按此规则继续执行，直至队列为空且控制权返回到扫描执行过程为止。

5. 对多个共享变量的访问

如果共享数据由许多相关的字节、字或双字组成，可以在主程序中即将对共享存储单元开始操作的点禁止中断。所有影响共享变量的操作都完成后，重新启用中断。在中断禁用期间，不能执行中断程序，因此中断程序不能访问共享存储单元。但是这种方法会导致对中断事件的响应产生延迟。

4.6.3 中断程序举例

1. 通信端口中断

可以通过用户程序控制 PLC 的串行通信端口，通信端口的这种工作模式称为自由端口模式。在该模式下，接收消息完成、发送消息完成和接收到一个字符均可以产生中断事件，利用接收完成中断和发送完成中断可以简化程序对通信的控制。

2. I/O 中断

I/O 中断包括上升沿中断、下降沿中断和高速计数器中断。CPU 可以用输入点 I0.0~I0.3 的上升沿或下降沿产生中断。可选的数字量输入信号板的 I7.0 和 I7.1 也可以产生上升沿中断或下降沿中断。

高速计数器中断允许响应计数器的计数当前值等于预设值、与轴转动的方向对应的计数方向改变和计数器外部复位等中断事件。这些事件均可以触发实时执行的操作，而 PLC 的扫描工作方式不能快速响应这些高速事件。

【例 4-9】 在 I0.0 的上升沿通过中断使 Q0.0 立即置位，同时将中断产生的日期和时间保存到 VB10~VB17 中。在 I0.1 的下降沿通过中断使 Q0.0 立即复位，同时将中断产生的日期和时间保存到 VB18~VB25 中（见配套资源中的例程"IO 中断程序"）。

```
//主程序 OB1
LD      SM0.1           //第一次扫描时
ATCH    INT_0, 0        //连接 0 号中断事件（I0.0 的上升沿）和中断程序 INT_0
ATCH    INT_1, 3        //连接 3 号中断事件（I0.1 的下降沿）和中断程序 INT_1
ENI                     //全局性启用中断
LD      SM5.0           //如果检测到 I/O 错误
DTCH    0               //则禁用 I0.0 的上升沿中断
DTCH    3               //禁用 I0.1 的下降沿中断
```

```
//中断程序 0（INT_0）
LD      SM0.0           //该位总是为 ON
SI      Q0.0, 1         //立即置位 Q0.0
TODR    VB10            //读实时时钟

//中断程序 1（INT_1）
LD      SM0.0           //该位总是为 ON
RI      Q0.0, 1         //立即复位 Q0.0
TODR    VB18            //读实时时钟
```

3. 定时中断

基于时间的中断包括定时中断和定时器 T32/T96 中断。

可以用定时中断来执行一个周期性的操作，以 1ms 为增量，周期时间可以取 1～255ms。定时中断 0 和定时中断 1 的时间间隔分别用特殊存储器字节 SMB34 和 SMB35 来设置。每当定时时间到时，执行指定的定时中断程序，例如可以用定时中断来采集模拟量的值和执行 PID 程序。如果定时中断事件已经被连接到一个定时中断程序，为了改变定时中断的时间间隔，首先必须修改 SMB34 或 SMB35 的值，然后重新把中断程序连接到定时中断事件上。重新连接时，定时中断功能清除前一次连接的累计时间，并用新的定时值重新开始定时。

定时中断一旦被启动，中断就会周期性地不断产生。每当定时时间到，就会执行被连接的中断程序。如果退出 RUN 状态或者定时中断被分离，则定时中断被禁止。如果执行了全局禁止中断指令 DISI，定时中断事件仍然会连续出现，但是不会处理连接的中断程序。每个定时中断事件都会进入中断队列排队等候，直到中断被启用或定时中断队列已溢出。

【例 4-10】 用定时中断 0 实现周期为 2s 的高精度定时。

定时中断的定时时间最长为 255ms，将定时中断的定时时间间隔设为 250ms，为了实现周期为 2s 的高精度周期性操作的定时，在定时中断 0 的中断程序中，将 VB10 加 1，然后用比较指令 "LDB=" 判断 VB10 是否等于 8。若相等（中断了 8 次，对应的时间间隔为 2s），在中断程序中执行每 2s 一次的操作，例如使 QB0 加 1。下面是语句表程序（见配套资源中的例程"定时中断程序"）：

```
//主程序 OB1
LD      SM0.1           //第一次扫描时
MOVB    0, VB10         //将中断次数计数器清零
MOVB    250, SMB34      //设置定时中断 0 的中断时间间隔为 250ms
ATCH    INT_0, 10       //指定产生定时中断 0 时执行中断程序 INT_0
ENI                     //全局性启用中断
//中断程序 INT_0，每隔 250ms 中断一次
LD      SM0.0           //该位总是为 ON
INCB    VB10            //中断次数计数器加 1
LDB=    8, VB10         //如果中断了 8 次（2s）
MOVB    0, VB10         //将中断次数计数器清零
INCB    QB0             //每 2s 将 QB0 加 1
```

如果有两个定时时间间隔分别为 200ms 和 500ms 的周期性任务，将定时中断的时间间隔设置为 100ms，可以在同一个中断程序中用两个 V 存储器字节分别对中断次数计数，根据计数值来处理这两个任务。

4．T32/T96 中断

定时器 T32/T96 中断用于及时地响应一个指定的时间间隔的结束，只有 1ms 分辨率的定时器 T32 和 T96 支持这种中断。中断被启用后，当定时器的当前值等于预设时间值，在 CPU 的 1ms 定时器刷新时，执行被连接的中断程序。定时器 T32/T96 中断的优点是最长定时时间为 32.767s，比定时中断的 255ms 大得多。

【例 4-11】 使用 T32 中断控制 8 位节日彩灯，每 3s 循环左移一位。1ms 定时器 T32 定时时间到时产生中断事件，中断号为 21。分辨率为 1ms 的定时器必须使用下面主程序中 LDN 指令开始的 4 条指令来产生脉冲序列（见配套资源中的例程"T32 中断程序"）。

```
//主程序 OB1
LD      SM0.1              //第一次扫描时
MOVB    16#7, QB0          //设置彩灯的初始状态，最低 3 位的灯被点亮
ATCH    INT_0, 21          //指定 T32 定时时间到时执行中断程序 INT_0
ENI                        //全局性启用中断
LDN     M0.0               //T32 和 M0.0 组成脉冲发生器
TON     T32, 3000          //T32 的预设值为 3000ms
LD      T32
=       M0.0


//中断程序 INT_0
LD      SM0.0
RLB     QB0, 1             //8 位彩灯循环左移 1 位
```

4-12
中断程序的编写与调试

视频"中断程序的编写与调试"可通过扫描二维码 4-12 播放。

4.7 高速计数器与高速脉冲输出

PLC 的普通计数器的计数过程与扫描工作方式有关，普通计数器的工作频率很低，一般仅有几十赫兹。被测信号的频率较高时，将会丢失计数脉冲。高速计数器可以对普通计数器无能为力的事件计数，标准型 CPU 有 6 个高速计数器 HSC0～HSC5，可以设置 8 种不同的工作模式。

4.7.1 高速计数器的工作模式

高速计数器一般与增量式编码器一起使用。编码器每转发出一定数量的计数脉冲和一个复位脉冲，作为高速计数器的输入。高速计数器有一组预设值，开始运行时装入第一个预设值，当前计数值小于预设值时，设置的输出为 ON。当前计数值等于预设值或者有外部复位信号时，产生中断。发生当前计数值等于预设值的中断时，装载入新的预设值，并设置下一阶段的输出。出现复位中断事件时，装入第一个预设值和设置第一组输出状态，以重复该循环。用高速计数器可以实现与 PLC 的扫描周期无关的高速运动的精确控制。

1．编码器分类

（1）增量式编码器

光电增量式编码器的码盘上有均匀刻制的光栅。码盘旋转时，输出与转角的增量成正比的脉冲，用高速计数器来计脉冲数。根据输出信号的个数，有下列 3 种增量式编码器。

1）单通道增量式编码器：内部只有一个光电耦合器，只能产生一个脉冲序列。

2）双通道增量式编码器：又称为 A/B 相型编码器，内部有两个光电耦合器，能输出相位差为 90°的两路独立的脉冲序列。正转和反转时两路脉冲的超前、滞后关系刚好相反（见图 4-33），如果使用 A/B 相型编码器，PLC 可以识别出转轴旋转的方向。

3）三通道增量式编码器：内部除了有双通道增量式编码器的两个光电耦合器外，在脉冲码盘的另外一个通道有一个透光段，每转 1 圈，输出一个脉冲，该脉冲称为 Z 相零位脉冲，用作系统清零信号，或作为坐标的原点，以减少测量的积累误差。

（2）绝对式编码器

N 位绝对式编码器有 N 个码道，最外层的码道对应于编码的最低位。每个码道有一个光电耦合器，用来读取该码道的 0、1 数据。绝对式编码器输出的 N 位二进制数反映了运动物体所处的绝对位置，根据位置的变化情况，可以判别出旋转的方向。

2. 高速计数器的工作模式

S7-200 SMART 的高速计数器有 8 种工作模式。

1）具有内部方向控制功能的单相时钟计数器（模式 0、1），用高速计数器的控制字节的第 3 位来控制加计数或减计数。该位为 1 时为加计数，为 0 时为减计数。

2）具有外部方向控制功能的单相时钟计数器（模式 3、4），方向输入信号为 1 时为加计数，为 0 时为减计数。

3）具有加、减时钟脉冲输入的双相时钟计数器（模式 6、7），若加计数脉冲和减计数脉冲的上升沿出现的时间间隔不到 0.3μs，高速计数器认为这两个事件是同时发生的，其当前值不变，也不会有计数方向变化的指示。反之，高速计数器能捕捉到每一个独立事件。

4）A/B 相正交计数器（模式 9、10）的两路计数脉冲的相位互差 90°（见图 4-33），正转时为加计数，反转时为减计数。

A/B 相正交计数器可以选择 1 倍速模式（见图 4-33）和 4 倍速模式（见图 4-34），1 倍速模式在时钟脉冲的每一个周期计 1 次数，4 倍速模式在两个时钟脉冲的上升沿和下降沿都要计数，因此时钟脉冲的每一个周期要计 4 次数。

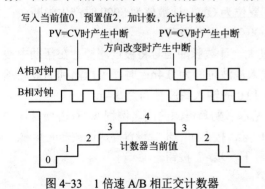

图 4-33　1 倍速 A/B 相正交计数器　　　　图 4-34　4 倍速 A/B 相正交计数器

根据有无外部复位输入，上述 4 类工作模式又可以分别分为两种。模式 1、4、7、10 有外部复位功能。

3. 高速计数器的外部输入信号

高速计数器的外部输入信号见系统手册或在线帮助。有些高速计数器的输入点相互之间、或它们与边沿中断（I0.0～I0.3）的输入点之间有重叠，同一个输入点不能同时用于两种不同的功能。高速计数器当前模式未使用的输入点可以用于其他功能。

HSC0、HSC2、HSC4 和 HSC5 支持全部 8 种计数模式，HSC1 和 HSC3 因为只有一个时钟脉冲输入，只支持模式 0。

4.7.2　高速计数器的程序设计

1. 高速计数器指令

高速计数器定义指令 HDEF（见表 4-15）用输入参数 HSC 指定高速计数器 HSC0～HSC5，用输入参数 MODE 设置工作模式。每个高速计数器只能使用一条 HDEF 指令。可以在第一个扫描周期用 HDEF 指令来定义高速计数器。

高速计数器指令 HSC 用于启动编号为 N 的高速计数器，N 的数据类型为 WORD。

表 4-15　高速计数器指令与高速输出指令

梯 形 图	语 句 表		描　　述
HDEF	HDEF	HSC, MODE	定义高速计数器的工作模式
HSC	HSC	N	激活高速计数器
PLS	PLS	N	脉冲输出

2. 使用指令向导生成高速计数器的应用程序

在特殊存储器（SM）区，每个高速计数器都有一个状态字节、一个设置参数用的控制字节、一个 32 位预设值寄存器和一个 32 位当前值寄存器。状态字节给出了当前计数方向和当前值是否大于或等于预设值等信息。只有在执行高速计数器的中断程序时，状态位才有效。控制字节中的各位用于设置高速计数器的属性。可以在 S7-200 SMART 的系统手册中查阅这些特殊存储器的信息。

使用"高速计数器"向导能简化高速计数器的编程过程，既简单方便，又不容易出错。

【例 4-12】　计数脉冲的周期为 1ms，用高速计数器向导生成 HSC0 的初始化程序和中断程序，HSC0 为无外部方向输入信号的单相加/减计数器（模式 0），用 I0.0 输入计数脉冲。在 I0.1 的上升沿，将 HSC0 初始化为加计数，同时将 Q0.2 置位为 ON。计数值为 8000 时产生中断，在中断程序中将 HSC0 的当前值清 0 后继续计数，将 Q0.2 复位为 OFF。

如果用于计数脉冲输入的 I0.0 的滤波时间值过大，计数脉冲信号将被过滤掉。在帮助中搜索"高速输入降噪"，在出现的表格中查到数字量输入滤波时间为 0.4ms 时，可检测到的最高频率为 1250Hz，因此在系统块中设置 HSC0 的输入点 I0.0 的输入滤波时间为 0.4ms。

生成名为"高速计数器与高速输出"的项目（见本书配套资源的同名例程）。双击项目树的"向导"文件夹中的"高速计数器"，打开高速计数器向导，按下面的步骤设置高速计数器的参数：

在第 1 页选中"HSC0"，每次操作完成后单击"下一步>"按钮。

在第 2 页设置计数器的名称，采用默认的 HSC0。

在第 3 页（模式）设置计数模式为默认的模式 0。

在第 4 页（初始化）采用默认的计数器初始化子程序的符号名称 HSC0_INIT。设置计数器的预设值 PV 为 8000，当前值 CV 为 0，初始计数方向为"上"（加计数）。

在第 5 页（中断）设置当前值等于预设值时产生中断，使用默认的中断程序符号名称 COUNT_EQ0。

在第 6 页（步）设置步数。在各步的中断程序中修改计数方向、当前值和预设值，并将另一个中断程序连接至相同的中断事件。本例设置为默认的 1 步。

第 7 页（步 1）的"当前 INT"（中断程序）为 COUNT_EQ0。因为只有 1 步，不能再连接到新的中断程序上。更新当前值为 0，不更新预设值和计数方向。

"组件"页显示将要自动生成的初始化计数器子程序 HSC0_INIT 和中断程序 COUNT_EQ0。"映射"页显示 I0.0 的输入滤波时间为 0.4s，理论计数频率最高为 1250Hz。

单击"生成"按钮，在指令树的"程序块"文件夹中，可以看到自动生成的上述程序。

双击项目树中自动生成的这两个程序，程序区的上面出现它们的选项卡。

下面是主程序，在 I0.1 的上升沿时调用 HSC0_INIT。主程序还调用了用 PTO/PWM 向导生成的子程序 PWM0_RUN（见图 4-35）。程序中对 Q0.1 的立即置位和立即复位的指令是人工添加的。

```
LD      I0.1
EU                          //在 I0.1 的上升沿
CALL    HSC0_INIT           //调用 HSC0 的初始化子程序
……                          //调用图 4-35 中的子程序 PWM0_RUN
```

下面是计数器初始化子程序 HSC0_INIT。

```
LD      SM0.0               //SM0.0 总是为 ON
MOVB    16#F8, SMB37        //启用 HSC0，写入当前值和预设值，加计数
MOVD    +0, SMD38           //装载当前值 CV
MOVD    +8000, SMD42        //装载预设值 PV
HDEF    0, 0                //设置 HSC0 为模式 0
ATCH    COUNT_EQ0, 12       //当前值等于预设值时调用中断程序 COUNT_EQ0
ENI                         //全局性启用中断
HSC     0                   //起动 HSC0
SI      Q0.2, 1             //用户添加的立即置位指令
```

下面是中断程序 COUNT_EQ0。

```
LD      SM0.0
MOVB    16#C0, SMB37        //启用 HSC0，更新当前值，不改变预设值和计数方向
MOVD    +0, SMD38           //将当前值 CV 清 0
HSC     0                   //起动 HSC0
RI      Q0.2, 1             //用户添加的立即复位指令
```

在启动计数时 Q0.2 被置位，计满 8000 个数（经过了 8s）时 Q0.2 被复位。高速计数器和高速输出程序的调试方法见附录 A 中的 A.17 节。

调试时可以用状态图表中的地址 HC0 来监视高速计数器 HSC0 当前值的趋势图。

4.7.3　高速脉冲输出

1. PWM 发生器

脉冲宽度调制（PWM，简称为脉宽调制）的功能是提供连续的、周期与脉冲宽度可以由用户控制的输出脉冲。CPU ST20 有两个脉冲输出通道 Q0.0 和 Q0.1，CPU ST30/ST40/ST60 有 3 个脉冲输出通道 Q0.0、Q0.1 和 Q0.3，支持的最大脉冲频率为 100kHz。

脉冲输出指令"PLS　N"的参数 N 为 0、1、2，分别对应于通道 Q0.0、Q0.1 和 Q0.3。同一个通道不能同时用于运动控制和输出 PWM。

PWM 脉冲发生器与过程映像寄存器共同使用 Q0.0、Q0.1 和 Q0.3。当它们被设置为 PWM

功能时，PWM 发生器控制这些输出点，禁止使用这些输出点的数字量输出功能，此时输出波形不受过程映像输出寄存器的状态、输出强制或立即输出指令的影响。PWM 发生器未激活时，它们作为普通的过程映像输出寄存器使用。建议在启动 PWM 操作之前，用 R 指令将对应的过程映像输出寄存器复位为 0。

脉冲宽度与脉冲周期（见图 4-35）之比称为占空比，PWM 功能提供不同占空比的脉冲输出，时间基准可以设置为微秒或毫秒。

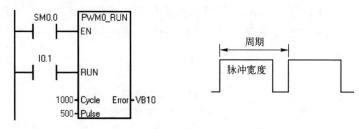

图 4-35　PWM 子程序与 PWM 输出波形

当脉冲宽度设置为等于周期值时，占空比为 100%，输出连续接通。当脉冲宽度为 0 时，占空比为 0%，输出断开。

PWM 输出的最小负载必须至少为额定负载的 10%，才能快速切换输出脉冲的状态。

在特殊存储器区，每个 PWM 发生器有一个 8 位的控制字节，16 位无符号的周期值和脉冲宽度值字，以及一个无符号 32 位脉冲计数值双字。通过它们对 PWM 编程是比较麻烦的。可以用 PWM 向导来设置 PWM 发生器的参数。

2. 用 PWM 向导生成 PWM 子程序

双击项目树的"向导"文件夹中的 PWM，打开 PWM 向导，按下面的步骤设置 PWM 发生器的参数：

在第 1 页选中"PWM0"，每次操作完成后单击"下一步>"按钮。

在第 2 页采用脉冲发生器默认的名称 PWM0。

在第 3 页（输出）采用 PWM0 默认的输出地址 Q0.0，时间基准为"微秒"（可选毫秒或微秒）。

在第 4 页（组件）采用默认的 PWM 子程序的名称 PWM0_RUN。

在第 5 页（完成）单击"生成"按钮，生成子程序 PWM0_RUN。

在配套资源中的例程"高速计数器与高速输出"的 OB1 中调用项目树的文件夹"\程序块\向导"中的 PWM0_RUN（见图 4-35），参数 RUN 用来控制是否产生脉冲，周期 Cycle 的允许范围为 10～65535μs 或 2～65535ms，脉冲宽度 Pulse 的允许范围为 0～65535μs 或 0～65535ms。I0.1 为 ON 时 Q0.0 输出周期为 1ms、脉冲宽度为 0.5ms 的脉冲。

4.8　数据块应用与字符串指令

4.8.1　数据块应用

1. 在数据块中对地址和数据赋值

数据块用来给 V 存储器（变量存储器）的字节、字和双字地址分配常数（即赋值）。上电时 CPU 将数据块中的初始值传送到指定的 V 存储器地址。

双击项目树的"数据块"文件夹中的"页面_1"图标，打开数据块。图 4-36 给出了一个数据块的例子。

```
VB1      25, 134                    //从VB1开始的两个字节数值
VD4      100.5                      //地址为VD4的双字实数数值
VW10     -1357, 418, 562            //从VW10开始的3个字数值
         2567, 5328                 //数据值的地址为VW16和VW18
```

图 4-36　数据块举例

数据块中的典型行包括起始地址以及一个或多个数据值，双斜线（"//"）之后的注释为可选项。数据块的第一行必须包含明确的地址（包括符号地址），以后的行可以不包含明确的地址。在单地址值后面键入多个数据或键入只包含数据的行时，由编辑器进行地址赋值。编辑器根据前面的地址和数据的长度（字节、字或双字）为数据指定地址。数据块编辑器接受大小写字母，允许用英语的逗号、制表符或空格作地址和数据的分隔符号。

完成一个赋值行后同时按〈Ctrl+Enter〉键，在下一行自动生成下一个可用的地址。对数据块所做的更改在数据块下载后才生效。在下载时可以选择是否下载数据块。

2. 错误处理

输入了错误的地址和数据、地址在数据值之后、使用了非法语法或无效值、使用了中文的标点符号，将在错误行的左边出现红色的 ✖，出错的地址或数据的下面用波浪下划线标记。单击工具栏上的"编译"按钮 ▣，对项目所有的组件进行编译。如果编译器发现地址重叠或对同一地址重复赋值等错误，将在输出窗口显示错误。双击错误信息，将在数据块窗口指出有错误的行。

3. 生成数据页

右击项目树的"数据块"文件夹中的数据页，执行快捷菜单中的"插入"→"数据页"命令，可以生成一个数据页。执行快捷菜单中的"属性"命令，在打开的对话框的"保护"选项卡，可以为数据页设置密码保护。

4.8.2　字符串指令

本节的程序见配套资源中的例程"字符串指令"。

1. 字符和字符串的表示方法

与字符常量相比，字符串常量的第一个字节是字符串的长度（即字符个数）。

ASCII 常数字符的有效范围是 ASCII 32～ASCII 255，不包括 DEL 字符、单引号和双引号字符。在此范围之外的 ASCII 字符必须使用特殊字符格式$。

（1）符号表中字符和字符串的表示方法

字节、字和双字中的 ASCII 字符用英语的单引号表示，例如'A'、'AB'和'AB12'（见图 4-37）。不能定义 3 个字符或大于 4 个字符的符号。

指定给符号名的 ASCII 常量字符串用英语的双引号表示，例如"ABCDE"。

		符号	地址 ▲
1		字符2	'ABCD'
2		字符串1	"ABCDE"

图 4-37　符号表

（2）数据块中字符和字符串的表示方法

在数据块编辑器中，用英语的单引号定义字符常量，可以将 VB 地址分配给任意个字符的常量、将 VW 和 VD 地址分别分配给 2 个和 4 个字符的常量。对于 3 个字符或大于 4 个字符的常量，必须使用 V 或 VB 地址。

可以用英语的双引号定义最多 254 个字符的字符串，只能将 V 或 VB 地址用于字符串分

配。下面是一些例子：

```
VW0      'AB', '35'                    //字符常量
VB10     'BDk32', 'BOY'               //较长的字符常量和 3 个字符的常量
V20      "ABCD", "Motor"              //字符串常量，第一个字节是字符串长度
```

（3）程序编辑器中字符和字符串的表示方法

在程序编辑器中输入字符常量时，用英语的单引号将字节、字或双字存储器中的 ASCII 字符常量括起来，例如'A'、'AB'和'AB12'。不能使用 3 个字符或大于 4 个字符的常量。

输入常数字符串参数时，用英语的双引号将最多 126 个 ASCII 字符常量括起来。有效的地址为 VB。

2. 字符、字符串与数据转换指令

字符、字符串与数据转换指令见表 4-16。详细的使用方法见系统手册或在线帮助。

表 4-16　字符、字符串与数据转换指令

梯形图	语 句 表	描　述	梯形图	语 句 表	描　述
ATH	ATH　IN, OUT, LEN	ASCII 码→十六进制数	I_S	ITS　IN, OUT, FMT	整数→字符串
HTA	HTA　IN, OUT, LEN	十六进制数→ASCII 码	DI_S	DTS　IN, OUT, FMT	双整数→字符串
ITA	ITA　IN, OUT, FMT	整数→ASCII 码	R_S	RTS　IN, OUT, FMT	实数→字符串
DTA	DTA　IN, OUT, FMT	双整数→ASCII 码	S_I	STI　IN, INDX,OUT	子字符串→整数
RTA	RTA　IN, OUT, FMT	实数→ASCII 码	S_DI	STD　IN, INDX,OUT	子字符串→双整数
			S_R	STR　IN, INDX,OUT	子字符串→实数

3. 求字符串长度和复制、连接字符串指令

求字符串长度指令 SLEN（见表 4-17）返回输入参数 IN 指定的字符串的长度值，输出参数 OUT 的数据类型为 BYTE。该指令不能用于中文字符。

字符串复制指令 SCPY 用于将参数 IN 指定的字符串复制到 OUT 指定的字符串。

表 4-17　字符串指令

梯 形 图	语 句 表	描　述	梯 形 图	语 句 表	描　述
STR_LEN	SLEN　IN, OUT	求字符串长度	SSTR_CPY	SSCPY　IN, INDX, N, OUT	复制子字符串
STR_CPY	SCPY　IN, OUT	复制字符串	STR_FIND	SFND　IN1, IN2, OUT	搜索字符串
STR_CAT	SCAT　IN, OUT	字符串连接	CHR_FIND	CFND　IN1, IN2, OUT	搜索字符

字符串连接指令 SCAT 用于将参数 IN 指定的字符串附加到 OUT 指定的字符串的后面。

【例 4-13】字符串指令应用举例。

```
LD    I0.3
SCPY  "HELLO ", VB70        //将字符串"HELLO "复制到 VB70 开始的存储区
SCAT  "WORLD", VB70         //将字符串"WORLD"附到 VB70 开始的字符串的后面
SLEN  VB70, VB82            //求 VB70 开始的字符串的长度
```

执行完指令 SCAT 后，VB70 开始的字符串为"HELLO WORLD"。VB70 中是字符串的长度 11（十六进制数 16#0b），因为它是特殊字符，在状态图表中显示的 VB70 中的字符为'$0b'（见图 4-38）。VB82 中是执行 SLEN 指令后得到的字符串长度 11。

4. 从字符串中复制子字符串指令

执行完例 4-13 中的程序后，图 4-39 中的指令 SSTR_CPY 从 INDX 指定的第 7 个字符开始，将 IN 指定的字符串"HELLO WORLD"中的 5 个字符"WORLD"复制到 OUT 指定的 VB83 开始的新字符串中，OUT 的数据类型为字节。

5. 字符串搜索指令

指令 STR_FIND（见图 4-39）用于在 IN1 指定的字符串"HELLO WORLD"中，搜索 IN2 指定的字符串"WORLD"，如果找到了与字符串 IN2 完全匹配的一段字符，用 OUT 指定的地址 VB89 保存字符串"WORLD"的首字符 W 在字符串 IN1 中的位置。VB89 的初始值为 1 表示从第一个字符开始搜索。如果没有找到，OUT 被清零。

	地址	格式	当前值
18	VD70	ASCII	'$0bHEL'
19	VD74	ASCII	'LO W'
20	VD78	ASCII	'ORLD'
21	VB82	无符号	11
22	VD83	ASCII	'$05WOR'
23	VW87	ASCII	'LD'
24	VB89	有符号	+7

图 4-38 状态图表

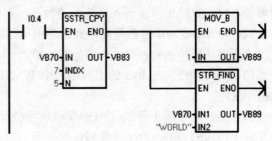

图 4-39 字符串指令

4.9 习题

1. 填空

1）如果方框指令的 EN 输入端有能流流入且执行时无错误，则 ENO 输出端_____。

2）字符串比较指令的比较条件只有_____和_____。

3）主程序调用的子程序最多嵌套_____层，中断程序调用的子程序最多嵌套_____层。

4）VB0 的值为 2#1011 0110，循环左移两位后为 2#_____，再右移两位后为 2#_____。

5）用读取实时时钟指令 TODR 读取的日期和时间的数制为_____。

6）执行"JMP 5"指令的条件_____时，将不执行该指令和_____指令之间的指令。

7）主程序和中断程序的变量表中只有_____变量。

8）定时中断的定时时间最长为_____ms。

9）标准型 CPU 有_____个高速计数器，可以设置_____种不同的工作模式。

2. 在 MW0 等于 3592 或 MW4 大于 27369 时将 M0.6 置位，反之将 M0.6 复位。用比较指令设计出满足要求的程序。

3. 编写程序，在 I0.5 的下降沿将 VW50～VW68 清零。

4. 字节交换指令 SWAP 为什么必须采用脉冲执行方式？

5. 编写程序，在 I0.0 的上升沿将 VW10 中的电梯轿厢所在的楼层数转换为两位 BCD 码后送给 QB1，通过两片译码驱动芯片和 7 段显示器显示楼层数（见图 3-6）。

6. 用 I0.0 控制接在 QB0 上的 8 个彩灯是否移位，每 2s 循环移动 1 位。用 I0.1 控制左移或右移，首次扫描时将彩灯的初始值设置为十六进制数 16#0E（仅 Q0.1～Q0.3 为 ON），设计出梯形图程序。

7. 用 I1.0 控制接在 QB0 上的 8 个彩灯是否移位,每 2s 循环左移 1 位。用 IB0 设置彩灯非 0 的初始值,在 I1.1 的上升沿将 IB0 的值传送到 QB0 作为初始值,设计出梯形图程序。

8. 用 I1.0 控制接在 Q0.0~Q0.5 上的 6 个彩灯是否循环右移,每 1s 移动 1 位。首次扫描时设置彩灯的初始值,设计出梯形图程序。

9. 用实时时钟指令设计控制路灯的程序,20:00 时开灯,06:00 时关灯。

10. AIW16 中 A-D 转换得到的数值范围 0~27648 正比于温度值范围 0~800℃。编写程序,在 I0.2 的上升沿,将 AIW16 的值转换为对应的温度值,将它存放在 VW30 中。

11. 整数格式的半径在 VW20 中,取圆周率为 3.1416,编写程序,用浮点数运算指令计算圆周长,将运算结果四舍五入转换为整数后,存放在 VD22 中。

12. 以 0.1 度为单位的整数格式的角度值在 VW4 中,在 I0.5 的上升沿,求出该角度的正弦值,将运算结果转换为以 10^{-5} 为单位的双整数,存放在 VD10 中,设计出程序。

13. 编写程序,在 I0.3 的上升沿,用 WAND_W 指令将 VW10 的最高 3 位清零,其余各位保持不变。

14. 用定时中断 1 每 2s 将 QW0 循环移位,I0.2 为 ON 时循环右移 1 位,I0.2 为 OFF 时循环左移 1 位,SM0.1 为 ON 时置彩灯的初值。设计出主程序和中断子程序。

15. 编写程序,在 I0.2 的上升沿,用逻辑运算指令,将 VW10 的最低 4 位置为 2#0101,高 12 位不变。

16. 编写程序,前后两个扫描周期 IB2 的值变化时将 M0.5 置位。

17. 设计循环程序,在 I0.5 的上升沿,求 VD100 开始连续存放的 5 个浮点数的累加和,用 VD40 保存。

18. 10 个整数存放在 VW20 开始的存储区内,在 I1.0 的上升沿,用循环指令求它们的平均值,用 VD10 保存运算结果,设计出语句表程序。

19. 编写程序,在 I0.2 的上升沿,求出 VW50~VW68 中最小的整数后存放在 VW14 中。

20. 用子程序调用方式编写图 3-32 中两条运输带的控制程序,分别设置自动程序和手动程序,用 I0.4 作自动/手动切换开关。两个按钮是自动程序的输入参数,被控的运输带是输出参数。手动时用 I0.0 和 I0.1 对应的按钮分别点动控制两条运输带。

21. 设计程序,用子程序求圆的面积,输入参数为直径(小于 32767 的整数),输出量为圆的面积(双整数)。在 I0.0 的上升沿调用该子程序,直径为 10000mm,将运算结果存放在 VD10 中。

22. 用 T96 中断,每 2.75s 将 QW1 的值加 1,在 I0.2 的上升沿禁止该定时中断,在 I0.3 的上升沿重新启用该定时中断。设计出主程序和中断子程序。

第 5 章　数字量控制系统梯形图设计方法

5.1　梯形图的经验设计法

数字量控制系统又称为开关量控制系统，继电器控制系统就是典型的数字量控制系统。

可以用设计继电器电路图的方法来设计比较简单的数字量控制系统的梯形图，即在一些典型电路的基础上，根据被控对象对控制系统的具体要求，不断地修改和完善梯形图。有时需要多次反复地调试和修改梯形图，增加一些中间编程元件和触点，最后才能得到一个较为满意的结果。

这种方法没有普遍的规律可以遵循，具有很大的试探性和随意性，最后的结果不是唯一的，设计所用的时间、设计的质量与设计者的经验有很大的关系，所以有人把这种设计方法叫作经验设计法，它可以用于较简单的梯形图（例如手动程序）的设计。下面首先介绍经验设计法中一些常用的基本电路。

1. 有记忆功能的电路

在第 1 章中已经介绍过起动-保持-停止电路（简称为起保停电路），由于该电路在梯形图中的应用很广，现在将它重画在图 5-1 中。起动按钮和停止按钮提供的起动信号 I0.0 和停止信号 I0.1 持续为 ON 的时间一般都很短。起保停电路最主要的特点是具有"记忆"功能，按下起动按钮，I0.0 的常开触点接通，Q0.0 的线圈"通电"，后者的常开触点同时接通。放开起动按钮，I0.0 的常开触点断开，"能流"经 Q0.0 的常开触点和 I0.1 的常闭触点流过 Q0.0 的线圈，Q0.0 仍为 ON，这就是所谓的"自锁"或"自保持"功能。按下停止按钮，I0.1 的常闭触点断开，使 Q0.0 的线圈"断电"，其常开触点断开，以后即使放开停止按钮，I0.1 的常闭触点恢复接通状态，Q0.0 的线圈仍然"断电"。这种记忆功能也可以用图 5-1 中的 S 指令和 R 指令来实现。

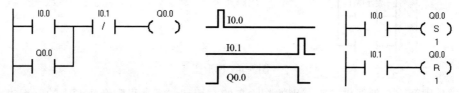

图 5-1　有记忆功能的电路

在实际电路中，起动信号和停止信号可能由多个触点组成的串、并联电路提供。

2. 经验设计法举例

图 5-2 是三相异步电动机正反转控制的主电路和继电器控制电路图，其中 KM1 和 KM2 分别是控制电动机正转运行和反转运行的交流接触器。用 KM1 和 KM2 的主触点改变进入电动机的三相电源的相序，就可以改变电动机的旋转方向。图中的 FR 是热继电器，在电动机过载一定的时间后，它的常闭触点断开，使 KM1 或 KM2 的线圈断电，电动机停转。

按下右行起动按钮 SB2 或左行起动按钮 SB3 后，要求小车在左限位开关 SQ1 和右限位开关 SQ2 之间不停地循环往返，直到按下停车按钮 SB1。

图 5-3 和图 5-4 分别是功能与图 5-2 所示系统相同的 PLC 控制系统的外部接线图和梯形图。各输入信号均由常开触点提供，因此继电器电路和梯形图中各触点的常开和常闭的类型不变。如果在编程软件中用梯形图语言编程，可以采用与图 5-2 中的继电器电路完全相同的结构来画梯形图。根据 PLC 外部接线图给出的输入/输出信号与 I、Q 地址之间的关系，来确定梯形图中各触点和线圈的地址。转换为语句表后，将会出现一条进栈指令和一条出栈指令。

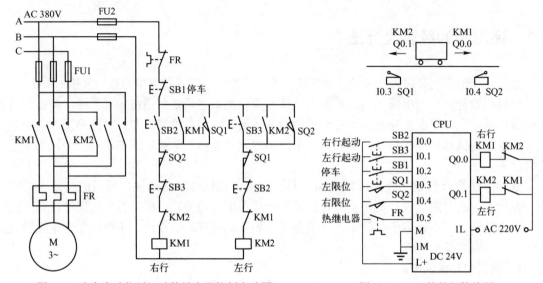

图 5-2　小车自动往返运动的继电器控制电路图　　　　图 5-3　PLC 的外部接线图

图 5-4　梯形图

图 5-4 用两个起保停电路来分别控制小车的右行和左行（见配套资源中的例程"小车自动往返控制"）。与继电器电路相比，多用了两个常闭触点，但是电路的逻辑关系比较清晰，转换为语句表后不需要逻辑堆栈指令。

按下右行起动按钮 SB2，I0.0 变为 ON，其常开触点接通，Q0.0 的线圈"得电"并自保持，使 KM1 的线圈通电，小车开始右行。按下停车按钮 SB1，I0.2 变为 ON，其常闭触点断开，使 Q0.0 线圈"失电"，小车停止右行。

在梯形图中，将 Q0.0 和 Q0.1 的常闭触点分别与对方的线圈串联，可以保证它们不会同时为 ON，因此 KM1 和 KM2 的线圈不会同时通电，这种安全措施在继电器电路中称为"互锁"。

除此之外，为了方便操作和保证 Q0.0 和 Q0.1 不会同时为 ON，在梯形图中还设置了"按钮联锁"，即将左行起动按钮对应的 I0.1 的常闭触点与控制右行的 Q0.0 的线圈串联，将右行起动按钮对应的 I0.0 的常闭触点与控制左行的 Q0.1 的线圈串联。设 Q0.0 为 ON，小车右行，这时如果想改为左行，可以不按停车按钮 SB1，直接按左行起动按钮 SB3，I0.1 变为 ON，它的常闭触点断开，使 Q0.0 的线圈"失电"，同时 I0.1 的常开触点接通，使 Q0.1 的线圈"得电"并自保持，小车由右行变为左行。

梯形图中的软件互锁和按钮联锁电路并不保险，在电动机切换旋转方向的过程中，可能原来接通的接触器的主触点的电弧还没有熄灭，另一个接触器的主触点已经闭合了，由此造成瞬时的电源相间短路，使熔断器熔断。此外，如果因为主电路电流过大或接触器质量不好，某一接触器的主触点被断电时产生的电弧熔焊而被粘结，其线圈断电后主触点仍然是接通的，这时如果另一接触器的线圈通电，也会造成三相电源短路的事故。为了防止出现这种情况，应在 PLC 外部设置由 KM1 和 KM2 的辅助常闭触点组成的硬件互锁电路（见图 5-3），假设 KM1 的主触点被电弧熔焊，这时它的与 KM2 线圈串联的辅助常闭触点处于断开状态，因此 KM2 的线圈不可能得电。

为了使小车的运动在极限位置处自动停止，将右限位开关 I0.4 的常闭触点与控制右行的 Q0.0 的线圈串联，将左限位开关 I0.3 的常闭触点与控制左行的 Q0.1 的线圈串联。为使小车自动改变运动方向，将左限位开关 I0.3 的常开触点与手动起动右行的 I0.0 的常开触点并联，将右限位开关 I0.4 的常开触点与手动起动左行的 I0.1 的常开触点并联。

假设按下左行起动按钮 I0.1，Q0.1 变为 ON，小车开始左行，碰到左限位开关时，I0.3 的常闭触点断开，使 Q0.1 的线圈"断电"，小车停止左行。I0.3 的常开触点接通，使 Q0.0 的线圈"通电"，开始右行。以后将这样不断地往返运动下去，直到按下停车按钮 I0.2。

这种控制方法适用于小容量的异步电动机，并且往返不能太频繁，否则电动机将会过热。

视频"小车控制的编程与调试"可通过扫描二维码 5-1 播放。

3. 常闭触点输入信号的处理

前面在介绍梯形图的设计方法时，实际上有一个前提，就是假设输入的数字量信号均由外部常开触点提供，但是有些输入信号只能由常闭触点提供。在继电器电路图中，热继电器 FR 的常闭触点与接触器 KM1 和 KM2 的线圈串联。电动机长期过载时，FR 的常闭触点断开，使 KM1 和 KM2 的线圈断电。

如果将图 5-3 中接在 PLC 的输入端 I0.5 处的 FR 的触点改为常闭触点，未过载时它是闭合的，I0.5 为 ON，梯形图中 I0.5 的常开触点闭合。显然，应将 I0.5 的常开触点而不是常闭触点与 Q0.0 或 Q0.1 的线圈串联。过载时 FR 的常闭触点断开，I0.5 变为 OFF，梯形图中 I0.5 的常开触点断开，使 Q0.0 或 Q0.1 的线圈断电，起到了过载保护的作用。但是继电器电路图中 FR 的触点类型（常闭）和梯形图中对应的 I0.5 的触点类型（常开）刚好相反，给梯形图电路的分析带来不便。

为了使梯形图和继电器电路图中触点的类型相同，建议尽可能地用常开触点作 PLC 的输入信号。如果某些信号只能用常闭触点输入，可以按输入全部为常开触点来设计梯形图，这样可以将继电器电路图直接"翻译"为梯形图。然后将梯形图中外接常闭触点的过程映像输入位的触点改为相反的触点，即常开触点改为常闭触点，常闭触点改为常开触点。

5.2　顺序控制设计法与顺序功能图

用经验设计法设计梯形图时，没有一套固定的方法和步骤可以遵循，具有很大的试探性和随意性，对于不同的控制系统，没有一种通用的容易掌握的设计方法。在设计复杂系统的梯形图时，用大量的中间单元来完成记忆、联锁和互锁等功能，由于需要考虑的因素很多，它们往往又交织在一起，分析起来非常困难，并且很容易遗漏掉一些应该考虑的问题。修改某一局部电路时，可能对系统的其他部分产生意想不到的影响，因此梯形图的修改也很麻烦，花了很长的时间还得不到一个满意的结果。用经验设计法设计出的梯形图往往很难阅读，给系统的维修和改进带来了很大的困难。

所谓顺序控制，就是按照生产工艺预先规定的顺序，在各个输入信号的作用下，根据内部状态和时间的顺序，在生产过程中各个执行机构自动地有秩序地进行操作。

使用顺序控制设计法时，首先根据系统的工艺过程，画出顺序功能图（Sequential Function Chart，SFC），然后根据顺序功能图设计出梯形图。

顺序控制设计法是一种先进的设计方法，很容易被初学者接受，对于有经验的工程师，也会提高设计的效率，程序的调试、修改和阅读也很方便。某厂有经验的电气工程师用经验设计法设计某控制系统的梯形图，花了两周的时间，同一系统改用顺序控制设计法，只用了不到半天的时间，就完成了梯形图的设计和模拟调试，现场试车一次成功。

顺序功能图是描述控制系统的控制过程、功能和特性的一种图形，也是设计 PLC 的顺序控制程序的有力工具。

顺序功能图并不涉及所描述的控制功能的具体技术，它是一种通用的技术语言，可以供进一步设计和不同专业的人员之间进行技术交流时使用。

在 IEC 的 PLC 编程语言标准（IEC 61131-3）中，顺序功能图是 PLC 位居首位的编程语言。我国也在 1986 年颁布了顺序功能图的国家标准 GB 6988.6-1986（已被 GB/T 21654-2008 代替）。顺序功能图主要由步、有向连线、转换、转换条件和动作（或命令）组成。S7-300/400 和 S7-1500 的 S7-Graph 是典型的顺序功能图语言。

现在还有相当多的 PLC（包括 S7-200 SMART）没有配备顺序功能图语言，但是可以用顺序功能图来描述系统的功能，根据它来设计梯形图程序。

5.2.1　步与动作

1. 步的基本概念

顺序控制设计法最基本的思想是将系统的一个工作周期划分为若干个顺序相连的阶段，这些阶段称为步（Step），并用编程元件（例如位存储器 M 和顺序控制继电器 S）来代表各步。一般情况下步是根据输出量的状态变化来划分的，在任何一步之内，各输出量的 ON/OFF 状态不变，但是相邻两步输出量总的状态是不同的。步的这种划分方法使代表各步的编程元件的状态与各输出量的状态之间，有着极为简单的逻辑关系。

顺序控制设计法用转换条件控制代表各步的编程元件，让它们的状态按规定的顺序变化，然后用代表各步的编程元件去控制 PLC 的各输出位。

图 5-5 中的小车开始时停在最左边，限位开关 I0.2 为 ON。按下起动按钮 I0.0，Q0.0 变为 ON，小车右行。碰到右限位开关 I0.1 时，Q0.0 变为 OFF，Q0.1 变为 ON，小车改为左行。返

回起始位置时，Q0.1 变为 OFF，小车停止运行。同时 Q0.2 变为 ON，使制动电磁铁线圈通电，定时器 T38 开始定时。定时时间到，制动电磁铁线圈断电，系统返回初始状态。

根据 Q0.0～Q0.2 的 ON/OFF 状态的变化，显然可以将上述工作过程划分为 3 步，分别用 M0.1～M0.3 来代表这 3 步，另外还应设置一个等待起动的初始步。图 5-6 是描述该系统的顺序功能图，图中用矩形方框表示步，方框中是代表该步的编程元件的地址，例如 M0.0 等。

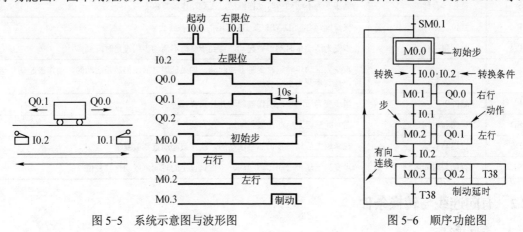

图 5-5　系统示意图与波形图　　　　　　　图 5-6　顺序功能图

为了便于将顺序功能图转换为梯形图，用代表各步的编程元件的地址作为步的名称，并用编程元件的地址来标注转换条件和各步的动作或命令。

2．初始步

与系统的初始状态相对应的步称为初始步，初始状态一般是系统等待起动命令的相对静止的状态。初始步用双线方框表示，每一个顺序功能图至少应该有一个初始步。

3．活动步

当系统正处于某一步所在的阶段时，该步处于活动状态，称该步为"活动步"。步处于活动状态时，相应的动作被执行；处于不活动状态时，停止执行相应的非存储型动作。

4．与步对应的动作或命令

可以将一个控制系统划分为被控系统和施控系统，例如在数控车床系统中，数控装置是施控系统，而车床是被控系统。对于被控系统，在某一步中要完成某些"动作"（action）；对于施控系统，在某一步中则要向被控系统发出某些"命令"（command）。为了叙述方便，下面将命令或动作统称为动作，并用矩形框中的文字或符号表示动作，该矩形框应与它所在的步对应的方框相连。

如果某一步有几个动作，可以用图 5-7 中的两种画法来表示，但是并不隐含这些动作之间的任何顺序。应清楚地表明动作是存储型的还是非存储型的。图 5-6 中的 Q0.0～Q0.2 均为非存储型动作，例如在步 M0.1 为活动步

5	动作A	动作B		5	动作A

图 5-7　动作

时，动作 Q0.0 为 ON，步 M0.1 为不活动步时，动作 Q0.0 为 OFF。步与它的非存储性动作的波形完全相同。

由图 5-6 可知，T38 在步 M0.3 为活动步时对制动过程定时，T38 的 IN 输入（使能输入）为 ON。从这个意义上来说，T38 的 IN 输入相当于步 M0.3 的一个非存储型动作，所以将 T38 放在步 M0.3 的动作框内。

使用表 5-1 中动作的修饰词，可以 在一步中完成不同的动作。修饰词允许在不增加逻辑的

情况下控制动作。例如，可以使用修饰词 L 来限制配料阀打开的时间。

表 5-1 动作的修饰词

修饰词	名 称	描 述
N	非存储型	当步变为不活动步时动作终止
S	置位（存储）	当步变为不活动步时动作继续，直到动作被复位
R	复位	被修饰词 S、SD、SL 或 DS 起动的动作被终止
L	时间限制	步变为活动步时动作被起动，直到步变为不活动步或设定时间到
D	时间延迟	步变为活动步时延时定时器被起动，如果延迟之后步仍然是活动的，动作被起动和继续，直到步变为不活动步
P	脉冲	当步变为活动步，动作被起动并且只执行一次
SD	存储与时间延迟	在时间延迟之后动作被起动，一直到动作被复位
DS	延迟与存储	在延迟之后如果步仍然是活动的，动作被起动直到被复位
SL	存储与时间限制	步变为活动步时动作被起动，一直到设定的时间到或动作被复位

5.2.2 有向连线与转换条件

1. 有向连线

在顺序功能图中，随着时间的推移和转换条件的实现，将会发生步的活动状态的进展，这种进展按有向连线规定的路线和方向进行。在画顺序功能图时，将代表各步的方框按它们成为活动步的先后次序顺序排列，并用有向连线将它们连接起来。步的活动状态习惯的进展方向是从上到下或从左至右，在这两个方向有向连线上的箭头可以省略。如果不是上述的方向，则应在有向连线上用箭头注明进展方向。为了更易于理解，在可以省略箭头的有向连线上也可以添加箭头。

2. 转换

转换用有向连线上与有向连线垂直的短划线来表示，转换将相邻两步分隔开。步的活动状态的进展是由转换的实现来完成的，并与控制过程的发展相对应。

3. 转换条件

使系统由当前步进入下一步的信号称为转换条件，转换条件可以是外部的输入信号，例如按钮、指令开关、限位开关的接通或断开等；也可以是 PLC 内部产生的信号，例如定时器、计数器常开触点的接通等，转换条件还可以是若干个信号的与、或、非逻辑组合。

转换条件可以用梯形图、功能块图、布尔代数表达式或文字语言标注在表示转换的短线的旁边，使用得最多的是布尔代数表达式（见图 5-8）。

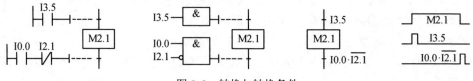

图 5-8 转换与转换条件

转换条件 I0.0 和 $\overline{I0.0}$ 分别表示当输入信号 I0.0 为 ON 和 OFF 时转换实现。转换条件 "↑ I0.0" 和 "↓I0.0" 分别表示当 I0.0 从 OFF 到 ON（上升沿）和从 ON 到 OFF（下降沿）时转换实现。实际上即使不加符号 "↑"，转换一般也是在 I0.0 的上升沿实现的，因此一般不加

"↑"。

图 5-8 中的波形图用高电平表示步 M2.1 为活动步，反之则用低电平表示。转换条件 $I0.0 \cdot \overline{I2.1}$ 表示 I0.0 的常开触点与 I2.1 的常闭触点同时闭合，在梯形图中则用两个触点的串联来表示这样一个"与"逻辑关系。

图 5-6 中步 M0.3 下面的转换条件 T38 对应于 T38 延时接通的常开触点，T38 的定时时间到时，转换条件满足。

在顺序功能图中，只有当某一步的前级步是活动步，该步才有可能变成活动步。如果用没有断电保持功能的编程元件来代表各步，进入 RUN 工作方式时，这些编程元件均为 OFF，各步均为不活动步。必须用开机时接通一个扫描周期的 SM0.1 的常开触点作为转换条件，将初始步 M0.0 预置为活动步（见图 5-6），否则因为顺序功能图中没有活动步，系统将无法工作。如果系统有自动、手动两种工作方式，顺序功能图是用来描述自动工作过程的，这时还应在系统由手动工作方式进入自动工作方式时，用一个适当的信号将初始步置为活动步（见 5.5 节）。

5-2 顺序控制与顺序功能图

所谓的"前级步""后续步"的前后是指时间上的先后，与有向连线的方向有关。

视频"顺序控制与顺序功能图"可通过扫描二维码 5-2 播放。

5.2.3　顺序功能图的基本结构

1．单序列

单序列由一系列相继激活的步组成，每一步的后面仅有一个转换，每一个转换的后面只有一个步（见图 5-9a），单序列的特点是没有下述的分支与合并。

2．选择序列

选择序列的开始称为分支（见图 5-9b），转换符号只能标在水平连线之下。如果步 5 是活动步，并且转换条件 h 为 ON，则发生由步 5→步 8 的进展。如果步 5 是活动步，并且 k 为 ON，则发生由步 5→步 10 的进展。如果将转换条件 k 改为 $k \cdot \overline{h}$，则当 k 和 h 同时为 ON 时，将优先选择 h 对应的序列，一般只允许同时选择一个序列。

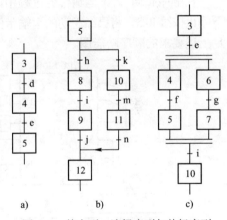

图 5-9　单序列、选择序列与并行序列

选择序列的结束称为合并（见图 5-9b），几个选择序列合并到一个公共序列时，用需要重新组合的序列相同数量的转换符号和水平连线来表示，转换符号只允许标在水平连线之上。

如果步 9 是活动步，并且转换条件 j 为 ON，则发生由步 9→步 12 的进展。如果步 11 是活动步，并且 n 为 ON，则发生由步 11→步 12 的进展。

3．并行序列

并行序列用来表示系统同时工作的几个独立部分的工作情况。并行序列的开始称为分支（见图 5-9c），当转换的实现导致几个序列同时激活时，这些序列称为并行序列。当步 3 是活动步，并且转换条件 e 为 ON，步 4 和步 6 同时变为活动步，同时步 3 变为不活动步。为了强调转换的同步实现，水平连线用双线表示。步 4 和步 6 被同时激活后，每个序列中步的活动状态的进展将是独立的。在表示同步的水平双线之上，只允许有一个转换符号。

并行序列的结束称为合并（见图 5-9c），在表示同步的水平双线之下，只允许有一个转换符号。当直接连在双线上的所有前级步（步 5 和步 7）都处于活动状态，并且转换条件 i 为 ON 时，才会发生步 5 和步 7 到步 10 的进展，即步 5 和步 7 同时变为不活动步，而步 10 变为活动步。

4．运输带控制系统的顺序功能图

3 条运输带顺序相连（见图 5-10），为了避免运送的物料在 1 号和 2 号运输带上堆积，按下起动按钮 I0.2，1 号运输带开始运行，5s 后 2 号运输带自动起动，再过 5s 后 3 号运输带自动起动。停机的顺序与起动的顺序刚好相反，即按了停止按钮 I0.3 后，先停 3 号运输带，5s 后停 2 号运输带，再过 5s 停 1 号运输带。分别用 Q0.2~Q0.4 控制 1~3 号运输带。

根据图 5-10 中的波形图，显然可以将系统的一个工作周期划分为 6 步（6 个阶段），即等待起动的初始步、4 个延时步和 3 条运输带同时运行的步。用顺序控制继电器 S0.0~S0.5 来代表各步。从波形图可知，Q0.2 在步 S0.1~S0.5 均为 ON，Q0.3 在步 S0.2~S0.4 均为 ON。可以在步 S0.1~S0.5 的动作框中都填入 Q0.2，在步 S0.2~S0.4 的动作框中都填入 Q0.3。

为了简化程序，在 Q0.2 应为 ON 的第一步（步 S0.1）将它置位（用顺序功能图动作框中的"S   Q0.2"来表示这一操作）；在 Q0.2 应为 ON 的最后一步的下一步（步 S0.0）将 Q0.2 复位为 OFF（用动作框中的"R   Q0.2"来表示这一操作）。同样的，在 Q0.3 应为 ON 的第一步（步 S0.2）将它置位；在 Q0.3 应为 ON 的最后一步的下一步（步 S0.5）将 Q0.3 复位为 OFF。

在顺序起动 3 条运输带的过程中，操作人员如果发现异常情况，可以由起动改为停车。按下停止按钮 I0.3，将已经起动的运输带停车，仍采用后起动的运输带先停车的原则。图 5-11 是满足上述要求的顺序功能图。

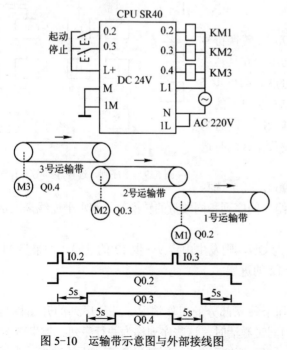

图 5-10　运输带示意图与外部接线图

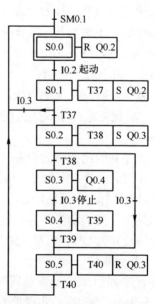

图 5-11　顺序功能图

在步 S0.1，只起动了 1 号运输带。按下停止按钮 I0.3，系统应返回初始步。为了实现这一要求，在步 S0.1 的后面增加一条返回初始步的有向连线，并用停止按钮 I0.3 作为转换条件。

在步 S0.2，已经起动了两条运输带。按下停止按钮，首先使后起动的 2 号运输带停车，延时 5s 再使 1 号运输带停车。为了实现这一要求，在步 S0.2 的后面，增加一条转换到步 S0.5 的有向连线，并用停止按钮 I0.3 作为转换条件。

步 S0.2 之后有一个选择序列的分支，当它是活动步（S0.2 为 ON），并且转换条件 I0.3 得到满足，后续步 S0.5 将变为活动步，S0.2 变为不活动步。如果步 S0.2 为活动步，并且转换条件 T38 得到满足，后续步 S0.3 将变为活动步，步 S0.2 变为不活动步。

步 S0.5 之前有一个选择序列的合并，当步 S0.2 为活动步，并且转换条件 I0.3 满足，或者当步 S0.4 为活动步，并且转换条件 T39 满足，步 S0.5 都应变为活动步。

此外在步 S0.1 之后有一个选择序列的分支，在步 S0.0 之前有一个选择序列的合并。

5. 专用钻床的顺序功能图

某专用钻床用来加工圆盘状零件上均匀分布的 6 个孔（见图 5-12），上面是侧视图，下面是工件的俯视图。在进入自动运行之前，两个钻头应在最上面，上限位开关 I0.3 和 I0.5 为 ON，系统处于初始步，加计数器 C0 被复位，计数当前值被清零。用位存储器（M）来代表各步，顺序功能图中包含了选择序列和并行序列。操作人员放好工件后，按下起动按钮 I0.0，转换条件 I0.0·I0.3·I0.5 满足，由初始步转换到步 M0.1，Q0.0 变为 ON，工件被夹紧。夹紧后压力继电器 I0.1 为 ON，由步 M0.1 转换到步 M0.2 和 M0.5，Q0.1 和 Q0.3 使两只钻头同时开始向下钻孔，预设值为 3 的加计数器 C0 的当前计数值加 1。大钻头钻到由限位开关 I0.2 设定的深度时，进入步 M0.3，Q0.2 使大钻头上升。升到由限位开关 I0.3 设定的起始位置时停止上升，进入等待步 M0.4。小钻头钻到由限位开关 I0.4 设定的深度时，进入步 M0.6，Q0.4 使小钻头上升。升到由限位开关 I0.5 设定的起始位置时停止上升，进入等待步 M0.7。

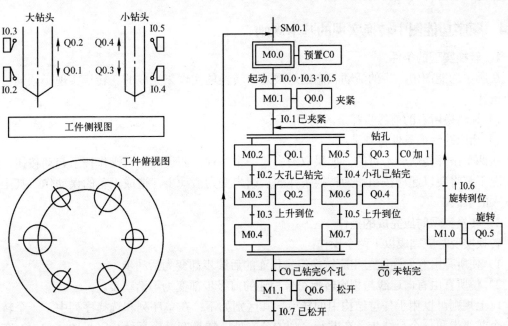

图 5-12　专用钻床控制系统的示意图与顺序功能图

C0 加 1 后的计数当前值为 1，C0 的常闭触点闭合，转换条件 $\overline{C0}$ 满足。两个钻头都上升到位后，将转换到步 M1.0。Q0.5 使工件旋转 120°，旋转到位时 I0.6 为 ON，又返回步 M0.2 和 M0.5，开始钻第二对孔。转换条件"↑I0.6"中的"↑"表示转换条件仅在 I0.6 的上升沿时有效。如果将转换条件改为 I0.6，在转换到步 M1.0 之前 I0.6 就为 ON，进入步 M1.0 之后，因为转换条件满足，将会马上离开步 M1.0，不能使工件旋转。转换条件改为"↑I0.6"后，解决了这个问题。

3 对孔都钻完后，C0 的当前值为 3，其常开触点闭合，转换条件 C0 满足，转换到步 M1.1，Q0.6 使工件松开。松开到位时，限位开关 I0.7 为 ON，系统返回初始步 M0.0。

因为要求两个钻头向下钻孔和钻头提升的过程同时进行，故采用并行序列来描述上述的过程。由 M0.2～M0.4 和 M0.5～M0.7 组成的两个单序列分别用来描述大钻头和小钻头的工作过程。在步 M0.1 之后，有一个并行序列的分支。当 M0.1 为活动步，并且转换条件 I0.1 得到满足（I0.1 为 ON），并行序列的两个单序列中的第一步（步 M0.2 和 M0.5）同时变为活动步。此后两个单序列内部各步的活动状态的转换是相互独立的，例如大孔或小孔钻完时的转换一般不是同步的。

并行序列的两个单序列的最后一步应同时变为不活动步。但是两个钻头一般不会同时上升到位，不可能同时结束运动，所以设置了等待步 M0.4 和 M0.7，它们用来同时结束两个并行序列。当两个钻头均上升到位，限位开关 I0.3 和 I0.5 均为 ON，大、小钻头两个子系统分别进入各自的等待步，并行序列将会立即结束。

在步 M0.4 和 M0.7 之后，有一个选择序列的分支。没有钻完 3 对孔时，C0 的常闭触点闭合，转换条件 $\overline{C0}$ 满足，如果两个钻头都上升到位，将从步 M0.4 和 M0.7 转换到步 M1.0。如果已经钻完了 3 对孔，C0 的常开触点闭合，转换条件 C0 满足，将从步 M0.4 和 M0.7 转换到步 M1.1。

在步 M0.2 和 M0.5 之前，有一个选择序列的合并。当步 M0.1 为活动步，并且转换条件 I0.1 得到满足（I0.1 为 ON），将转换到步 M0.2 和 M0.5。当步 M1.0 为活动步，并且转换条件 ↑I0.6 得到满足，也会转换到步 M0.2 和 M0.5。

5.2.4 顺序功能图中转换实现的基本规则

1. 转换实现的条件

在顺序功能图中，步的活动状态的进展是由转换的实现来完成的。转换实现必须同时满足两个条件：

1）该转换所有的前级步都是活动步。

2）相应的转换条件得到满足。

这两个条件是缺一不可的，如果取消了第一个条件，假设因为误操作按了起动按钮，在任何情况下都将使以起动按钮作为转换条件的后续步变为活动步，造成设备的误动作，甚至会出现重大的事故。

2. 转换实现时应完成的操作

转换实现时应完成以下两个操作：

1）使所有由有向连线与相应转换符号相连的后续步都变为活动步。

2）使所有由有向连线与相应转换符号相连的前级步都变为不活动步。

以上规则可以用于任意结构中的转换，其区别如下：在单序列和选择序列中，一个转换仅有一个前级步和一个后续步。在并行序列的分支处，转换有几个后续步（见图 5-9c），在转换实现时应同时将它们对应的编程元件置位。在并行序列的合并处，转换有几个前级步，它们均为活动步时才有可能实现转换，在转换实现时应将它们对应的编程元件全部复位。

转换实现的基本规则是根据顺序功能图设计梯形图的基础，它适用于顺序功能图中的各种基本结构，和后面将要介绍的顺序控制梯形图的编程方法。

3．绘制顺序功能图时的注意事项

下面是针对绘制顺序功能图时常见的错误提出的注意事项：

1）两个步绝对不能直接相连，必须用一个转换将它们分隔开。

2）两个转换也不能直接相连，必须用一个步将它们分隔开。这两条要求可以作为检查顺序功能图是否正确的判据之一。

3）顺序功能图中的初始步一般对应于系统等待起动的初始状态，这一步可能没有什么输出处于 ON 状态，因此有的初学者在画顺序功能图时很容易遗漏掉这一步。初始步是必不可少的，一方面因为该步与它的相邻步相比，从总体上说输出变量的状态各不相同；另一方面如果没有该步，不能表示初始状态，系统也不能返回等待起动的停止状态。

4）自动控制系统应能多次重复执行同一个工艺过程，因此在顺序功能图中一般应有由步和有向连线组成的闭环，即在完成一次工艺过程的全部操作之后，应从最后一步返回初始步，系统停留在初始状态（单周期操作，见图 5-6）。在连续循环工作方式时，应从最后一步返回下一工作周期开始运行的第一步（见图 5-20）。

4．顺序控制设计法的本质

经验设计法实际上是试图用输入信号 I 直接控制输出信号 Q（见图 5-13a），如果无法直接控制，或者为了实现记忆和互锁等功能，只好被动地增加一些辅助元件和辅助触点。由于不同的系统的输出量 Q 与输入量 I 之间的关系各不相同，以及它们对联锁、互锁的要求千变万化，不可能找出一种简单、通用的设计方法。

顺序控制设计法则是用输入量 I 控制代表各步的编程元件（例如位存储器 M），再用它们控制输出量 Q（见图 5-13b）。步是根据输出量 Q 的状态划分的，M 与 Q 之间具有很简单的"或"或者相等的逻辑关系，输出电路的设计极为简单。任何复杂系统的代表步的位存储器 M 的控制电路，其设计方法都是通用的，并且很容易掌握，所以顺序控制设计法具有简单、规范、通用的优点。由于代表步的编程元件是依次、顺序变为 ON/OFF 状态的，实际上已经基本上解决了经验设计法中的记忆和联锁等问题。

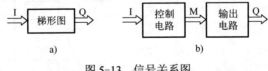

图 5-13　信号关系图

5.3　使用置位/复位指令的顺序控制梯形图设计方法

本章介绍的编程方法很容易掌握，用它们可以迅速地、得心应手地设计出任意复杂的数字量控制系统的梯形图。

控制系统的梯形图一般采用图 5-14 所示的典型结构，系统有自动和手动两种工作方式。SM0.0 的常开触点一直闭合，每次扫描都会执行公用程序。自动方式和手动方式都需要执行的操作放在公用程序中，公用程序还用于自动程序和手动程序相互切换的处理。I2.0 是自动/

手动切换开关，当它为 ON 时调用手动程序，为 OFF 时调用自动程序。

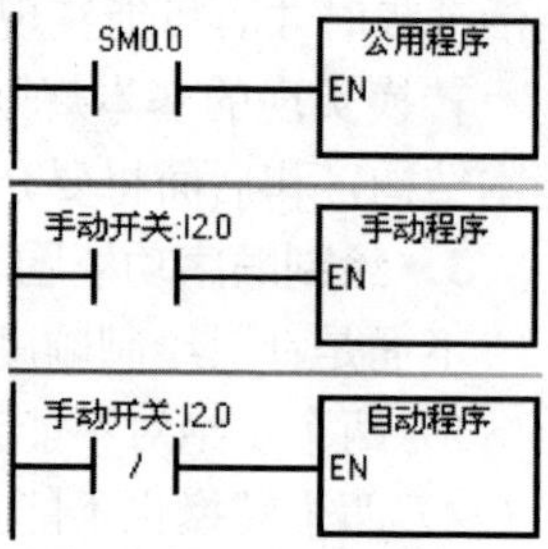

开始执行自动程序时，要求系统处于与自动程序的顺序功能图的初始步对应的初始状态。如果开机时系统没有处于初始状态，则应进入手动工作方式，用手动操作使系统进入初始状态后，再切换到自动工作方式，也可以设置使系统自动进入初始状态的工作方式（见 5.5 节）。

在 5.3 和 5.4 节中，假设刚开始执行用户程序时，系统已经处于要求的初始状态。用初始化脉冲 SM0.1 将初始步对应的编程元件置位为 ON，为转换的实现做好准备，并将其余的步对应的编程元件复位为 OFF。

图 5-14　主程序

5.3.1　单序列的编程方法

1. 步的控制电路的设计

在顺序功能图中，代表步的位存储器（M）为 ON 时，对应的步为活动步，反之为不活动步。如果转换的前级步或后续步不止一个，转换的实现称为同步实现（见图 5-15）。为了强调同步实现，有向连线的水平部分用双线表示。

在顺序功能图中，如果某一转换所有的前级步都是活动步，并且满足相应的转换条件，则转换实现，即该转换所有的后续步都变为活动步，该转换所有的前级步都变为不活动步。

在使用置位/复位指令的编程方法中，用某一转换所有的前级步对应的位存储器的常开触点与转换条件对应的触点或电路串联，用它作为使所有后续步对应的位存储器置位和使所有前级步对应的位存储器复位的条件。在任何情况下，代表步的位存储器的控制电路都可以用这一原则来设计。这种设计方法特别有规律，梯形图与转换实现的基本规则之间有着严格的对应关系，在设计复杂的顺序功能图的梯形图时既容易掌握，又不容易出错。这种编程方法使用任何一种 PLC 都有的置位、复位指令，因此这是一种通用的编程方法，可以用于任意型号的 PLC。这种编程方法也被称为以转换为中心的编程方法。

图 5-15 中转换条件的布尔代数表达式为 $\overline{I0.1}+I0.3$，它的两个前级步对应于 M1.0 和 M1.1，所以将 M1.0 与 M1.1 的常开触点组成的串联电路，和 I0.1、I0.3 的触点组成的并联电路串联，作为转换实现的两个条件同时满足对应的电路。在梯形图中，该电路接通时，将代表后续步的 M1.2 和 M1.3 置位（变为 ON 并保持），同时将代表前级步的 M1.0 和 M1.1 复位（变为 OFF 并保持）。

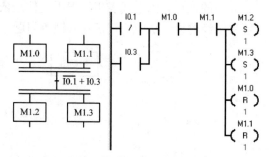

图 5-15　转换的同步实现

图 5-16 是图 5-6 中的小车控制系统的顺序功能图，图 5-17 是该项目的程序（见配套资源中的例程"小车顺控程序"）。首次扫描时，SM0.1 的常开触点闭合一个扫描周期，将初始步 M0.0 置位为活动步，并将非初始步 M0.1～M0.3 复位为不活动步。

以初始步下面的转换为例，要实现该转换，需要同时满足两个条件，即该转换的前级步是活动步（M0.0 为 ON）和转换条件 I0.0·I0.2 满足（I0.0 和 I0.2 同时为 ON）。在梯形图中，用

M0.0、I0.0 和 I0.2 的常开触点组成的串联电路来表示上述条件。该电路接通时，两个条件同时满足。此时应将该转换的后续步变为活动步，即用置位指令（S 指令）将 M0.1 置位。还应将该转换的前级步变为不活动步，即用复位指令（R 指令）将 M0.0 复位。

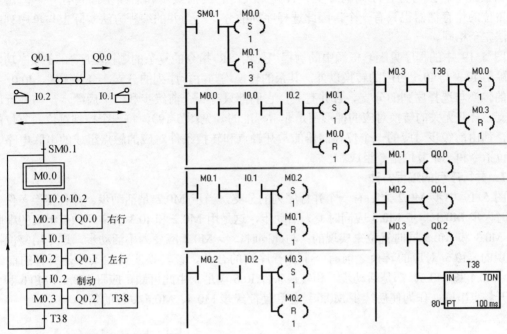

图 5-16　顺序功能图　　　　　图 5-17　OB1 中的梯形图

5 个对位存储器 M 置位、复位的程序段对应于顺序功能图中的 5 个转换。

2．输出电路的设计

应根据顺序功能图，用代表步的位存储器的常开触点或它们的并联电路来控制输出位的线圈。Q0.0 仅仅在步 M0.1 为 ON，它们的波形完全相同（见图 5-5）。因此用 M0.1 的常开触点直接控制 Q0.0 的线圈。同样的，用 M0.2 的常开触点控制 Q0.1 的线圈。

在步 M0.3，用接通延时定时器 T38 定时。在梯形图中，用 M0.3 的常开触点控制 Q0.2 的线圈和 T38 的 IN 输入端。

3．程序的调试

顺序功能图是用来描述控制系统的外部性能的，因此应根据顺序功能图而不是梯形图来调试顺序控制程序。

用状态图表监控包含所有步和动作的 MB0 和 QB0（见图 5-18），此外还用状态图表监控 T38 的当前值。附录 A.20 详细地介绍了调试过程。使用二进制格式，可以用一行监控最多一个双字的 32 个位变量。

视频"使用 SR 指令的顺控程序"可通过扫描二维码 5-3 播放。

5-3
使用 SR 指令的顺控程序

	地址	格式	当前值
1	MB0	二进制	2#0000_1000
2	QB0	二进制	2#0000_0100
3	T38	有符号	+54

图 5-18　状态图表

5.3.2　选择序列与并行序列的编程方法

1. 选择序列的编程方法

如果某个转换与并行序列的分支、合并无关，它的前级步和后续步都只有一个，需要复位、置位的位存储器也只有一个，因此选择序列的分支与合并的编程方法实际上与单序列的编程方法完全相同。

图 5-19 中的程序见配套资源中的例程"使用 SR 指令的复杂的顺控程序"。在顺序功能图中，除了 I0.3 与 I0.6 对应的转换以外，其余的转换均与并行序列的分支、合并无关，I0.0～I0.2 对应的转换与选择序列的分支、合并有关，它们都只有一个前级步和一个后续步。与并行序列的分支、合并无关的转换对应的梯形图是非常标准的（见图 5-19），每一个控制置位、复位的电路块，都由前级步对应的一个位存储器的常开触点和转换条件对应的触点组成的串联电路、一条置位指令和一条复位指令组成。

2. 并行序列的编程方法

图 5-19 中步 M0.2 之后有一个并行序列的分支，当步 M0.2 是活动步，并且转换条件 I0.3 满足时，步 M0.3 与步 M0.5 应同时变为活动步，这是用 M0.2 和 I0.3 的常开触点组成的串联电路将 M0.3 和 M0.5 同时置位来实现的；与此同时，步 M0.2 应变为不活动步，这是用复位指令来实现的。I0.6 对应的转换之前有一个并行序列的合并，该转换实现的条件是所有的前级步（即步 M0.4 和 M0.6）都是活动步，和转换条件 I0.6 满足。由此可知，应将 M0.4、M0.6 和 I0.6 的常开触点串联，作为使后续步 M0.0 置位和使前级步 M0.4、M0.6 复位的条件。

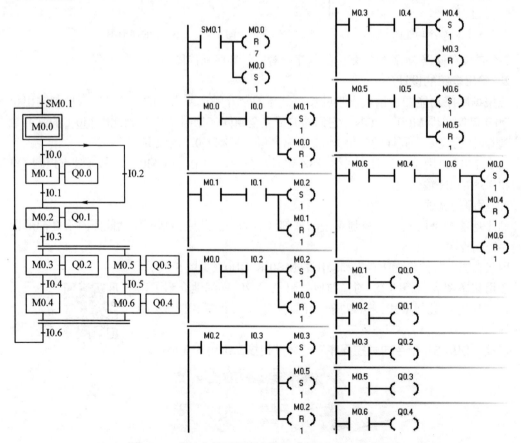

图 5-19　选择序列与并行序列的顺序功能图与梯形图

调试复杂的顺序功能图对应的程序时，应充分考虑各种可能的情况，对系统的各种工作方式、顺序功能图中的每一条支路、各种可能的进展路线，都应逐一检查，不能遗漏。调试图 5-19 的程序时，可以首先调试经过步 M0.1 的流程，然后调试跳过步 M0.1 的流程。应注意并行序列中各子序列的第 1 步（图 5-19 中的步 M0.3 和步 M0.5）是否同时变为活动步，各子序列的最后一步（步 M0.4 和步 M0.6）是否同时变为不活动步，最后是否能返回初始步。发现问题后应及时修改程序，直到每一条进展路线上步的活动状态的顺序变化和输出点的变化都符合顺序功能图的规定。

视频"复杂的顺控程序的调试"可通过扫描二维码 5-4 播放。

5.3.3　应用举例

1. 液体混合控制系统

液体混合装置如图 5-20 所示，上限位、下限位和中限位液位传感器被液体淹没时为

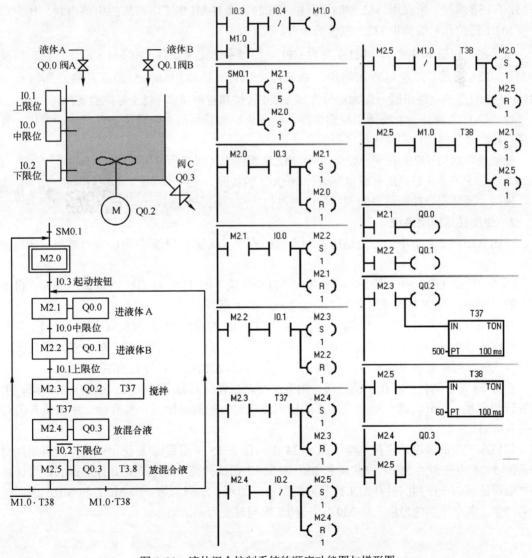

图 5-20　液体混合控制系统的顺序功能图与梯形图

ON，阀 A、阀 B 和阀 C 为电磁阀，线圈通电时阀门打开，线圈断电时关闭。在初始状态时容器是空的，各阀门均关闭，各液位传感器均为 OFF。按下起动按钮后，打开阀 A，液体 A 流入容器。中限位开关变为 ON 时，关闭阀 A，打开阀 B，液体 B 流入容器。液面升到上限位开关时，关闭阀 B，电动机 M 开始运行，搅拌液体。50s 后停止搅拌，打开阀 C，放出混合液。当液面降至下限位开关之后再过 6s，容器放空，关闭阀 C，打开阀 A，又开始下一周期的操作。按下停止按钮，当前工作周期的操作结束后，才停止操作，返回并停留在初始状态。

图 5-20 给出了例程"液体混合顺控程序"中的程序，"连续标志" M1.0 用起动按钮 I0.3 和停止按钮 I0.4 来控制。它用来实现在按下停止按钮后不会马上停止工作，而是在当前工作周期的操作结束后，才停止运行。

步 M2.5 之后有一个选择序列的分支，梯形图右边上面两个网络用来实现选择序列分支的操作。放完混合液后，T38 的常开触点闭合。未按停止按钮 I0.4 时，M1.0 为 ON，此时转换条件 M1.0·T38 满足。所以用 M2.5 的常开触点和转换条件 M1.0·T38 对应的电路串联，作为对后续步 M2.1 置位和对前级步 M2.5 复位的条件。

按了停止按钮 I0.4 之后，M1.0 变为 OFF。要等系统完成最后一步 M2.5 的工作后，转换条件 $\overline{M1.0}$·T38 满足，才能返回初始步，系统停止运行。所以用 M2.5 的常开触点和转换条件 $\overline{M1.0}$·T38 对应的电路串联，作为对后续步 M2.0 置位和对前级步 M2.5 复位的条件。

步 M2.1 之前有一个选择序列的合并，只要正确地编写出每个转换条件对应的置位、复位电路，就会"自然地"实现选择序列的合并。

控制放料阀的 Q0.3 在步 M2.4 和步 M2.5 都应为 ON，所以用 M2.4 和 M2.5 的常开触点的并联电路来控制 Q0.3 的线圈。

视频"液体混合控制程序的调试"可通过扫描二维码 5-5 播放。

5-5
液体混合控制
程序的调试

2. 专用钻床控制系统

下面介绍 5.2.3 节中的专用钻床控制系统的程序（见配套资源中的例程"专用钻床顺控程序"）。

图 5-21 是 OB1 中的程序，符号名为"自动开关"的 I2.0 为 ON 时，调用名为"自动程序"的子程序，为 OFF 时调用名为"手动程序"的子程序。

在手动方式时和开机时（SM0.1 为 ON），将初始步对应的 M0.0 置位（见图 5-21），将非初始步对应的 M0.1～M1.1 复位。上述操作主要是防止由自动方式切换到手动方式，然后又返回自动方式时，可能会出现同时有两个或 3 个活动步的异常情况。符号表见图 5-22。

图 5-23 是手动程序。在手动方式，用 8 个手动按钮分别独立操作大、小钻头的升降、工件的旋转和夹紧、松开。每一对相反操作的输出点用对方的常闭触点实现互锁，用限位开关对钻头的升降限位。

将钻床控制的顺序功能图重绘于图 5-24 中，图 5-25 是用置位/复位指令编写的自动控制程序。图 5-24 中分别由 M0.2～M0.4 和 M0.5～M0.7 组成的两个单序列是并行工作的，设计梯形图时应保证这两个序列同时开始工作和同时结束，即两个序列的第一步 M0.2 和 M0.5 应同时变为活动步，两个序列的最后一步 M0.4 和 M0.7 应同时变为不活动步。

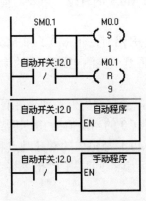

图 5-21 OB1 中的程序

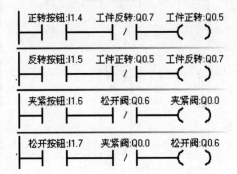

图 5-22 符号表

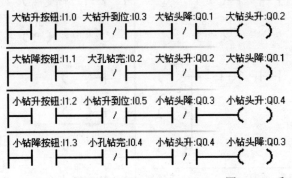

图 5-23 手动程序

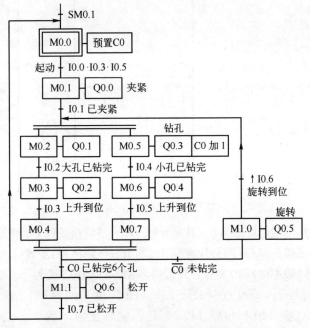

图 5-24 专用钻床控制系统的顺序功能图

并行序列的分支的处理是很简单的，在图 5-24 中，当步 M0.1 是活动步，并且转换条件 I0.1 为 ON 时，步 M0.2 和 M0.5 同时变为活动步，两个序列开始同时工作。在图 5-25 的梯形图中，用 M0.1 和 I0.1 的常开触点组成的串联电路来控制对 M0.2 和 M0.5 的置位，以及对前级步 M0.1 的复位。

　　另一种情况是当步 M1.0 为活动步，并且在转换条件 I0.6 的上升沿时，步 M0.2 和 M0.5 也应同时变为活动步。在梯形图中用 M1.0 的常开触点和 I0.6 的正跳变检测电路组成的串联电路，来控制对 M0.2 和 M0.5 的置位，和对前级步 M1.0 的复位。

　　图 5-24 的并行序列合并处的转换有两个前级步 M0.4 和 M0.7，当它们均为活动步并且转换条件满足时，将实现并行序列的合并。未钻完 3 对孔时，减计数器 C0 的当前值为 0，其常闭触点闭合，转换条件 $\overline{C0}$ 满足，将转换到步 M1.0。在梯形图中，用 M0.4、M0.7 的常开触点和 C0 的常闭触点组成的串联电路将 M1.0 置位，使后续步 M1.0 变为活动步；同时用 R 指令将 M0.4 和 M0.7 复位，使前级步 M0.4 和 M0.7 变为不活动步。

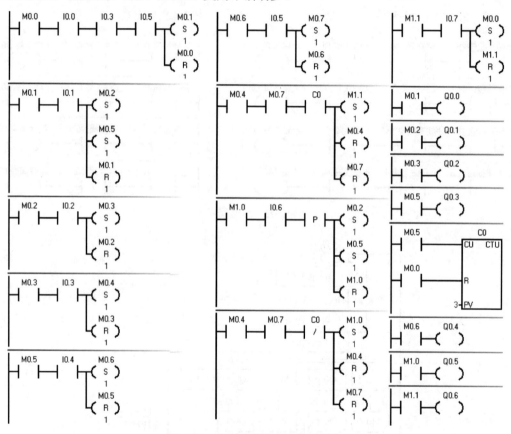

图 5-25　专用钻床的自动控制程序

　　钻完 3 对孔时，C0 的当前值减至 0，其常开触点闭合，转换条件 C0 满足，将转换到步 M1.1。在梯形图中，用 M0.4、M0.7 和 C0 的常开触点组成的串联电路将 M1.1 置位，使后续步 M1.1 变为活动步；同时用 R 指令将 M0.4 和 M0.7 复位，使前级步 M0.4 和 M0.7 变为不活动步。

　　调试时应注意并行序列中各子序列的第 1 步（图 5-24 中的步 M0.2 和步 M0.5）是否同时变为活动步，最后一步（步 M0.4 和步 M0.7）是否同时变为不活动步。经过 3 次循环后，是否能进入步 M1.1，最后返回初始步。

　　本节程序的具体调试方法和步骤见附录中的 A.21 节。

　　视频"专用钻床控制程序的调试"可通过扫描二维码 5-6 播放。

5-6
专用钻床控制
程序的调试

5.4　使用 SCR 指令的顺序控制梯形图设计方法

5.4.1　单序列的编程方法

1．顺序控制继电器指令

S7-200 SMART 中的顺序控制继电器（SCR）专门用于编制顺序控制程序。顺序控制程序被划分为 LSCR 指令与 SCRE 指令之间的若干个 SCR 段，一个 SCR 段对应于顺序功能图中的一步。

装载顺序控制继电器（Load Sequence Control Relay）指令 LSCR 用来表示一个 SCR 段的开始。指令中的操作数 S_bit（见表 5-2）为顺序控制继电器 S 的地址，顺序控制继电器为 ON 时，执行对应的 SCR 段中的程序，反之则不执行。

顺序控制继电器结束（Sequence Control Relay End）指令 SCRE 用来表示 SCR 段的结束。

表 5-2　顺序控制继电器指令

梯形图	语　句　表	描　　述
SCR	LSCR　S_bit	SCR 程序段开始
SCRT	SCRT　S_bit	SCR 转换
SCRE	CSCRE	SCR 程序段条件结束
SCRE	SCRE	SCR 程序段结束

顺序控制继电器转换（Sequence Control Relay Transition）指令 SCRT 用来表示 SCR 段之间的转换，即步的活动状态的转换。当 SCRT 线圈"得电"时，SCRT 指令将 S_bit 指定的顺序功能图中的后续步对应的顺序控制继电器置位为 ON，同时当前活动步对应的顺序控制继电器被操作系统复位为 OFF，当前步变为不活动步。

LSCR 指令将指定的顺序控制继电器的值装载到 SCR 堆栈和逻辑堆栈的栈顶，SCR 堆栈中 S 位的状态决定对应的 SCR 段是否执行。由于逻辑堆栈的栈顶装入了 S 位的值，所以将 SCR 指令直接连接到左侧母线上。

使用 SCR 指令时有以下的限制：不能在不同的程序中使用相同的 S 位；不能在 SCR 段之间使用 JMP 及 LBL 指令，即不允许用跳转的方法跳入或跳出 SCR 段；不能在 SCR 段中使用 FOR、NEXT 和 END 指令。

2．单序列的编程方法

图 5-26 中的两条运输带顺序相连，按下起动按钮 I0.0，1 号运输带开始运行，10s 后 2 号运输带自动起动。停机的顺序与起动的顺序刚好相反，间隔时间为 10s。

在设计梯形图时，用 LSCR（梯形图中为 SCR）指令和 SCRE 指令表示 SCR 段的开始和结束。在 SCR 段中用 SM0.0 的常开触点来驱动只在该步中为 ON 的输出点 Q 的线圈，并用转换条件对应的触点或电路来驱动转换到后续步的 SCRT 指令。

图 5-27 是启用了"程序状态"监视功能的处于运行模式的梯形图（见配套资源中的例程"使用 SCR 指令的 2 运输带顺控程序"），可以看到因为直接接在左侧电源线上，每一个 SCR 方框都是蓝色的。因为只执行活动步对应的 SCR 段，只有活动步 S0.2 对应的 SCRE 线圈通电，并且只有活动步对应的 SCR 段内的 SM0.0 的常开触点闭合。因为没有执行不活动步的 SCR 段内

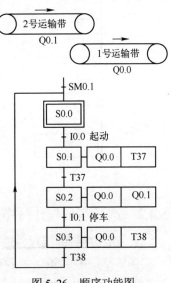

图 5-26　顺序功能图

的程序，这些程序段中的 SM0.0 的常开触点用灰色显示。上面观察到的现象表明，SCR 段内所有的线圈都受到对应的顺序控制继电器的控制。

首次扫描时 SM0.1 的常开触点接通一个扫描周期，将顺序控制继电器 S0.0 置位，初始步变为活动步，S0.1～S0.3 被复位，只执行 S0.0 对应的 SCR 段。按下起动按钮 I0.0，指令"SCRT S0.1"对应的线圈得电，使 S0.1 变为 ON，操作系统使 S0.0 变为 OFF，系统从初始步转换到第 2 步，只执行 S0.1 对应的 SCR 段。在该段中，因为 SM0.0 的常开触点一直闭合，T37 的 IN 输入端得电，开始定时。在右下角的程序段中，因为 S0.1 的常开触点闭合，Q0.0 的线圈通电，1 号运输带开始运行。在操作系统没有执行 S0.1 对应的 SCR 段时，T37 的 IN 输入端没有能流流入。

T37 的定时时间到时，T37 的常开触点闭合，将转换到步 S0.2。以后将这样一步一步地转换下去，直到返回初始步。

Q0.0 在 S0.1～S0.3 这 3 步中均应工作，不能在这 3 步的 SCR 段内分别设置一个 Q0.0 的线圈，必须用各 SCR 段之外的 S0.1～S0.3 的常开触点组成的并联电路来驱动 Q0.0 的线圈（见图 5-27）。

视频"使用 SCR 指令的顺控程序"可通过扫描二维码 5-7 播放。

5-7
使用 SCR 指令
的顺控程序

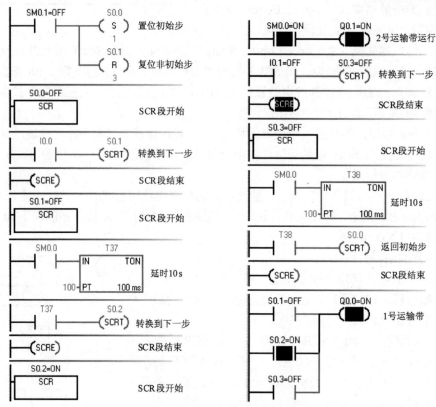

图 5-27　运输带控制系统的梯形图

5.4.2　选择序列与并行序列的编程方法

1. 选择序列的编程方法

图 5-28 中步 S0.0 之后有一个选择序列的分支。当 S0.0 为 ON 时，它对应的 SCR 段被执行。此时若 I0.0 的常开触点闭合，转换条件满足，该 SCR 段中的指令"SCRT　S0.1"被执

行，将转换到步 S0.1。后续步 S0.1 变为活动步，S0.0 变为不活动步。

如果步 S0.0 为活动步，并且 I0.2 的常开触点闭合，将执行指令"SCRT　S0.2"，从步 S0.0 转换到步 S0.2。本节的程序见配套资源中的例程"使用 SCR 指令的复杂的顺控程序"。

在图 5-28 中，步 S0.3 之前有一个选择序列的合并，当步 S0.1 为活动步（S0.1 为 ON），并且转换条件 I0.1 满足，或者步 S0.2 为活动步，并且转换条件 I0.3 满足，步 S0.3 都应变为活动步。在步 S0.1 和步 S0.2 对应的 SCR 段中，分别用 I0.1 和 I0.3 的常开触点驱动指令"SCRT S0.3"，就能实现上述选择系列的合并。

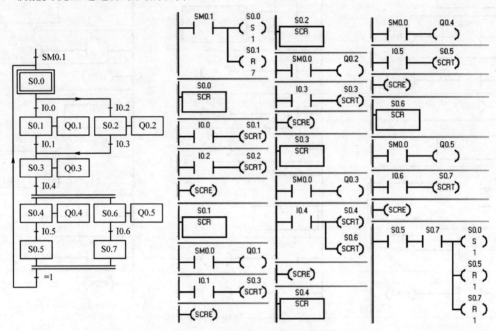

图 5-28　顺序功能图与梯形图

2．并行序列的编程方法

图 5-28 中步 S0.3 之后有一个并行序列的分支。当步 S0.3 是活动步，并且转换条件 I0.4 满足，步 S0.4 与步 S0.6 应同时变为活动步。这是在 S0.3 对应的 SCR 段中，用 I0.4 的常开触点同时驱动指令"SCRT　S0.4"和"SCRT　S0.6"来实现的。与此同时，S0.3 被操作系统自动复位，步 S0.3 变为不活动步。

步 S0.0 之前有一个并行序列的合并，因为转换条件为 1（即转换条件总是满足），转换实现的条件是所有的前级步（即步 S0.5 和 S0.7）都是活动步。在梯形图中，用 S0.5 和 S0.7 的常开触点的串联电路，来控制对 S0.0 的置位和对 S0.5、S0.7 的复位，从而使后续步 S0.0 变为活动步，步 S0.5 和步 S0.7 变为不活动步。在并行序列的合并处，实际上局部地使用了基于置位/复位指令的编程方法。

5.4.3　应用举例

现将图 5-11 中的三运输带控制系统的顺序功能图重绘于图 5-29 中，根据顺序功能图设计出的梯形图程序如图 5-30 所示（见配套资

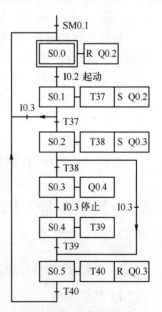

图 5-29　顺序功能图

源的例程"使用 SCR 指令的 3 运输带顺控程序"),程序的调试方法见附录中的 A.23 节。

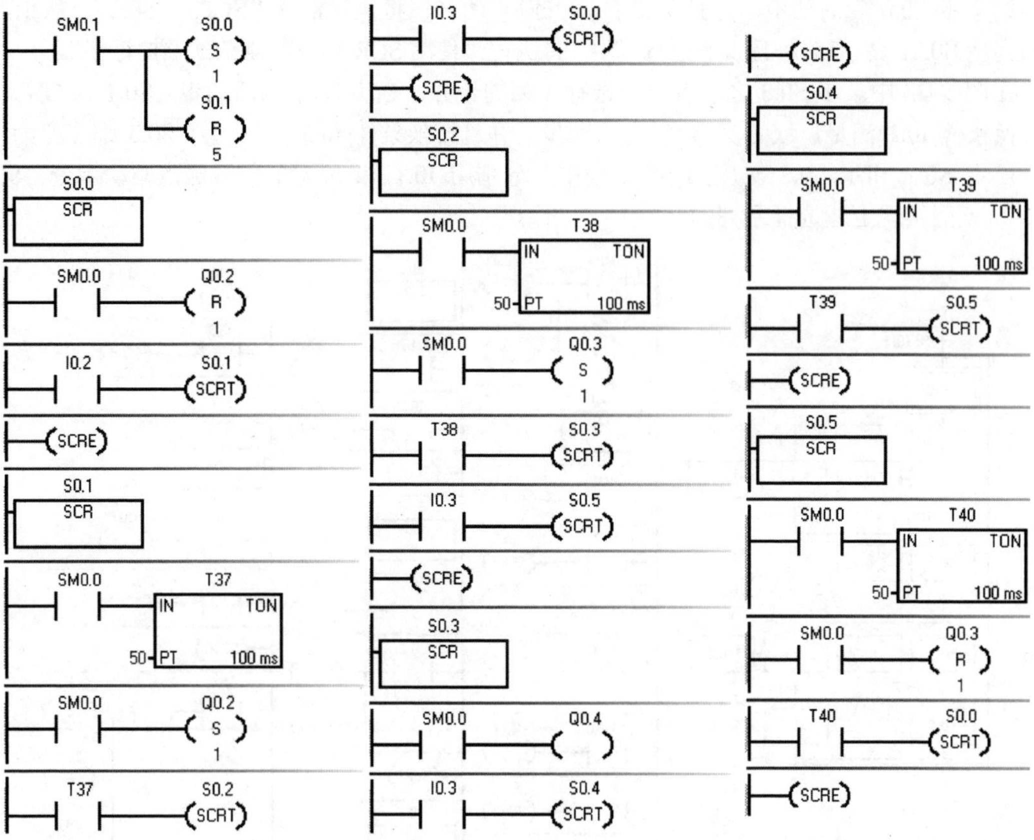

图 5-30 3 条运输带控制的梯形图

图 5-29 中步 S0.1 之后有一个选择序列的分支。当 S0.1 为 ON 时,它对应的 SCR 段被执行。此时若 I0.3 的常开触点闭合,转换条件满足,该 SCR 段中的指令"SCRT S0.0"被执行,将返回到初始步 S0.0。如果步 S0.1 为活动步,T37 的定时时间到,其常开触点闭合,将执行指令"SCRT S0.2",从步 S0.1 转换到步 S0.2。

步 S0.5 之前有一个选择序列的合并,当步 S0.4 为活动步(S0.4 为 ON),并且转换条件 T39 满足,或者步 S0.2 为活动步,并且转换条件 I0.3 满足,步 S0.5 都应变为活动步。在步 S0.2 和步 S0.4 对应的 SCR 段中,分别用 I0.3 和 T39 的常开触点驱动指令"SCRT S0.5",实现了选择系列的合并。

视频"三运输带控制程序调试"可通过扫描二维码 5-8 播放。

5.5 具有多种工作方式的系统的顺控程序设计方法

5.5.1 系统的硬件结构与工作方式

1. 硬件结构

为了满足生产的需要,很多设备要求设置多种工作方式,例如手动方式和自动方式,后者包括连续、单周期、单步、自动返回原点几种工作方式。手动程序比较简单，一般用经验法设计，复杂的自动程序一般用顺序控制法设计。

图 5-31 中的机械手用来将工件从 A 点搬运到 B 点，操作面板如图 5-32 所示，图 5-33 是 PLC 的外部接线图。夹紧装置用单线圈电磁阀控制，输出 Q0.1 为 ON 时工件被夹紧，为 OFF 时被松开。工作方式选择开关的 5 个位置分别对应于 5 种工作方式，操作面板左下部的 6 个按钮是手动按钮。为了保证在紧急情况下（包括 PLC 发生故障时）能可靠地切断 PLC 的负载电源，设置了交流接触器 KM（见图 5-33）。运行时按下"负载电源"按钮，使 KM 线圈得电并自保持，KM 的主触点接通，给外部负载提供交流电源。出现紧急情况时用"紧急停车"按钮断开负载电源。

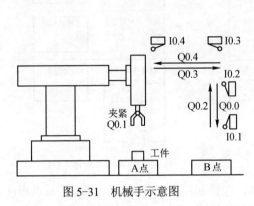

图 5-31 机械手示意图

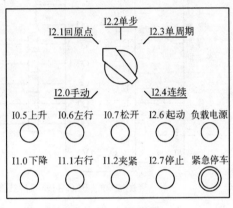

图 5-32 操作面板

2. 工作方式

1）在手动工作方式，用 I0.5～I1.2 对应的 6 个按钮分别独立控制机械手的升、降、左行、右行和松开、夹紧。

2）在单周期工作方式的初始状态按下起动按钮 I2.6，从初始步 M0.0 开始，机械手按图 5-38 中的顺序功能图的规定完成一个周期的工作后，返回并停留在初始步。

3）在连续工作方式的初始状态按下起动按钮，机械手从初始步开始，工作一个周期后又开始搬运下一个工件，反复连续地工作。按下停止按钮，并不会立即停止工作，完成最后一个周期的工作后，系统才返回并停留在初始步。

4）在单步工作方式，从初始步开始，按一下起动按钮，系统转换到下一步，完成该步的任务后，自动停止工作并停留在该步，再按一下起动按钮，才开始执行下一步的操作。单步工作方式常用于系统的调试。

5）机械手在最上面和最左边且夹紧装置松开时，称为系统处于原点状态（或称为初始状态）。在进入单周期、连续和单步工作方式之前，系统应处于原点状态。如果不满足这一条件，可以选择回原点工作方式，然后按起动按钮 I2.6，使系统自动返回原点状态。

视频"机械手工作方式的演示"可通过扫描二维码 5-9 播放。

3. 程序的总体结构

项目的名称为"机械手顺控程序"（见配套资源中的同名例程），在主程序 OB1 中，用调用子程序的方法来实现各种工作方式的切换（见图 5-34）。公用程序是无条件调用的，供各种工作方式公用。由外部接线图可知，工作方式选择开关是单刀 5 掷开关，同时只能选择

129

一种工作方式。

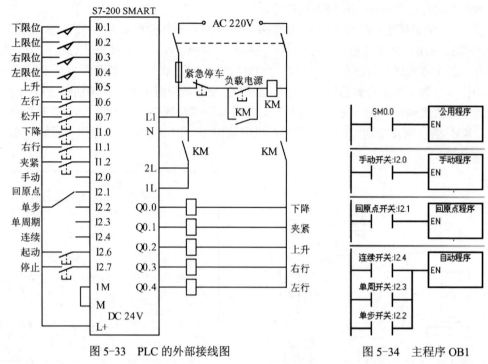

图 5-33　PLC 的外部接线图　　　　图 5-34　主程序 OB1

工作方式选择开关在手动位置时调用手动程序，选择回原点工作方式时调用回原点程序。可以为连续、单周期和单步工作方式分别设计一个单独的子程序。考虑到这些工作方式使用相同的顺序功能图，程序有很多共同之处，为了减少程序设计的工作量，将单步、单周期和连续这 3 种工作方式的程序合并为自动程序。在自动程序中，应考虑用什么方法区分这 3 种工作方式。符号表见图 5-35。

		符号	地址			符号	地址			符号	地址			符号	地址
1		下限位	I0.1	10		夹紧按钮	I1.2	19		原点条件	M0.5	28		B点升步	M2.6
2		上限位	I0.2	11		手动开关	I2.0	20		转换允许	M0.6	29		左行步	M2.7
3		右限位	I0.3	12		回原点开关	I2.1	21		连续标志	M0.7	30		下降阀	Q0.0
4		左限位	I0.4	13		单步开关	I2.2	22		A点降步	M2.0	31		夹紧阀	Q0.1
5		上升按钮	I0.5	14		单周开关	I2.3	23		夹紧步	M2.1	32		上升阀	Q0.2
6		左行按钮	I0.6	15		连续开关	I2.4	24		A点升步	M2.2	33		右行阀	Q0.3
7		松开按钮	I0.7	16		起动按钮	I2.6	25		右行步	M2.3	34		左行阀	Q0.4
8		下降按钮	I1.0	17		停止按钮	I2.7	26		B点降步	M2.4	35			
9		右行按钮	I1.1	18		初始步	M0.0	27		松开步	M2.5	36			

图 5-35　符号表

5.5.2　公用程序与手动程序

1. 公用程序

公用程序（见图 5-36）用于处理各种工作方式都要执行的任务，以及不同的工作方式之间相互切换的处理。

机械手在最上面和最左边的位置、夹紧装置松开时，系统处于规定的初始条件（称为原点条件），此时左限位开关 I0.4、上限位开关 I0.2 的常开触点和表示夹紧装置松开的 Q0.1 的常闭触点组成的串联电路接通，原点条件标志 M0.5 为 ON。

在开始执行用户程序（SM0.1 为 ON）、系统处于手动方式或自动回原点方式（I2.0 或 I2.1 为 ON）时，如果机械手处于原点状态（M0.5 为 ON），初始步对应的 M0.0 将被置位，为进入单步、单周期和连续工作方式做好准备。

如果此时 M0.5 为 OFF，M0.0 将被复位，初始步为不活动步，按下起动按钮也不能进入步 M2.0，系统不能在单步、单周期和连续工作方式工作。

从一种工作方式切换到另一种工作方式时，应将有存储功能的位元件复位。工作方式较多时，应仔细考虑各种可能的情况，分别进行处理。在切换工作方式时应执行下列操作：

1）当系统从自动工作方式切换到手动或自动回原点工作方式时，I2.0 和 I2.1 为 ON，将图 5-38 的顺序功能图中除初始步以外的各步对应的位存储器 M2.0～M2.7 复位，否则以后返回自动工作方式时，可能会出现同时有两个活动步的异常情况，引起错误的动作。

2）在退出自动回原点工作方式时，回原点开关 I2.1 的常闭触点闭合。此时将自动回原点的顺序功能图（见图 5-40）中各步对应的位存储器 M1.0～M1.5 复位，以防止下次进入自动回原点方式时，可能会出现同时有两个活动步的异常情况。

3）在非连续工作方式时，连续开关 I2.4 的常闭触点闭合，将连续标志位 M0.7 复位。

2．手动程序

图 5-37 是手动程序，手动操作时用 6 个按钮控制机械手的升、降、左行、右行和夹紧、松开。为了保证系统的安全运行，在手动程序中设置了一些必要的联锁：

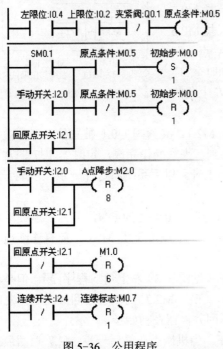

图 5-36　公用程序

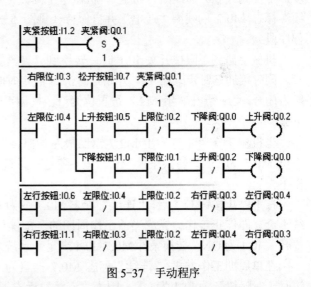

图 5-37　手动程序

1）用限位开关 I0.1～I0.4 的常闭触点限制机械手移动的范围。

2）设置上升与下降之间、左行与右行之间的互锁，用来防止出现功能相反的两个输出同时为 ON 的情况。

3）上限位开关 I0.2 的常开触点与控制左、右行的 Q0.4 和 Q0.3 的线圈串联，机械手升到最高位置才能左右移动，以防止机械手在较低位置运行时与别的物体碰撞。

4）机械手在最左边或最右边（左、右限位开关 I0.4 或 I0.3 为 ON）时，才允许进行松开工件（复位夹紧阀）、上升和下降的操作。

5.5.3　自动程序

图 5-38 是处理单周期、连续和单步工作方式的自动控制程序的顺序功能图，最上面的转换条件与公用程序有关。图 5-39 是用置位/复位指令设计的程序。单周期、连续和单步这 3 种工作方式主要是用"连续标志" M0.7 和"转换允许"标志 M0.6 来区分的。

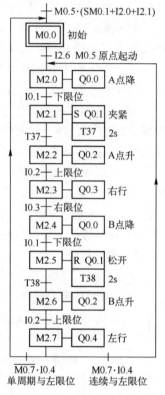

图 5-38　顺序功能图

1. 单周期与连续的区分

PLC 上电后，如果原点条件不满足，应首先进入手动或回原点方式，通过相应的操作使原点条件满足，公用程序使初始步 M0.0 为 ON，然后切换到自动方式。

系统工作在连续和单周期（非单步）工作方式时，单步开关 I2.2 的常闭触点接通，"转换允许"标志 M0.6 为 ON，控制置位/复位的电路中 M0.6 的常开触点接通，允许步与步之间的正常转换。

在连续工作方式，连续开关 I2.4 和"转换允许"标志 M0.6 为 ON。设初始步时系统处于原点状态，"原点条件"标志 M0.5 和初始步 M0.0 为 ON，按下起动按钮 I2.6，转换到"A 点降"步，下降阀 Q0.0 的线圈"通电"，机械手下降。与此同时，"连续"标志 M0.7 的线圈"通电"并自保持（见图 5-39 左上角的程序段）。

机械手碰到下限位开关 I0.1 时，转换到"夹紧"步 M2.1，夹紧阀 Q0.1 被置位，工件被夹紧。同时接通延时定时器 T37 开始定时，2s 后定时时间到，夹紧操作完成，定时器 T37 的常开触点闭合，"A 点升"步 M2.2 被置位为 1，机械手开始上升。以后系统将这样一步一步地工作下去。

当机械手在"左行"步 M2.7 返回最左边时，左限位开关 I0.4 变为 ON，因为"连续"标志位 M0.7 为 ON，转换条件 M0.7·I0.4 满足，系统将返回"A 点降"步 M2.0，反复连续地工作下去。

按下停止按钮 I2.7 后，"连续"标志 M0.7 变为 OFF（见图 5-39 左上角的程序段），但是系统不会立即停止工作，完成当前工作周期的全部操作后，在步 M2.7 机械手返回最左边，左限位开关 I0.4 为 ON，转换条件 $\overline{M0.7}$·I0.4 满足，系统才返回并停留在初始步。

在单周期工作方式，"连续"标志 M0.7 一直为 OFF。当机械手在最后一步 M2.7 返回最左边时，左限位开关 I0.4 为 ON，因为"连续"标志 M0.7 为 OFF，转换条件 $\overline{M0.7}$·I0.4 满足，系统返回并停留在初始步，机械手停止运动。按一次起动按钮，系统只工作一个周期。

2. 单步工作方式

在单步工作方式，单步开关 I2.2 为 ON，它的常闭触点断开，"转换允许"标志 M0.6 在一般情况下为 OFF，不允许步与步之间的转换。设初始步时系统处于原点状态，按下起动按钮

I2.6，"转换允许"标志 M0.6 在一个扫描周期内为 ON，"A 点降"步 M2.0 被置位为活动步，机械手下降。在起动按钮上升沿之后，M0.6 变为 OFF。

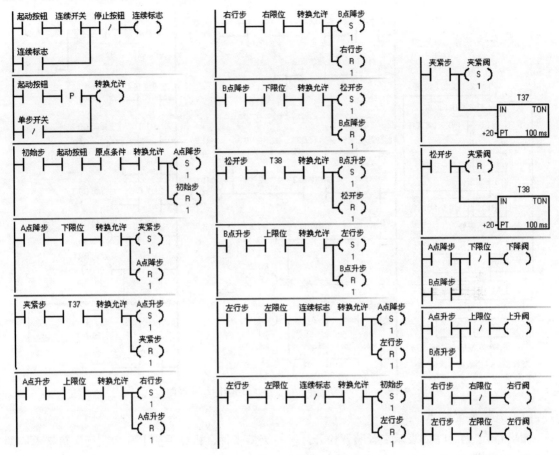

图 5-39　自动控制程序的梯形图

　　机械手碰到下限位开关 I0.1 时，与下降阀 Q0.0 的线圈串联的下限位开关 I0.1 的常闭触点断开，使下降阀 Q0.0 的线圈"断电"，机械手停止下降。

　　此时图 5-39 左边第 4 块电路的下限位开关 I0.1 的常开触点闭合，如果没有按起动按钮，"转换允许"标志 M0.6 处于 OFF，不会转换到下一步。一直要等到按下起动按钮，M0.6 的常开触点接通，才能使转换条件 I0.1（下限位开关）起作用，"夹紧"步对应的 M2.1 被置位，才能转换到夹紧步。以后在完成每一步的操作后，都必须按一次起动按钮，使"转换允许"标志 M0.6 的常开触点接通一个扫描周期，才能转换到下一步。

　　3．输出电路

　　图 5-39 右边的输出电路中的 4 个限位开关 I0.1～I0.4 的常闭触点是为单步工作方式设置的。以右行为例，当机械手碰到右限位开关 I0.3 后，与"右行"步对应的位存储器 M2.3 不会马上变为 OFF，如果右行电磁阀 Q0.3 的线圈不与右限位开关 I0.3 的常闭触点串联，机械手不能停在右限位开关处，还会继续右行，对于某些设备，可能造成事故。

　　4．自动返回原点程序

　　图 5-40 是自动回原点程序的顺序功能图和用置位/复位电路设计的梯形图。在回原点工作方式，回原点开关 I2.1 为 ON，在 OB1 中调用回原点程序。在回原点方式按下起动按钮 I2.6，

机械手可能处于任意状态，根据机械手当时所处的位置和夹紧装置的状态，可以分为 3 种情况，分别采用不同的处理方法。

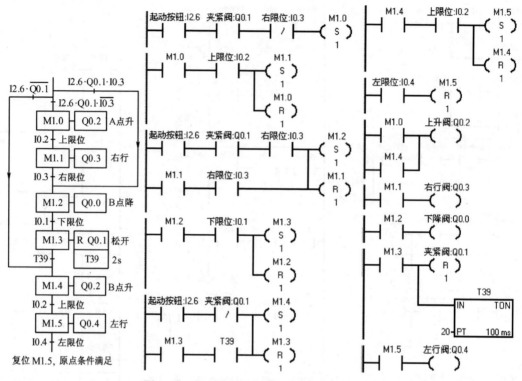

图 5-40　自动返回原点的顺序功能图与梯形图

（1）夹紧装置松开

如果 Q0.1 为 OFF，表示夹紧装置松开，没有夹持工件，机械手应上升和左行，直接返回原点位置。按下起动按钮 I2.6，应进入图 5-40 中的"B 点升"步 M1.4，转换条件为 $I2.6 \cdot \overline{Q0.1}$。如果机械手已经在最上面，上限位开关 I0.2 为 ON，进入"B 点升"步后，因为转换条件满足，将会马上转换到"左行"步。

自动返回原点的操作结束后，原点条件满足。公用程序中的"原点条件"标志 M0.5 变为 ON，顺序功能图中的初始步 M0.0 在公用程序中被置位，为进入单周期、连续或单步工作方式做好了准备，因此可以认为图 5-38 中的初始步 M0.0 是"左行"步 M1.5 的后续步。

（2）夹紧装置处于夹紧状态，机械手在最右边

此时夹紧电磁阀 Q0.1 和右限位开关 I0.3 均为 ON，应将工件放到 B 点后再返回原点位置。按下起动按钮 I2.6，机械手应进入"B 点降"步 M1.2，转换条件为 $I2.6 \cdot Q0.1 \cdot I0.3$。首先执行下降和松开操作，释放工件后，机械手再上升、左行，返回原点位置。如果机械手已经在最下面，下限位开关 I0.1 为 ON。进入"B 点降"步后，因为转换条件已经满足，将马上转换到"松开"步。

（3）夹紧装置处于夹紧状态，机械手不在最右边

此时夹紧电磁阀 Q0.1 为 ON，右限位开关 I0.3 为 OFF。按下"起动"按钮 I2.6，应进入"A 点升"步 M1.0，转换条件为 $I2.6 \cdot Q0.1 \cdot \overline{I0.3}$。机械手首先应上升，然后右行、下降和松开工件，将工件搬运到 B 点后再上升、左行，返回原点位置。如果机械手已经在最上面，上限位开关 I0.2 为

ON，进入"A 点升"步后，因为转换条件已经满足，将马上转换到"右行步"。

视频"机械手顺控程序调试"可通过扫描二维码 5-10 播放。

5-10
机械手顺控程序调试

5.6 习题

1. 简述划分步的原则。
2. 简述转换实现的条件和转换实现时应完成的操作。
3. 试设计满足图 5-41 所示波形的梯形图。
4. 试设计满足图 5-42 所示波形的梯形图。
5. 画出图 5-43 所示波形对应的顺序功能图。

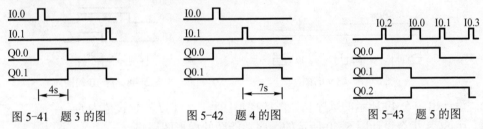

图 5-41　题 3 的图　　　　图 5-42　题 4 的图　　　　图 5-43　题 5 的图

6. 冲床的运动示意图如图 5-44 所示。初始状态时机械手在最左边，I0.4 为 ON；冲头在最上面，I0.3 为 ON；机械手松开（Q0.0 为 OFF）。按下起动按钮 I0.0，Q0.0 变为 ON，工件被夹紧并保持。2s 后 Q0.1 变为 ON，机械手右行，直到碰到右限位开关 I0.1。以后将顺序完成以下动作：冲头下行，冲头上行，机械手左行，机械手松开（Q0.0 被复位），系统返回初始状态。各限位开关和定时器提供的信号是相应步之间的转换条件。画出控制系统的顺序功能图。

7. 小车在初始状态时停在中间，限位开关 I0.0 为 ON。按下起动按钮 I0.3，小车开始右行，并按图 5-45 所示从上到下的顺序运动，最后返回并停在初始位置。画出控制系统的顺序功能图。

8. 指出图 5-46 的顺序功能图中的错误。

9. 某组合机床动力头进给运动示意图如图 5-47 所示，设动力头在初始状态时停在左边，限位开关 I0.1 为 ON。按下起动按钮 I0.0 后，Q0.0 和 Q0.2 为 ON，动力头向右快速进给（简称为快进）。碰到限位开关 I0.2 后变为工作进给（简称为工进），仅 Q0.0 为 ON。碰到限位开关 I0.3 后，暂停 5s。5s 后 Q0.2 和 Q0.1 为 ON，工作台快速退回（简称为快退），返回初始位置后停止运动。画出控制系统的顺序功能图。

10. 试画出图 5-48 所示信号灯控制系统的顺序功能图，I0.0 为启动信号。

11. 初始状态时某冲压机的冲压头停在上面，限位开关 I0.2 为 ON。按下起动按钮 I0.0，输出位 Q0.0 控制的电磁阀线圈通电并保持，冲压头下行。压到工件后压力升高，压力继电器动作，使输入位 I0.1 变为 ON。用 T37 保压延时 10s 后，Q0.0 变为 OFF，Q0.1 变为 ON，上行电磁阀线圈通电，冲压头上行。返回到初始位置时碰到限位开关 I0.2，系统回到初始状态，Q0.1 变为 OFF，冲压头停止上行。画出控制系统的顺序功能图。

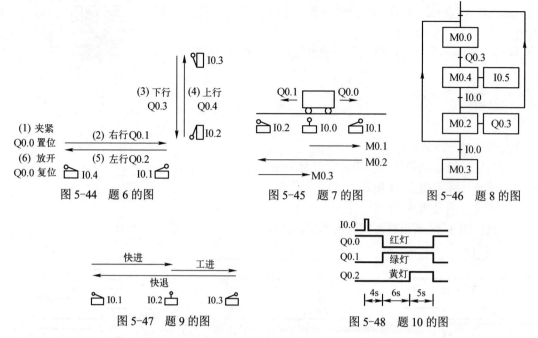

图 5-44　题 6 的图　　　　图 5-45　题 7 的图　　　　图 5-46　题 8 的图

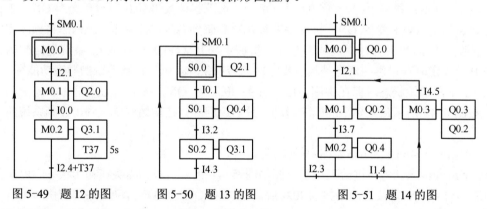

图 5-47　题 9 的图　　　　　　　图 5-48　题 10 的图

12．设计出图 5-49 所示的顺序功能图的梯形图程序，T37 的预设值为 5s。

13．用 SCR 指令设计图 5-50 所示的顺序功能图的梯形图程序。

14．设计出图 5-51 所示的顺序功能图的梯形图程序。

图 5-49　题 12 的图　　　图 5-50　题 13 的图　　　图 5-51　题 14 的图

15．设计出本章第 6 题中冲床控制系统的梯形图。

16．设计出本章第 7 题中小车控制系统的梯形图。

17．设计出本章第 9 题中动力头控制系统的梯形图。

18．设计出本章第 10 题中信号灯控制系统的梯形图。

19．设计出本章第 11 题中冲压机控制系统的梯形图。

20．小车开始停在左边，限位开关 I0.0 为 ON。按下起动按钮 I0.3 后，小车开始右行。以后按图 5-52 所示从上到下的顺序运行，最后返回并停在限位开关 I0.0 处。画出顺序功能图和梯形图。

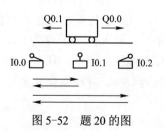

图 5-52　题 20 的图

21．设计出图 5-53 所示的顺序功能图的梯形图程序。

22．设计出图 5-54 所示的顺序功能图的梯形图程序。

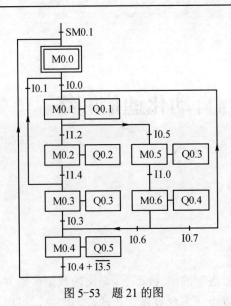

图 5-53 题 21 的图

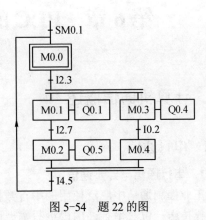

图 5-54 题 22 的图

第6章 PLC的通信与自动化通信网络

6.1 计算机通信概述

6.1.1 串行通信

1. 串行通信与异步通信

工业控制通信中广泛使用的串行数据通信是以二进制的位（bit）为单位的数据传输方式，每次只传送一位。串行通信最少只需要两根线就可以连接多台设备，组成控制网络，可用于距离较远的场合。通信的传输速率（又称波特率）的单位为波特，即每秒传送的二进制位数，其符号为bit/s或bps（推荐使用bit/s）。

在串行通信中，接收方和发送方应使用相同的传输速率，但是实际的发送速率与接收速率之间总是有一些微小的差别。在连续传送大量的数据时，将会因为积累误差造成发送和接收的数据错位，使接收方收到错误的信息。为了解决这一问题，需要使发送过程和接收过程同步。按同步方式的不同，串行通信分为异步通信和同步通信。

异步通信采用字符同步方式，其字符信息格式见图6-1，发送的字符由一个起始位、7个或8个数据位、1个奇偶校验位（可以没有）、1个或2个停止位组成。通信双方需要对采用的信息格式和数据的传输速率作相同的约定。接收方检测到停止位和起始位之间的下降沿后，将它作为接收的起始点，在每一位的中点接收信息。由于一个字符信息

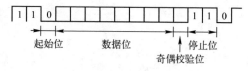

图6-1 异步通信的字符信息格式

格式仅有十来位，即使发送方和接收方的收发频率略有不同，也不会因为两台设备之间的时钟周期差异产生的积累误差而导致信息的发送和接收错位。异步通信传送的附加的非有效信息较多，传输效率较低。

奇偶校验用来检测接收到的数据是否出错。如果采用偶校验，用硬件保证发送方发送的每一个字符的数据位和奇偶校验位中"1"的个数为偶数。如果数据位包含偶数个"1"，奇偶校验位将为0；如果数据位包含奇数个"1"，奇偶校验位将为1。

接收方对接收到的每一个字符的奇偶性进行校验，如果奇偶校验出错，SM3.0为ON。如果选择不进行奇偶校验，传输时没有校验位，不进行奇偶校验。

2. 串行通信的端口标准

（1）RS-232

RS-232是美国电子工业协会1969年公布的通信标准，现在已基本上被USB（通用串行总线）协议取代。RS-232使用单端驱动、单端接收电路（见图6-2），是一种共地的传输方式，容易受到公共地线上的电位差和外部引入的干扰信号的影响。RS-232的最大通信距离为15m，最高传输速率为20kbit/s，只能进行一对一的通信。

（2）RS-422

RS-422 采用平衡驱动、差分接收电路（见图 6-3），利用两根导线之间的电位差传输信号。这两根导线称为 A 线和 B 线。当 B 线的电压比 A 线高时，一般认为传输的是数字"1"；反之认为传输的是数字"0"。能够有效工作的差动电压从零点几伏到接近十伏。

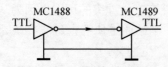
图 6-2　单端驱动单端接收电路

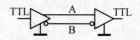
图 6-3　平衡驱动差分接收电路

平衡驱动器有一个输入信号，两个输出信号互为反相信号，图中的小圆圈表示反相。两根导线相对于通信对象信号地的电位差称为共模电压，外部输入的干扰信号主要以共模方式出现。两根传输线上的共模干扰信号相同，因为接收器是差分输入，两根线上的共模干扰信号互相抵消。只要接收器有足够的抗共模干扰能力，就能从干扰信号中识别出驱动器输出的有用信号，从而克服外部干扰的影响。

在最大传输速率为 10Mbit/s 时，RS-422 允许的最大通信距离为 12m。传输速率为 100kbit/s 时，最大通信距离为 1200m，一台驱动器可以连接 10 台接收器。RS-422 是全双工，用 4 根导线传送数据（见图 6-4），通信的双方都能用两对平衡差分信号线同时发送数据和接收数据。

（3）RS-485

RS-485 是 RS-422 的变形，RS-485 为半双工，只有一对平衡差分信号线，通信的某一方在同一时刻只能发送数据或者接收数据。使用 RS-485 通信端口和双绞线可以组成串行通信网络（见图 6-5），构成分布式系统，总线上最多可以有 32 个站。

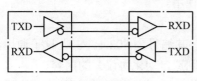
图 6-4　RS-422 通信接线图

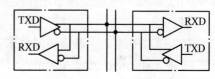
图 6-5　RS-485 通信网络

6.1.2　IEEE 802 通信标准与主从通信

IEEE（电工与电子工程师学会）的 802 委员会于 1982 年颁布了一系列计算机局域网分层通信协议标准草案，总称为 IEEE 802 标准。它把 OSI（开放系统互联）模型的底部两层分解为逻辑链路控制层（LLC）、媒体访问控制层（MAC）和物理传输层。前两层对应于 OSI 参考模型中的数据链路层，数据链路层是一条链路（Link）两端的两台设备进行通信时必须共同遵守的规则和约定。

媒体访问控制层对应于三种当时已经建立的标准，即带冲突检测的载波侦听多路访问（CSMA/CD）通信协议、令牌总线（Token Bus）和令牌环（Token Ring）。

1. CSMA/CD

CSMA/CD 通信协议的基础是 Xerox 等公司研制的以太网（Ethernet），早期的 IEEE 802.3 标准规定的波特率为 10Mbit/s，后来发布了 100Mbit/s 的快速以太网 IEEE802.3u、1Gbit/s 的千兆以太网 IEEE 802.3z 以及 10Gbit/s 的 IEEE 802.3ae。

CSMA/CD 各站共享一条广播式的传输总线，每个站都是平等的，采用竞争方式发送报文到传输线上，也就是说，任何一个站都可以随时发送广播报文，并被其他各站接收。当某个站识别到报文上的接收站名与本站的站名相同时，便将报文接收下来。由于没有专门的控制站，两个或多个站可能因为同时发送报文而产生冲突，造成报文作废。

为了防止冲突，发送站在发送报文之前，首先侦听一下总线是否空闲，如果空闲，则发送报文到总线上，称之为"先听后讲"。但是这样做仍然有产生冲突的可能，因为从组织报文到报文在总线上传输需要一段时间，在这段时间内，另一个站通过侦听也可能会认为总线空闲，并发送报文到总线上，这样就会因为两个站同时发送而产生冲突。

为了解决这一问题，在发送报文开始的一段时间内，继续侦听总线，采用边发送边接收的方法，把接收到的数据和本站发送的数据相比较，若相同则继续发送，称之为"边听边讲"；若不相同则说明发生了冲突，立即停止发送报文，并发送一段简短的冲突标志（阻塞码序列），来通知总线上的其他站点。为了避免产生冲突的站同时重发它们的帧，采用专门的算法来计算重发的延迟时间。通常把这种"先听后讲"和"边听边讲"相结合的方法称为 CSMA/CD（带冲突检测的载波侦听多路访问技术），其控制策略是竞争发送、广播式传送、载体侦听、冲突检测、冲突后退和再试发送。

以太网首先在个人计算机网络系统，例如办公自动化系统和管理信息系统（MIS）中得到了极为广泛的应用。

在以太网发展的初期，通信速率较低。如果网络中的设备较多，信息交换比较频繁，可能会经常出现竞争和冲突，影响信息传输的实时性。随着以太网传输速率的提高（100M 或 1Gbit/s）和采用了相应的措施，这一问题已经解决。以太网在工业控制中得到了广泛的应用，大型工业控制系统最上层的网络几乎全部采用以太网。使用以太网很容易实现管理网络和控制网络的一体化。以太网也越来越多地在控制网络的底层使用。

2．令牌总线

IEEE 802 标准中的工厂媒体访问技术是令牌总线，其编号为 802.4。它吸收了通用汽车公司支持的 MAP（Manufacturing Automation Protocol，即制造自动化协议）的内容。

在令牌总线中，媒体访问控制是通过传递一种称为令牌的控制帧来实现的。按照逻辑顺序，令牌从一个装置传递到另一个装置，传递到最后一个装置后，再传递给第一个装置，如此周而复始，形成一个逻辑环。令牌有"空"和"忙"两种状态，令牌网开始运行时，由指定的站产生一个空令牌沿逻辑环传送。任何一个要发送报文的站都要等到令牌传给自己，判断为空令牌时才能发送报文。发送站首先把令牌置为"忙"，并写入要传送的报文、发送站名和接收站名，然后将载有报文的令牌送入环网传输。令牌沿环网循环一周后返回发送站时，如果报文已被接收站复制，发送站将令牌置为"空"，送上环网继续传送，以供其他站使用。如果在传送过程中令牌丢失，则由监控站向网内注入一个新的令牌。

令牌传递式总线能在很重的负荷下提供实时同步操作，传输效率高，适于频繁、少量的数据传送，因此它最适合需要进行实时通信的工业控制网络系统。

3．主从通信方式

主从通信方式是 PLC 常用的一种通信方式，有不少的通信协议采用主从通信方式。主从通信网络只有一个主站，其他的站都是从站。在主从通信中，主站是主动的，主站首先向某个从站发送请求帧（轮询报文），该从站接收到后才能向主站返回响应帧。主站按事先设置好的轮询表的排列顺序对从站进行周期性的查询，并分配总线的使用权。每个从站在轮询表中至少要出现一次，对实时性要求较高的从站可以在轮询表中出现几次。

6.2　PROFINET 网络通信

6.2.1　S7-200 SMART 控制分布式 IO

1. PROFINET IO 系统

基于以太网的现场总线 PROFINET 由 IO 控制器和 IO 设备组成。一般用 PLC 作为 IO 控制器，用分布式现场设备（例如 ET 200 分布式 I/O、变频器、调节阀、变送器、伺服系统和机器人等）作为 IO 设备。分布式 IO ET 200SP 是常见的与 S7-200 SMART 配套的 IO 设备。也可以用 PLC 作为智能 IO 设备。

只需要对 PROFINET 网络作简单的组态，不用编写任何通信程序，就可以实现 IO 控制器和 IO 设备之间的周期性数据交换。

S7-200 SMART 集成的以太网端口可以作为 IO 控制器和智能 IO 设备，作为 IO 控制器时最多可以带 8 个 IO 设备和 64 个模块。只有标准型且固件版本为 V2.4 及以上的 S7-200 SMART CPU 才支持 PROFINET 控制器功能。

两台设备的以太网端口可以用网线直接连接。两台以上的设备可以用交换机来连接。

2. 导入 IO 设备的 GSD 文件

GSD 文件是通用站描述文件的简称，用于存储设备属性，它使用 GSDML（通用站描述标记语言）来确定其结构和规则，通常 GSD 文件的后缀名为 XML。可以从 PROFINET 设备制造商处获得其 IO 设备的 GSD 文件。组态 PROFINET IO 系统之前需要导入 IO 设备的 GSD 文件。通过 GSD 文件，IO 控制器可以控制其他厂家生产的 IO 设备。

在西门子的工业支持中心搜索 "ET 200SP GSD"，可以下载该 GSD 文件（见配套资源中的 "例程" 文件夹中的 et200sp_im155-6.zip），解压后将其中的文件保存在某个文件夹待用。

在 STEP 7-Micro/WIN SMART 中生成一个名为 "ET 200SP 作 IO 设备" 的项目（见配套资源中的同名例程），打开系统块，设置 CPU 为 CPU SR40，固件版本为 V2.5，采用默认的 IP 地址 192.168.2.1，本章的例程中子网掩码均为 255.255.255.0，CPU 启动后的模式均为 LAST。

单击 "文件" 菜单中的 "GSDML 管理"，再单击图 6-6 中的 "浏览" 按钮，打开保存 GSD 文件的文件夹，双击 ET 200SP 的 GSD 文件，该文件在 "导入的 GSDML 文件" 列表中出现。单击 "确认" 按钮，ET 200SP 的 GSD 文件被导入 STEP 7-Micro/WIN SMART 中。

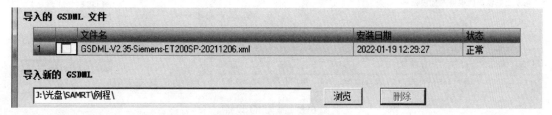

图 6-6　导入 GSDML 文件

3. 组态 PROFINET 网络

双击项目树的 "向导" 文件夹中的 "PROFINET"，打开 PROFINET 向导，选择 PLC 的角色为 IO 控制器（见图 6-7），自动采用系统块中组态的 IP 地址和子网掩码，设备名称（即站名）为默认的 plc200smart。还可以设置 "发送时钟" 和 "启动时间"。前者是控制器发送数据的间隔时间。"启动时间" 是 CPU 通电后切换到 RUN 模式所需的时间，默认值为 10s，最大值为 1min。如果在"启动时间"内建立起完整连接，CPU 会在建立连接后切换到 RUN 模式。如果"启动时间"结束后未建立连接，CPU 在"启动时间"结束后切换到 RUN 模式。

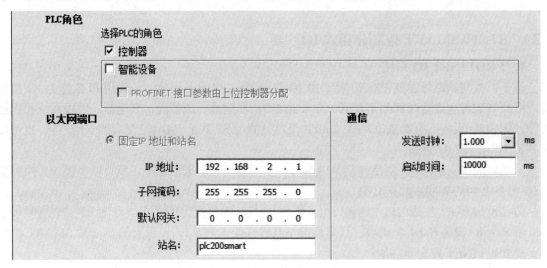

图 6-7　组态 IO 控制器

单击"下一步"按钮，切换到下一页。

将右边目录窗口的"\PROFINET-IO\I/O\SIEMENS\ET 200SP\Interface modules\IM 155-6 PN ST"文件夹中的 IM 155-6 PN ST V4.2 拖拽到设备表的第一行（见图 6-8），设置 ET 200SP 的 IP 地址。IM 155-6 PN 是 ET 200SP PN 的接口模块，ST 是标准型的简称，V4.2 是版本号。设备表的上面是 IO 控制器和 IO 设备组成的 IO 系统的示意图，一个 IO 控制器可以有多个 IO 设备。

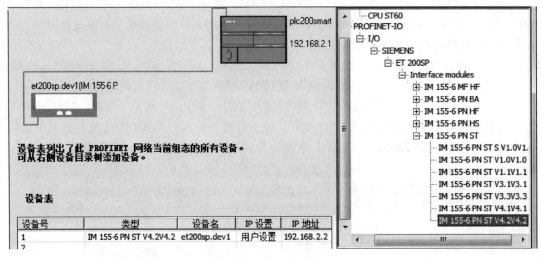

图 6-8　添加 IO 设备

4. 为 IO 设备添加模块

单击"下一步"按钮，在下一页将右边目录窗口中的 DI、DQ 和 AI 模块拖拽到模块列表中（见图 6-9）。组态的模块的型号、版本号和安装的位置应与实际的硬件一致。可以修改模块的起始字节地址，图 6-9 中采用的是默认的起始地址。输入、输出长度（字节数）是自动生成的，与模块的 I/O 点数有关。

图 6-9　为 IO 设备添加模块

5．设置模块参数

向导的下面几页可以为各模块设置参数。模块如果是深色底座（Dark BaseUnit，见图 6-10）将使用左侧模块的电位组（Potential group）。如果是浅色底座（Light BaseUnit），将使用新的电位组。还可以设置是否启用模块的诊断功能，各通道是否需要激活，DI 通道的输入延迟时间，DQ 通道进入 STOP 模式的反应，AI 通道的信号类型和测量范围等参数。设置好所有模块的参数后，在最后一页单击"生成"按钮，结束网络配置。

图 6-10　组态 DI 模块的参数

组态的详细过程见视频"ET 200SP 作 IO 设备的组态（A）"和"ET 200SP 作 IO 设备的组态（B）"，可通过扫描二维码 6-1 和二维码 6-2 播放它们。

6-1
ET 200SP 作
IO 设备的组态
（A）

6．实验验证

用交换机连接好 PLC、ET 200SP 和计算机的以太网端口，将程序下载到 PLC，在状态图表中监控 ET 200SP 的 DI、DO 模块的地址 IW128、QB128，和 AI 模块通道 0 的地址 IW130，改变 DI 输入点外部电路的通断状态和 AI 输入的模拟量值，给 DQ 输出赋值，可以验证是否实现了 PROFINET 通信。

6-2
ET 200SP 作
IO 设备的组态
（B）

6.2.2　PLC 作为智能 IO 设备

1．组态智能 IO 设备的传送区

两台 PLC 分别作为 PROFINET 系统中的 IO 控制器和智能 IO 设备时，它们的 I、Q 存储器区的地址可能相同或重叠，因此 IO 控制器和智能 IO 设备不能用对方的 I、Q 存储器区的地址直接访问它们。

传送区（或称为传输区）是 IO 控制器与智能 IO 设备的用户程序之间的通信接口。输入传送区（I 区）用于接收通信伙伴发送的数据，输出传送区（Q 区）用于向通信伙伴发送数据。双方的用户程序对输入传送区接收到的数据进行处理，并用输出传送区发送处理的结果。IO 控制器与智能 IO 设备通过传送区自动地周期性地进行数据交换。

本节的 IO 控制器和智能 IO 设备均为 S7-200 SMART。在编程软件中生成一个名为"智能 IO 设备"的项目（见配套资源中的同名例程），CPU 为 CPU SR40，设置 IP 地址为 192.168.2.2。打开"PROFINET"向导，在第一页设置 PLC 为"智能设备"（见图 6-7），自动采用系统块中组态的 IP 地址和子网掩码，"站名"为默认的 sr40。

单击"下一步"按钮，在第二页添加输入、输出传送区（见图 6-11），设置传送区的起始地址和字节数，最多可组态 8 个传送区。可选的地址范围为 IB1152～IB1279 和 QB1152～QB1279，最大总输入长度、最大总输出长度分别为 128B。通信双方组态的传送区不能与本机的硬件使用的 I、Q 地址区重叠。

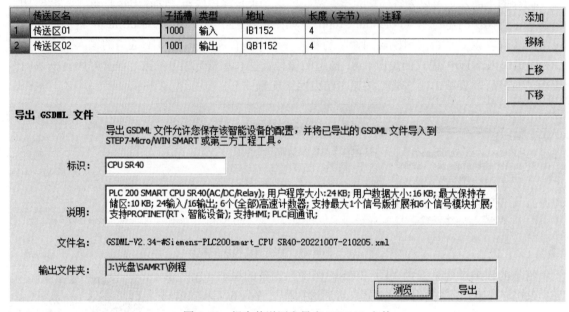

图 6-11　组态传送区和导出 GSDML 文件

2. 导出智能 IO 设备的 GSD 文件

单击"浏览"按钮，设置保存 CPU 的 GSD 文件的输出文件夹。单击"导出"按钮，导出 GSD 文件。在设置的文件夹中，可以看到导出的 GSD 文件。单击"生成"按钮，保存组态。

3. 组态 IO 控制器

在编程软件中生成一个名为"IO 控制器"的项目（见配套资源中的同名例程），设置 IP 地址为 192.168.2.1。导入智能 IO 设备的 GSD 文件，在"PROFINET"向导中，将右边目录窗口的"\PROFINET-IO\PLCs\SIEMENS\CPU SR40"文件夹中的 CPU SR40V02.05.00 拖拽到设备表的第一行。传送区的输入、输出长度（字节数）是组态 IO 设备时设置的，不能修改。默认的两个传送区的起始地址分别为 QB128 和 IB128。通信双方数据交换的示意图见图 6-12。通信的验证方法见附录的 A.26 节"IO 控制器与智能 IO 设备的通信实验"。

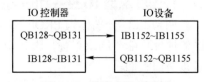

图 6-12　数据交换示意图

4．S7-1200 与 S7-200 SMART 的 PROFINET 通信

作者用 S7-200 SMART 和 S7-1200 的 CPU 做了大量的通信实验，通信程序均在本书配套资源的"\例程\1200 与 SMART 的通信例程"文件夹中。为了方便程序的调试，这些程序中 S7-200 SMART 的 IP 地址均为 192.168.2.1，S7-1200 的 IP 地址均为 192.168.2.3，子网掩码均为 255.255.255.0。作者使用的 S7-1200 的编程软件是基于西门子的 TIA 博途的 STEP 7 V15 SP1，本书的配套资源提供了该软件。

这类通信涉及 S7-1200 的诸多知识，因此不属于本课程的教学要求，有兴趣的读者可以通过观看视频拓展知识。为了避免大量增加本书的篇幅，通信的组态、编程和实验过程在对应的视频中介绍。

如果想了解 TIA 博途和 S7-1200 的基本操作，可通过扫描二维码 6-3～6-6 观看视频教程"TIA 博途使用入门（A）""TIA 博途使用入门（B）""生成 S7-1200 的项目与组态硬件"和"下载 S7-1200 的用户程序"，也可以阅读参考文献中作者编写的 S7-1200 教材。

在 S7-1200 作 IO 控制器的通信中，通信双方的例程分别是配套资源中的例程"1200 作 IO 控制器"和"智能 IO 设备 2"，组态和实验的过程见视频"S7-1200 作 IO 控制器（A）"和"S7-1200 作 IO 控制器（B）"，可通过扫描二维码 6-7 和二维码 6-8 播放它们。

S7-1200 作智能 IO 设备的通信中，通信双方的例程分别是配套资源中的例程"1200 作 IO 设备"和"IO 控制器 2"，组态和实验的过程见视频"S7-1200 作智能 IO 设备（A）"和"S7-1200 作智能 IO 设备（B）"，可通过扫描二维码 6-9 和二维码 6-10 播放它们。

6.3　S7 通信与开放式用户通信

6.3.1　S7 通信

1．S7 协议

S7 协议是专门为西门子控制产品优化设计的通信协议，它是面向连接的协议，在进行数据

交换之前，必须与通信伙伴建立连接。面向连接的协议具有较高的安全性。

连接是指两个通信伙伴之间为了执行通信服务建立的逻辑链路，而不是指两个站之间用物理媒体（例如电缆）实现的连接。S7 连接是需要组态的静态连接，静态连接要占用 CPU 的连接资源。

基于连接的通信分为单向连接和双向连接，S7-200 SMART 只有 S7 单向连接功能。单向连接中的客户端（Client）是向服务器（Server）请求服务的设备，客户端调用 GET 指令读取服务器的数据，调用 PUT 指令将数据写入服务器。服务器是通信中的被动方，用户不用编写服务器的 S7 通信程序，S7 通信是由服务器的操作系统完成的。

标准型 CPU 的以太网端口有很强的通信功能，除了一个用于编程软件的连接，还有 8 个用于 HMI（人机界面）的连接，8 个主动的 GET/PUT 连接，以及 8 个被动的 GET/PUT 连接。上述的 25 个连接可以同时使用。

GET/PUT 连接可以用于 S7-200 SMART 之间的以太网通信，也可以用于 S7-200 SMART 与 S7-300/400/1200/1500 之间的以太网通信。

2. GET 指令与 PUT 指令

GET 指令和 PUT 指令用它们唯一的输入参数 TABLE 定义 16B 的表格，该表格定义了 3 个状态位、错误代码、远程 CPU 的 IP 地址、指向远程 CPU 通信数据区域的地址指针和通信数据长度，以及指向本地 CPU 通信数据区域的地址指针。

GET 指令启动以太网端口的通信操作，按 TABLE 表的定义从远程设备读取最多 222B 的数据。PUT 指令启动以太网端口的通信操作，按 TABLE 表的定义将最多 212B 的数据写入远程设备。

执行 GET/PUT 指令时，CPU 与 TABLE 表中的远程 IP 地址指定的设备建立起以太网连接。连接建立后，该连接将一直保持到 CPU 进入 STOP 模式为止。

程序中可以使用任意条数的 GET、PUT 指令，但是同一时刻最多只能激活 16 条 GET、PUT 指令，CPU 可以同时保持最多 8 个连接。连接建立后，该连接将一直保持到 CPU 进入 STOP 模式为止。

同一时刻对同一个远程 CPU 的多个 GET/PUT 指令的调用，只会占用本地 CPU 的一个主动连接资源和远程 CPU 的一个被动连接资源，它们之间只会建立一条连接通道，同一时刻触发的多个 GET/PUT 指令将会在这条连接通道上顺序执行。

同一时刻最多能对 8 个不同 IP 地址的远程 CPU 进行 GET/PUT 指令的调用，如果尝试创建第 9 个连接（第 9 个 IP 地址），CPU 将搜索所有的连接，查找处于未激活状态时间最长的一个连接。CPU 将断开该连接，然后再与新的 IP 地址创建连接。

3. 用 GET/PUT 向导生成客户端的通信程序

直接用 GET/PUT 指令编程既繁琐又容易出错。本节介绍了用 STEP 7-Micro/WIN SMART 的 GET/PUT 向导实现以太网通信的方法。

用 GET/PUT 向导建立的连接为主动连接，CPU 是 S7 通信的客户端。如果通信伙伴是 S7 通信的客户端，S7-200 SMART 是 S7 通信的服务器，它不需要用 GET/PUT 指令向导组态，建立的连接是被动连接。

生成一个名为"S7 通信客户端"的项目（见配套资源中的同名例程），CPU 的以太网端口的 IP 地址为 192.168.2.1。双击项目树的"向导"文件夹中的"GET/PUT"，打开 GET/PUT 向导，按下面的步骤设置 S7 通信的参数。每一页操作完成后单击"下一页>"按钮。

1）单击"添加"按钮，在第 1 页（操作）添加名为"写操作"和"读操作"的两个操作（见图 6-13）。可以为每一条操作添加注释。该向导最多允许组态 24 项独立的网络操作。可以组态与具有不同 IP 地址的多个通信伙伴的读、写操作。

2）在第 2 页（写操作）设置操作的类型为 Put（见图 6-13 的下图）、要传送的数据的字节数、远程 CPU 的 IP 地址、本地和远程 CPU 保存数据的起始地址。

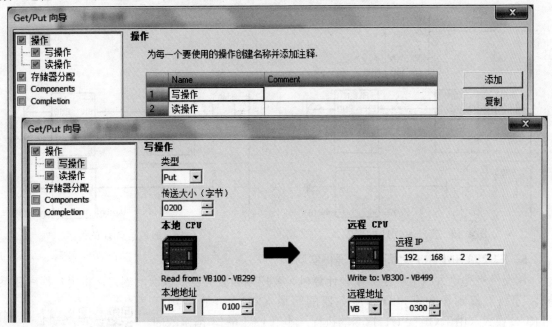

图 6-13　GET/PUT 向导

3）在第 3 页（读操作）设置操作的类型为 Get，读取远程 CPU 从 VB100 开始的 200B 数据，保存到本地 CPU 从 VB300 开始的数据区（见图 6-14）。读、写操作的远程 CPU 的 IP 地址均为 192.168.2.2。

4）在第 4 页（存储器分配）设置用来保存组态数据的 70B 的 V 存储器的起始地址为 VB500。

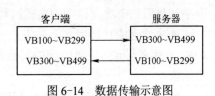

图 6-14　数据传输示意图

5）在第 5 页（组件）显示用于实现要求的组态的项目组件默认的名称。

6）在第 6 页（生成）单击"生成"按钮，自动生成用于通信的子程序 NET_EXE、保存组态数据的数据页和符号表。

4．调用子程序 NET_EXE

图 6-15 是客户端 OB1 中的程序。用一直为 ON 的 SM0.0 的常开触点，调用项目树的文件夹"\程序块\向导"中的 NET_EXE，该子程序执行用 GET/PUT 向导设置的网络读/写功能。INT 型参数"超时"为 0 表示不设置超时定时器，为 1～32767 中的数值表示以秒为单位的超时时间。每次完成所有的网络操作时，都会切换 BOOL 变量"周期"的状态。BOOL 变量"错误"为 0 表示没有错误，为 1 时表示有错误，错误代码在 GET/PUT 指令定义的表格的状态字节中。

下面的程序只是用来验证通信是否成功。在首次扫描时，SM0.1 的常开触点接通一个扫描周期，给 VW100 开始的要写入服务器的 100 个字的地址区置初始值 16#201，将 VW300 开始的用来保存从服务器读取的数据的 100 个字的地址区清零。在秒时钟脉冲 SM0.5 的上升沿，将要

147

写出的第一个字 VW100 加 1。

生成一个名为"S7 通信服务器"的项目（见配套资源中的同名例程），用系统块设置其 IP 地址为 192.168.2.2，它应与图 6-13 中客户端用向导组态的远程 CPU 的 IP 地址相同。

服务器的 OB1 的程序见图 6-16，首次扫描时给 VW100 开始的 100 个字的地址区置初始值 16#202，将 VW300 开始的 100 个字的地址区清零。每秒钟将客户端要读取的第一个字 VW100 加 1。

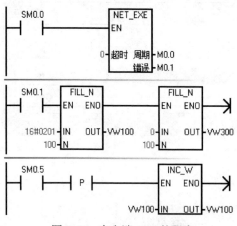

图 6-15　客户端 OB1 的程序

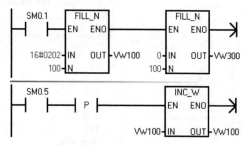

图 6-16　服务器 OB1 的程序

5. S7-200 SMART 之间的 S7 通信实验

用交换机和以太网电缆连接编程计算机、客户端和服务器的以太网端口，将用户程序和系统块分别下载到作为客户端和服务器的两块 CPU。令它们运行在 RUN 模式，由于 GET/PUT 指令的执行，实现了图 6-14 所示的周期性的数据传输。用状态图表监控通信双方输入、输出传送区的前两个字和最后一个字。详细的实验过程见附录 A.27 中的实验指导书。

如果通信成功，用状态图表监控可以看到双方接收到的第一个字 VW300 每秒钟加 1，接收到的其他字是对方用 FILL_N 指令写入的初始值。

6-11
S7-1200 作 S7 通信的客户端

6. S7-1200 与 S7-200 SMART 的 S7 通信

S7-1200 作客户端的 S7 通信中，通信双方的例程分别是配套资源中的例程"1200_SMART_S7"和"SMART 服务器"，视频"S7-1200 作 S7 通信的客户端"和"S7-1200 作 S7 通信客户端的实验"可通过扫描二维码 6-11 和二维码 6-12 播放。

6-12
S7-1200 作 S7 通信客户端的实验

S7-1200 作服务器的 S7 通信中，通信双方的例程分别是配套资源中的例程"1200 S7 服务器"和"S7 通信客户端"，视频"S7-1200 作 S7 通信的服务器"和"S7-1200 作 S7 通信服务器的实验"可通过扫描二维码 6-13 和二维码 6-14 播放。

6-13
S7-1200 作 S7 通信的服务器

6.3.2　开放式用户通信

1. 开放式用户通信

V2.2 及以上的 S7-200 SMART 标准型 CPU 的固件和编程软件支持基于 CPU 的以太网端口的开放式用户通信（OUC）。OUC 除了用于 S7-200 SMART 相互之间的通信，还可以用于与

6-14
S7-1200 作 S7 通信服务器的实验

148

S7-1200/1500 和带以太网端口的 S7-300/400 的 CPU 通信。可以使用的通信协议为 TCP、ISO-on-TCP 和 UDP。

TCP 是一个因特网核心协议，提供了可靠、有序并能够进行错误校验的消息发送功能。能保证接收和发送的所有字节内容和顺序完全相同。TCP 协议在主动设备（发起连接的设备，或称客户端）和被动设备（接受连接的设备，或称服务器）之间创建连接。一旦连接建立，任意一方均可以发送数据和接收数据，或者同时使用发送指令和接收指令。CPU 支持 8 个主动连接和 8 个被动连接。

TCP 是一种"流"协议，消息中没有结束标志。ISO-on-TCP 是使用 RFC 1006 的协议扩展，其主要优点是数据有一个明确的结束标志。

2．TCP 通信的客户端程序

生成一个名为"TCP 通信客户端"的项目（见配套资源中的同名例程），CPU 为 SR40，在系统块中设置客户端的 IP 地址为 192.168.2.1。在 OB1 中调用指令列表的"\库\Open User Communication"文件夹中的 TCP_CONNECT 指令（见图 6-17），用该指令建立 TCP 连接。

用 SM0.0（Always_On）的常开触点使参数 Active 一直为 ON，该 CPU 是创建主动连接的客户端。设置 ConnID（连接 ID，即连接的编号）为 1。通信伙伴的 IP 地址 IPsddr1～IPsddr4 为 192.168.2.2。端口与传输服务访问点（TSAP）提供路由功能，能够将消息路由至 CPU 或其他设备内相应的接收器。端口号必须在 1～49151 的范围内，建议在 2000～5000 之间。设置远程设备端口号 RemPort 为 2001，本地设备端口号 LocPort 为 2000。

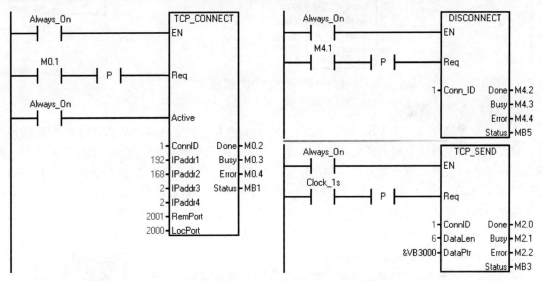

图 6-17　客户端 OB1 的程序

在请求信号 Req（M0.1）的上升沿，启动建立连接的任务。Done 为 ON 时连接操作完成且没有错误。Busy 为 ON 时连接操作正在进行。Error 为 ON 时连接操作完成但是有错误，字节变量 Status 中是错误代码。通信指令的这几个输出参数的意义基本上相同。

在 M4.1 的上升沿，DISCONNECT 指令终止连接 ID（Conn_ID）为 1 的连接。

在秒时钟脉冲 SM0.5（Clock_1s）的上升沿，TCP_SEND 指令将从 VB3000 开始、字节数 DataLen（1～1024）为 6 的数据发送到 ConnID 为 1 的远程设备中。在 SM0.5 的上升沿，将要发送的第一个字 VW3000 加 1。

单击"文件"菜单功能区中的"存储器",为开放式用户通信分配从 VB7000 开始的 50B 的库存储器。本节所有的 S7-200 SMART 例程具有相同的库存储区。

3. TCP 通信的服务器程序

生成一个名为"TCP 通信服务器"的项目(见配套资源中的同名例程),CPU 为 SR40,在系统块中设置服务器的 IP 地址为 192.168.2.2。

在 OB1 调用 TCP_CONNECT 指令(见图 6-18),SM0.0 一直断开的常闭触点使 Active 为 0,该 CPU 作为服务器,建立的是被动连接。ConnID(连接 ID)为 1,连接伙伴的 IP 地址 IPsddr1~IPsddr4 为 192.168.2.1,可以将它设置为 0.0.0.0,表示接收所有的请求。远程设备端口号 RemPort 为 2000,被动连接时可以设置为 0;本地设备端口号 LocPort 为 2001。连接成功后 CPU 打开设置的本地端口,并接受来自远程设备的连接请求。TCP_RECV 指令接收来自连接 ID 为 1 的设备发送的数据。接收缓冲区的起始地址为 VB2000,接收的最大字节数 MaxLen 为 6。Length 是实际接收到的字节数。

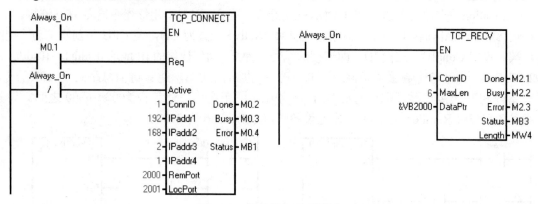

图 6-18　服务器 OB1 的程序

4. TCP 通信的调试

本节的客户端每 1s 将 VB3000 开始的 6B 的数据发送到服务器中从 VB2000 开始的地址区。将程序块和系统块下载到两块 CPU 以后,用以太网电缆连接两块 CPU 和计算机的以太网端口。用状态图表监控双方的发送区和接收区。令客户端和服务器的 TCP_CONNECT 指令的请求信号 Reg 为 1 状态,建立起客户端和服务器之间的连接。将数据写入客户端的发送区,观察服务器的接收区是否接收到客户端的数据。发送的第一个字节 VB3000 则每秒加 1,服务器接收到的第一个字 VB2000 也应不断地加 1。详细的实验过程见附录 A.28 中的实验指导书。

5. S7-1200 作 TCP 通信的客户端

S7-1200 作客户端的 TCP 通信中,通信双方的例程分别是配套资源中的例程"1200 作 TCP 客户端"和"TCP 服务器 2"。视频"S7-1200 作 TCP 通信的客户端"和"S7-200 SMART 作 TCP 通信的服务器"可通过扫描二维码 6-15 和二维码 6-16 播放。

6-15 S7-1200 作TCP通信的客户端

6-16 S7-200 SMART 作 TCP 通信的服务器

此外配套资源中还有 S7-1200 作 TCP 通信的服务器的程序,双方的例程分别是"1200 作 TCP 服务器"和"TCP 客户端 2"。

6. S7-200 SMART 之间的 ISO-on-TCP 通信

配套资源中的例程"ISO 通信客户端""ISO 通信服务器"与"TCP 通信客户端""TCP 通信服务器"的程序基本上相同,其区别仅在于图 6-17 和图 6-18 中的 TCP_CONNECT 指令被图 6-19 和图 6-20 中的 ISO_CONNECT 指令取代。

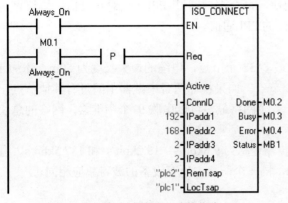

图 6-19　客户端的 ISO 连接指令

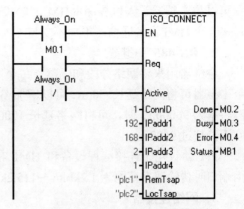

图 6-20　服务器的 ISO 连接指令

ISO-on-TCP 协议的传输服务访问点（TSAP）用于标识连接到同一个 IP 地址的不同的通信端点连接。RemTsap 和 LocTsap 分别为远程 TSAP 和本地 TSAP，其数据类型为字符串，长度范围在 2~16 个字符之间。如果本地 TSAP 为两个字符，第一个字符必须是十六进制数"E0"。通信双方本地和远程的 TSAP 应交叉对应，程序使用指针来传递字符串。

7．S7-1200 与 S7-200 SMART 的 ISO-on-TCP 通信

S7-1200 作 ISO 服务器的通信中，通信双方的例程分别是配套资源中的例程"1200 作 ISO 服务器"和"ISO 客户端 2"。视频"S7-1200 作 ISO-on-TCP 通信的服务器（A）"和"S7-1200 作 ISO-on-TCP 通信的服务器（B）"可通过扫描二维码 6-17 和二维码 6-18 播放。

8．S7-200 SMART 之间的 UDP 通信

用户数据报协议（UDP）使用一种协议开销最小的简单无连接传输模式，UDP 没有握手机制，协议的可靠性仅取决于底层网络。不能确保对发送、定序或重复消息提供保护，适用于传送少量数据和对可靠性要求不高的应用环境。对于数据的完整性，UDP 提供了校验和，通常用不同的端口号来寻址不同的连接伙伴。UDP 连接为被动连接，UDP 通信只有 8 个被动连接。

UDP 通信用开放式用户通信库中的 UDP_CONNECT 指令用来建立 UDP 连接，用 DISCONNECT 指令来终止连接，用 UDP_SEND 和 UDP_RECV 指令来发送和接收数据。运行时可以用 UDP_SEND 指令的参数来修改接收方的 IP 地址和端口号。还可以将 UDP_RECV 指令接收到的发送数据的远程设备的 IP 地址和端口号传送给 UDP_SEND 指令，以便响应远程设备。配套资源提供了两块 CPU 的 UDP 通信的例程"UDP_PLC1"和"UDP_PLC2"。

6.4　串行通信与 PROFIBUS-DP 通信

6.4.1　串行通信的硬件与自由端口模式通信

1．S7-200 SMART 的串行通信端口

S7-200 SMART CPU 有一个集成的 RS-485 端口（端口 0），它是与 RS-485 兼容的 9 针 D

型连接器。标准型 CPU 还可以选配一块 RS232/RS485 CM01 信号板（端口 1），这两个端口分别可以与变频器、人机界面（HMI）等设备通信，每个端口通过 PPI（点对点接口）协议可与最多 4 个 HMI 设备通信。串口不支持 CPU 之间的 PPI 通信。

2. RS-485 中继器

中继器用来将网络分段和隔离，每个网段最多 32 个节点，电缆的最大长度为 50m。添加 1 个中继器可将网络延长 50m，可以增加 32 个节点。如果相邻两台中继器中间没有其他节点，波特率为 9600bit/s 时，可将网络延长 1000m。一个网络最多可以串联 9 个中继器，网络的总长度不能超过 9600m。

PPI 协议用于连接编程设备和 HMI 时，传输速率为 9.6kbit/s、19.2kbit/s 和 187.5kbit/s。自由端口时传输速率范围为 1.2kbit/s～115.2kbit/s，同一个网络中所有设备的波特率应相同。

3. 网络连接器

网络连接器用于把多个设备连接到网络中。网络连接器有两组螺钉端子，分别用于连接输入和输出网络的电缆。除了标准的网络连接器，还有带编程端口的网络连接器，后者可以将 HMI 设备连接到网络，而不用改动现有的网络连接。

根据传输线理论，终端电阻可以吸收网络上的反射波，有效地增强信号强度。网络连接器上有端接和偏置开关，该开关在 ON 位置时连接内部的终端电阻，在 OFF 位置时未接终端电阻。接在网络终端的连接器上的开关应在 ON 位置，网络中间的连接器的开关应在 OFF 位置。

4. 自由端口模式通信

在自由端口模式，串行通信由用户程序控制，用户自定义与其他设备通信的协议。可以用发送指令和接收指令、接收完成中断、字符接收中断、发送完成中断来控制通信过程。自由端口通信可以用于 RS-485 或 RS-232 端口。

发送指令 XMT 通过参数 PORT 指定的通信端口，发送存储在参数 TBL 指定的数据缓冲区中的数据。最多可以发送 255 个字符，发送结束时可以产生中断事件。

接收指令 RCV 用于启动或中止接收信息的服务，最多可以接收 255 个字符。通过 PORT 指定的通信端口，接收的信息存储在 TBL 指定的数据缓冲区中。接收完最后一个字符，或每接收一个字符都可以产生一个中断。

为了避免通信中的各方争用通信线，一般采用主从方式，即计算机为主站，PLC 为从站，只有主站才有权主动发送请求报文，从站收到后返回响应报文。

6.4.2 PROFIBUS-DP 通信

1. PROFIBUS

与 PROFINET 相比，PROFIBUS 是基于 RS-485 的上一代现场总线。PROFIBUS 的传输速率最高为 12Mbit/s，响应时间的典型值为 1ms，使用屏蔽双绞线电缆和光缆时，最长通信距离分别为 9.6km 或 90km，最多可以接 127 个从站。

PROFIBUS 提供了下列 3 种通信服务：

1）PROFIBUS-DP（DP 是分布式外部设备的简称）用得最多，特别适合于 PLC 与现场级分布式 I/O 设备（例如西门子的 ET 200 和变频器）之间的通信。

2）PROFIBUS-PA（PA 是过程自动化的简称）是用于 PLC 与过程自动化的现场传感器和执行器的低速数据传输，特别适合于过程工业使用。可以用于防爆区域的传感器和执行器与中央控制系统的通信。PROFIIBUS-PA 使用屏蔽双绞线电缆，由总线提供电源。

3）PROFIBUS-FMS（FMS 是现场总线报文规范的简称）现在极少使用。

此外还有用于运动控制的总线驱动技术 PROFIdrive 和故障安全通信技术 PROFIsafe。

2．EM DP01 扩展模块

PROFIBUS-DP 从站模块 EM DP01 用于将 S7-200 SMART 的标准型 CPU 作为 PROFIBUS-DP 从站，连接到 PROFIBUS 通信网络，主站通过它读写 S7-200 SMART 的 V 存储器。最多允许 244B 输入和 244B 输出，传输速率范围为 9600～12Mbit/s。EM DP01 还可以作 MPI（多点接口）网络的从站。每个标准型 CPU 最多可以扩展两块 EM DP01。

只需要在系统块中生成 EM DP01，不用组态它的参数和对 DP 通信编程。用模块上的旋转开关设置 EM DP01 的 DP 从站地址。

3．EM DP01 的使用方法

PROFIBUS-DP 的主站和从站类似于 PROFINET 的 IO 控制器和 IO 设备，一般用 S7-1200/1500 和 S7-300/400 作 DP 网络的主站。使用 EM DP01 之前，需要在 TIA 博途中或在 S7-300/400 的编程软件 STEP 7 V5.x 中安装它的 GSD（通用站说明）文件。安装好以后，组态 DP 网络。在上述软件中设置用于传输数据的主站的 I/O 地址区和从站的 V 存储区。S7-200 SMART 的系统手册给出了 EM DP01 详细的使用方法和通信示例程序。运行时主站和从站自动地周期性地交换数据。

6.5 Modbus 协议通信

6.5.1 Modbus RTU 通信协议

1．Modbus 通信协议

Modbus 通信协议是 Modicon 公司提出的一种消息传输协议，Modbus 协议在工业控制中得到了广泛的应用，它已经成为一种通用的工业标准。许多工控产品，例如 PLC、变频器、人机界面、DCS（集散控制系统）和自动化仪表等，都在广泛地使用 Modbus 通信协议。

Modbus 通信协议分为串行链路上的 Modbus 协议和基于 TCP/IP 的 Modbus TCP 协议。Modbus 串行链路协议是一个主-从协议，串行总线上只有一个主站，可以有 1～247 个从站。采用请求-响应方式，主站发出带有从站地址的请求消息，具有该地址的从站接收到该消息后发出响应消息进行应答。Modbus 通信只能由主站发起，从站没有收到来自主站的请求时，不会发送数据，从站之间不能互相通信。

串行链路上的 Modbus 通信协议有 ASCII 和 RTU（远程终端单元）这两种消息传输模式，S7-200 SMART 采用 RTU 模式。消息以字节为单位进行传输，采用循环冗余校验（CRC）进行错误检查，消息最长为 256B。网络上所有的站应使用相同的传输速率。

S7-200 SMART 可以通过 RS-485（CPU 集成的端口 0 或可选信号板 CM 01 的端口 1）或 RS-232（仅限端口 1），作为从站与 Modbus 主站设备通信，或作为主站与 Modbus 从站设备通信。

2．使用 Modbus RTU 通信协议的要求

STEP 7-Micro/WIN SMART 的指令库提供了 Modbus RTU 通信的指令。调用 Modbus 指令时，将会占用下列的 CPU 资源：

1）通信端口 0 或端口 1 被 Modbus 通信占用时，不能用于其他用途，包括与 HMI 的通信。CPU 的通信端口如果要使用 PPI 模式与 HMI 通信，Modbus 的初始化指令的参数 Mode 应设置为 0。

2）Modbus 指令影响与分配给它的端口和自由端口通信有关的所有特殊存储器（SM）。

3）Modbus 主站指令使用 3 个子程序和 1 个中断程序，1942B 的程序空间，286B 的 V 存储器。Modbus 从站指令使用 3 个子程序和两个中断程序，2113B 的程序空间，781B 的 V 存储器。

6.5.2 Modbus RTU 从站通信的编程

生成一个名为"Modbus 从站协议 Port0 通信"的项目（见配套资源中的同名例程）。在系统块中组态通信时，CPU 集成的 RS-485 端口的波特率和站地址用于与 HMI 通信的 PPI 协议。

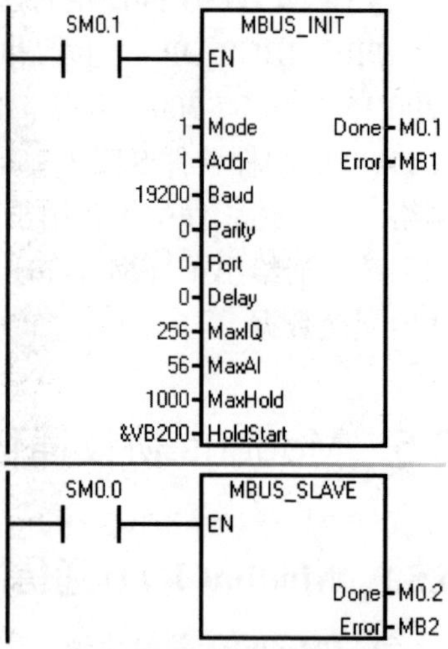

1. MBUS_INIT 指令

MBUS_INIT 指令用于启用、初始化或禁用 Modbus 通信。首次扫描时 SM0.1 的常开触点接通，执行一次 MBUS_INIT 指令（见图 6-21），对 Modbus 通信初始化。Modbus 从站指令在项目树的"\指令\库\Modbus RTU Slave"文件夹中。调用 MBUS_INIT 指令时，在程序中自动添加几个隐藏的子程序和中断程序。

应当在每次改变通信状态时执行一次 MBUS_INIT 指令。

Mode（模式）用来选择通信协议，Mode 为 1 时分配 Modbus 协议并启用该协议；Mode 为 0 时分配 PPI 协议并禁用 Modbus 协议。

图 6-21 Modbus 从站通信程序

Addr（地址）用于设置站地址（1～247）。

Baud（波特率）可以设为 1200、2400、4800、9600、19200、38400、57600 或 115200bit/s。

Parity（奇偶校验）应与 Modbus 主设备的奇偶校验方式相同。数值 0、1、2 分别对应无奇偶校验、奇校验和偶校验。

Port（端口）为 0 时使用 CPU 集成的 RS-485 端口，为 1 时使用信号板 CM 01 上的 RS-485 或 RS-232 端口。

Delay（延时）是以 ms 为单位、范围为 0～32767ms 的 Modbus 消息结束的延迟时间，在有线网络上运行时，该参数的典型值为 0。

MaxIQ 是 Modbus 主设备可以访问的 I 和 Q 的点数（0～256），建议设置为 256。

MaxAI 是 Modbus 主设备可以访问的模拟量输入字（AIW）的个数（0～56）。紧凑型 CPU 设为 0（禁止读取模拟量输入），建议其他 CPU 设为 56。

MaxHold 是主设备可以访问的保持寄存器（V 存储器字）的最大个数。

HoldStart 是 V 存储器中保持寄存器的起始地址。Modbus 主设备可以访问 V 存储器中地址从 HoldStart 开始的 MaxHold 个 V 存储器字。

MBUS_INIT 指令如果被成功地执行，输出位 Done（完成）为 ON。

输出字节 Error（错误）包含指令执行后的错误代码，为 0 表示没有错误。

图 6-21 中 OB1 的程序在首次扫描时执行一次 MBUS_INIT 指令，初始化 Modbus 从站协议。设置从站地址为 1，端口 0 的波特率为 19200bit/s，无奇偶校验，延迟时间为 0，允许访问所有的 I、Q 和 AI，允许访问从 VB200 开始的 1000 个保持寄存器字（2000B）。保持寄存器 40001 对应于地址 VW200。

2．MBUS_SLAVE 指令

MBUS_SLAVE 指令用于处理来自 Modbus 主站的请求服务，用 SM0.0 的常开触点调用该指令，每次扫描都调用它。程序中只能使用一条 MBUS_SLAVE 指令。首次扫描时，用存储器填充指令 FILL_N 将主站要写入数据的地址区 VW200～VW206 清零。

3．分配库存储器

单击"文件"菜单功能区的"库"区域中的"存储器"按钮，为 Modbus 指令分配 781B 的 V 存储器地址。库存储区不能与 MBUS_INIT 指令中用 HoldStart 和 MaxHold 参数分配的 V 存储区重叠。

6.5.3　Modbus RTU 主站通信的编程与调试

1．MBUS_CTRL 指令

生成一个名为"Modbus 主站协议 Port0 通信"的项目（见配套资源中的同名例程），OB1 中的程序如图 6-22 所示。首次扫描时，用存储器填充指令 FILL_N 将保存读取的数据的地址区 VW108～VW114 清零。

MBUS_CTRL 指令用于初始化、监视或禁用 Modbus 通信。每个扫描周期都应执行该指令，否则 Modbus 主站协议将不能正确工作。MBUS_CTRL 和 MBUS_MSG 指令用于单个 Modbus RTU 主站，MB_CTRL2 和 MB_MSG2 指令用于第二个 Modbus RTU 主站。

输入参数 Mode（模式）、Baud（波特率）、Parity（奇偶校验）、Port（端口）和输出参数 Done（完成）、Error（错误）的意义与 Modbus 从站协议的指令 MBUS_INIT 的同名参数相同。参数 Timeout（超时）是等待从站给出响应的时间（1～32767ms），典型值为 1000ms。

调用 MBUS_CTRL 指令时，将会自动添加几个受保护的用于 Modbus 通信的子程序和中断程序。

2．MBUS_MSG 指令

图 6-22 中的 MBUS_MSG 指令用于向 Modbus 从站发送请求消息，以及处理从站返回的响应消息。

使能输入 EN 和输入参数 First 同时为 ON 时，MBUS_MSG 指令向 Modbus 从站发送主站请求。发送请求、等待响应和处理响应通常需要多个 PLC 扫描周期。使能输入电路必须接通才能启动请求的发送，并且应该保持接通状态，直到 Done（完成）位被置位。

程序中可以有多条 MBUS_MSG 指令，但是同一时刻只能有一条 MBUS_MSG 指令处于激活状态。如果同时启用多条 MBUS_MSG 指令，将处理被启用的第一条 MBUS_MSG 指令，所有后续的 MBUS_MSG 指令将中止，并返回错误代码 6。

参数 Slave 是 Modbus 从站的地址（0～247），地址 0 是广播地址，只能用于写请求。S7-200 SMART Modbus 从站库不支持广播地址。

参数 RW（读写）为 0 时为读取，为 1 时为写入。数字量输出（线圈）和保持寄存器支持读请求和写请求。数字量输入（触点）和输入寄存器仅支持读请求。

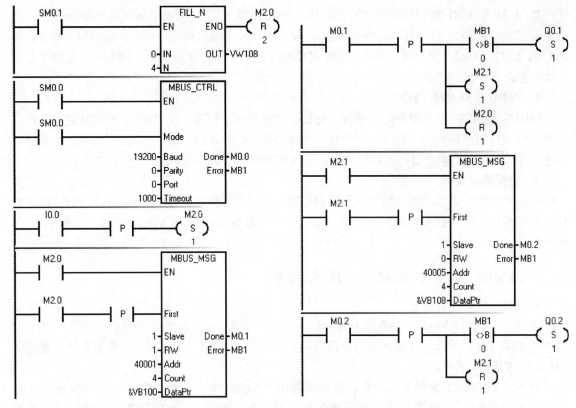

图 6-22　Modbus 主站的通信程序

参数 Addr（地址）是起始的 Modbus 地址。Modbus 主站指令支持的 Modbus 地址见表 6-1，地址的最高位是地址区的信息。实际的有效地址范围取决于从站设备支持的地址。

参数 Count（计数）用于设置请求中要读取或写入的数据元素的个数（位数据类型的位数或字数据类型的字数）。MBUS_MSG 指令最多能读取或写入 120 个字数据或 1920 个位数据（240B）。

参数 DataPtr 是间接寻址的地址指针，指向主站 CPU 中与读/写请求有关的数据的 V 存储器。例如要写入到 Modbus 从站设备的数据的起始地址为 VW100 时，则 DataPtr 的值为&VB100（VB100 的地址）。对于读请求，DataPtr 指向用于存储从 Modbus 从站读取的数据的第一个 CPU 存储单元。对于写请求，DataPtr 指向要发送到 Modbus 从站的数据的第一个 CPU 存储单元。

CPU 在发送请求和接收响应时，Done 输出为 OFF。响应完成或 MBUS_MSG 指令因为错误中止时，Done 输出为 ON。字节 Error 中为错误代码。

单击"文件"菜单功能区的"库"区域中的"存储器"按钮，设置 Modbus 库使用的 286B 的 V 存储器的起始地址为 VB1000。

3. 从站的程序

有 Modbus RTU 从站协议功能的设备（例如变频器）都可以作从站。本节用 S7-200 SMART 作 Modbus 从站，其程序如图 6-21 所示。MBUS_INIT 指令的输入参数 HoldStart 是 V

表 6-1　Modbus 地址

数字量输出	00001～00256
数字量输入	10001～10256
输入寄存器	30001～30056
保持寄存器	40001～49999 400001～465535

存储器内保持寄存器的起始地址，图 6-22 中 MBUS_MSG 指令的 Modbus 地址 40001 对应于从站的 VW200，40005 对应于从站的 VW208。

4. 程序的执行过程

每一条 MBUS_MSG 指令可以用上一条 MBUS_MSG 指令的 Done 完成位来激活，以保证所有的 MBUS_MSG 指令顺序进行。下面是图 6-22 中程序的工作过程：

1）首次扫描时，用存储器填充指令 FILL_N 将保存读取的数据的地址区 VW108～VW114 清零，并复位两条 MBUS_MSG 指令的使能标志位 M2.0 和 M2.1。

2）在 I0.0 的上升沿置位 M2.0（见图 6-23），开始执行第一条 MBUS_MSG 指令。该指令将主站的 VW100～VW106 的值写入保持寄存器 40001～40004，即从站的 VW200～VW206（见图 6-24）。从站的 MBUS_INIT 指令的输入参数 HoldStart 为&VB200（见图 6-21），保持寄存器 40001 的实际地址为 VW200。

3）第一条 MBUS_MSG 指令执行完时，它的输出参数 Done（M0.1）变为 ON（见图 6-23），M2.0 被复位，停止执行第一条 MBUS_MSG 指令。M2.1 被置位，开始执行第二条 MBUS_MSG 指令，读取保持寄存器 40005～40008。保持寄存器 40005 对应于从站的 VW208，即读取从站从 VW208 开始的 4 个字（见图 6-24），保存到主站从 VW108 开始的 4 个字。指令执行出错则置位 Q0.1。

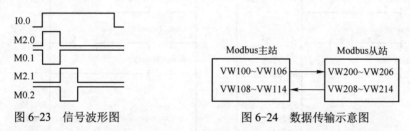

图 6-23　信号波形图　　　　　图 6-24　数据传输示意图

4）第二条 MBUS_MSG 指令执行完时，它的输出参数 Done（M0.2）变为 ON（见图 6-23），M2.1 被复位，停止执行第二条 MBUS_MSG 指令。指令执行出错则置位 Q0.2。

5. 通信实验

断开 PLC 的电源，用 PROFIBUS 电缆连接两块标准型 CPU 的 RS-485 端口。做实验时也可以用普通的 9 针连接器来代替网络连接器，不用接终端电阻（见图 6-25）。

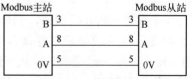

图 6-25　通信的硬件接线图

将两块 CPU 和计算机的以太网端口连接到交换机上，将用户程序和组态信息分别下载到作为 Modbus 主站和从站的两块 CPU。用状态图表给待发送数据的地址区（主站的 VW100～VW106 和从站的 VW208～VW214）赋值。

令两台 PLC 运行在 RUN 模式。接通和断开主站的 I0.0 外接的小开关，先后执行图 6-22 中的两条 MBUS_MSG 指令，将主站的 VW100～VW106 的值写入从站的 VW200～VW206（见图 6-24）。读取从站的 VW208～VW214 的值，保存到主站的 VW108～VW114。可以用状态图表监控通信双方的数据区来判断通信是否成功。

视频"Modbus RTU 通信的实验"可通过扫描二维码 6-19 播放。

6-19
Modbus RTU
通信的实验

6.5.4 Modbus TCP 通信

1. Modbus TCP

Modbus TCP 是基于工业以太网和 TCP/IP 传输的 Modbus 通信协议，Modbus TCP 通信中的客户端主动发起和建立与服务器的 TCP/IP 连接，连接建立后，客户端请求读取服务器的存储器，或者将数据写入服务器的存储器。如果请求有效，服务器将响应该请求；如果请求无效，则会返回错误消息。

S7-200 SMART 可以作为 Modbus TCP 的客户端或服务器，实现 PLC 之间的通信。也可以与支持 Modbus TCP 通信协议的第三方设备通信。

Modbus 客户端指令 MBUS_CLIENT 占用最多 8 个开放式用户通信主动连接资源、2849B 程序空间和 662B 用于指令符号的 V 存储器。Modbus 服务器指令 MBUS_SERVER 占用最多 8 个开放式用户通信被动连接资源、2969B 程序空间和 445B V 存储器。

2. 编写客户端的程序

Modbus TCP 通信指令在项目树的 "\指令\库" 文件夹中。打开配套资源中的例程 "Modbus TCP 客户端"，MBUS_CLIENT 指令（见图 6-26）用于建立和断开客户端和服务器的 TCP 连接、发送 Modbus 请求和接收服务器的响应。

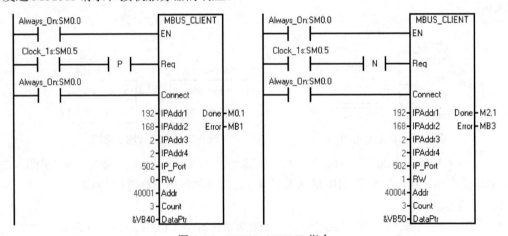

图 6-26 MBUS_CLIENT 指令

在参数 Req 的上升沿，客户端发送 Modbus 请求，Connect 为 1 时尝试与指令指定的 IP 地址和端口号的设备建立连接，为 0 时尝试断开已经建立的连接，忽略 Req 的请求信号。IPAddr1～IPAddr4 是服务器从高到低的 IP 字节地址，IP_Port 是 Modbus TCP 服务器的端口号，默认值为 502。

参数 RW、Addr、Count 和 DataPtr 与图 6-22 中的 MBUS_MSG 指令的同名参数的功能相同。RW 为 0 时为读取，为 1 时为写入。Addr 是起始的 Modbus 地址，Count 是要读取或写入的数据元素的个数。DataPtr 是指向主站 CPU 中与读/写请求有关的数据的 V 存储区的间接寻址的地址指针。

图 6-26 左边的 MBUS_CLIENT 指令读取服务器的寄存器 40001～40003 中的数据，保存到本机的 VW40～VW44。右边的 MBUS_CLIENT 指令将 VW50～VW54 这 3 个字的值写入服务器的寄存器 40004～40006。

不能同时读取和写入数据，所以分别用秒时钟脉冲 SM0.5 的上升沿和下降沿作为两条

MBUS_CLIENT 指令的读、写请求信号。

　　客户端已建立或已断开与服务器的连接、已接收 Modbus 响应或发生错误时，Done 输出为 ON。客户端正在建立连接或等待来自服务器的 Modbus 响应时，Done 输出为 OFF。出现错误的一个周期内，输出 Error 中是指令执行的结果。

　　单击"文件"菜单功能区的"库"区域中的"存储器"按钮，设置 Modbus 库使用的 662B 的 V 存储器的起始地址为 VB1000。

　　在 OB1 中编写程序，在 SM0.5 的上升沿，每 1s 将要写入服务器的第一个字 VW50 加 1。首次扫描时将从 VW40 开始的数据接收区清零，将从 VW50 开始要发送的 3 个字置初始值 16#200。

3．编写服务器的程序

　　打开配套资源中的例程"Modbus TCP 服务器"，以太网端口的 IP 地址为 192.168.2.2。

　　图 6-27 中的 MBUS_SERVER 是 Modbus TCP 的服务器指令，它用于处理 Modbus TCP 客户端的连接请求、接收和处理 Modbus 请求，并发送响应消息。

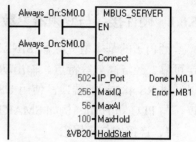

图 6-27　服务器 OB1 的程序

　　参数 Connect 为 1 时服务器接受来自客户端的请求；为 0 时服务器断开已经建立的连接。IP_Port 是服务器的本地端口号，默认值为 502。其他输入参数与 Modbus RTU 的指令 MBUS_INIT（见图 6-21）的同名参数的作用相同。寄存器 40001 对应于地址 MW20。

　　输出参数 Done 和 Error 的作用与指令 MBUS_CLIENT 的相同。设置 Modbus 库使用的 445B 的 V 存储器的起始地址为 VB1000。

　　在 OB1 中编写程序，每 1s 将客户端要读取的第一个字 VW20 加 1。首次扫描时将 VW26 开始的数据接收区清零，将 VW20 开始的 3 个字置初值 16#201。

4．Modbus TCP 通信实验

　　将两块 CPU 和计算机的以太网端口连接到交换机上，将通信双方的用户程序和组态信息分别下载到各自的 CPU。因为客户端和服务器的 Connect 端的输入信号均为 1，两块 CPU 均进入 RUN 模式后，建立起了 Modbus TCP 连接。用客户端的状态图表监控 VW40～VW44 和 VW50～VW54。用服务器的状态图表监控 VW20～VW30。

　　启动双方的状态图表的监控功能，可以看到，由于 Req 输入信号的作用，图 6-26 左边的 MBUS_CLIENT 指令每秒读取一次服务器的寄存器 40001～40003（即 VW20～VW24）中的数据，保存到本机的 VW40～VW44。图 6-26 右边的 MBUS_CLIENT 指令每秒将 VW50～VW54 的值写入服务器的寄存器 40004～40006（即 VW26～VW30）。客户端读取到的第一个字 VW40 随服务器每秒加 1 的 VW20 变化。写入服务器的第一个字 VW26 随客户端每秒加 1 的 VW50 变化。

5．S7-1200 作服务器的 Modbus TCP 通信

　　S7-1200 作 Modbus TCP 服务器的通信中，通信双方的例程分别是配套电子资源中的"1200 作 Modbus TCP 服务器"和"Modbus TCP 客户端 2"。

　　视频"S7-200 SMART 作 Modbus TCP 通信的客户端""S7-1200 作 Modbus TCP 通信的服务器"和"Modbus TCP 通信的实验"可通过扫描二维码 6-20～二维码 6-22 播放。

6.6 S7-200 SMART 与变频器的 USS 协议通信

6.6.1 硬件接线与变频器参数设置

西门子的基本型变频器 SINAMICS V20（简称为 V20）具有调试过程便捷、易于操作、稳定可靠、经济高效等特点。输出功率范围为 0.12kW～15kW，有 PID 参数自整定功能。V20 可以通过 RS-485 通信端口，使用 USS 协议与西门子 PLC 通信。V20 还可以使用 Modbus RTU 协议，与 PLC 和 HMI（例如 SMART 700 IE）通信。

1．连接宏与应用宏

V20 的功能很强，可以采用多种控制方式。初学者面对变频器需要设置的大量参数，都会感到茫然不知所措。在 V20 的手册中，变频器常用的控制方式被归纳总结为 12 种连接宏和 5 种应用宏，供用户选用。使用连接宏和应用宏，不需要直接面对冗长复杂的参数列表，可以避免因参数设置不当而导致的错误。

连接宏类似于配方，给出了完整的解决方案。配套资源中的手册《SINAMICS V20 变频器操作说明》提供了每种连接宏的外部接线图，以及每种连接宏所有需要设置的参数的默认设置值。选中某种连接宏后，有关的参数被自动设置为该连接宏的默认值，用户只需按自己的要求修改少量的参数值。

应用宏针对某种特定的应用提供一组相应的参数设置。选择了一个应用宏后，变频器会自动应用该应用宏的参数设置，从而简化调试过程。默认的应用宏为 AP000（采用出厂时默认的全部参数设置）。此外有水泵、风机、压缩机和传送带这 4 个应用宏。用户可以选择与其控制要求最为接近的应用宏，然后根据需要修改参数。

2．硬件接线

USS 协议是用于西门子变频器与 S7 系列 PLC 通信的通信协议。S7-200 SMART 可以通过 CPU 集成的 RS-485 端口（端口 0）和可选的信号板 CM01（端口 1）进行 USS 协议通信。每个 RS-485 端口最多可以与 16 台变频器通信，它们组成一个 USS 网络。CPU 集成的 RS-485 端口 0 的 9 针连接器与 V20 变频器的硬件接线见图 6-28。接线时应满足下面两项要求，否则可能会毁坏通信端口。

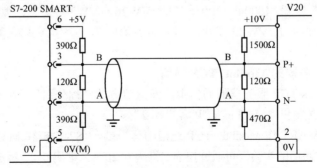

图 6-28 USS 通信的硬件接线图

1）应确保与变频器连接的所有控制设备（例如 PLC）的信号公共点均用短粗电缆连接到变频器使用的接地点或星点。S7-200 SMART 侧的 RS-485 连接器的引脚 5（DC 5V 电压的公共端）必须与 V20 的模拟量的 0V 端子直接相连，然后接地。

2）两侧的 0V 端子不能就近通过保护接地网络相连，否则可能会因为烧电焊烧毁通信设备。RS-485 电缆应与其他电缆（特别是电动机的主回路电缆）保持一定的距离，并将 RS-485 电缆的屏蔽层接地。总线电缆的长度大于 2m 时，应在网络两端的站点设置总线终端电阻。

3．设置电动机参数

使用 USS 协议进行通信之前，应使用 V20 内置的基本操作面板（简称为 BOP，见图 6-29）来设置变频器的有关参数。首次上电或变频器被工厂复位后，进入 50/60Hz 选择菜单，显示"50？"（50Hz）。

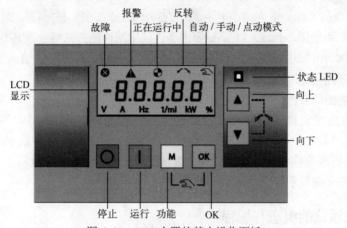

图 6-29　V20 内置的基本操作面板

按 OK 键的时间小于 2s 时（以下简称为单击），进入设置菜单，显示参数编号 P0304（电动机额定电压）。按 OK 键，显示原来的电压值 400。可以用 ▲、▼ 键增减参数值，长按 ▲ 键或 ▼ 键，参数值将会快速变化。按 OK 键确认参数值后返回参数编号显示状态，按 ▲ 键显示下一个参数编号 P0305。用同样的方法设置参数 P0305[0]、P0307[0]、P0310[0] 和 P0311[0]，它们分别是电动机的额定电流、额定功率、额定频率和额定转速。

4．设置连接宏、应用宏和其他参数

按 M 键，显示"-Cn000"，可设置连接宏。按 ▲ 键，直到显示"Cn010"时按 OK 键，显示"-Cn010"，表示选中了 USS 连接宏 Cn010。按 M 键，显示"-AP000"，采用默认的应用宏 AP000（出厂默认设置，不更改任何参数设置）。

在设置菜单方式下长按 M 键（按键时间大于 2s）或下一次上电时，进入显示菜单方式，显示 0.00Hz。多次按 OK 键，将循环显示输出频率（Hz）、输出电压（V）、电动机电流（A）、直流母线电压（V）和设定频率值。

连接宏 Cn010 预设了 USS 协议通信的参数（见表 6-2），使调试过程更加便捷。

表 6-2　USS 协议通信的参数设置

参　数	描　　述	连接宏默认值	实际设置值	备　注
P0700[0]	选择命令源	5	5	命令来自 RS-485
P1000[0]	选择频率设定源	5	5	频率设定值来自 RS-485
P2023	RS-485 协议选择	1	1	USS 协议

（续）

参　数	描　　述	连接宏默认值	实际设置值	备　　注
P2010[0]	USS/Modbus 波特率	8	7	波特率为 19.2kbit/s
P2011[0]	USS 从站地址	1	1	变频器的 USS 地址
P2012[0]	USS 协议的过程数据 PZD 长度	2	2	PZD 部分的字数
P2013[0]	USS 协议的参数标示符 PKW 长度	127	127	PKW 部分的字数，可变
P2014[0]	USS/Modbus 报文间断时间	500	0	设为 0 看门狗被禁止（ms）

在显示菜单方式下按 Ⓜ 键，进入参数菜单方式，显示 P0003。令参数 P0003 为 3，允许读/写所有的参数。按表 6-2 的要求，用 ⓄⓀ 键和 ▲、▼ 键检查和修改参数值。例如为了设置参数 P2010[0]，用 ▲、▼ 键增减参数编号直至显示 P2010。按 ⓄⓀ 键，显示"in000"，表示该参数方括号内的索引（Index，或称下标）值为 0，可用 ▲、▼ 键修改索引值。按 ⓄⓀ 键，显示 P2010[0]原有的值，修改为 7（波特率为 19.2kbit/s）以后按 ⓄⓀ 键确认。用同样的方法将参数 P2014[0]修改为 0ms。

基准频率 P2000[0]采用默认值 50.00Hz，它是串行链路或模拟量输入的满刻度频率设定值。在参数菜单方式下长按 Ⓜ 键，将进入显示菜单方式，显示 0.00Hz。

5. 变频器恢复出厂参数

在更改上次的连接宏设置前，应对变频器进行工厂复位，令 P0010 为 30（工厂的设定值），P0970 为 1（参数复位），按 ⓄⓀ 键将变频器恢复到工厂设定值。令参数 P0003 为 3，允许读/写所有的参数。在更改连接宏 Cn010 中的参数 P2023 后，变频器应重新上电。在变频器断电后，确保 LED 灯熄灭或显示屏空白后方可再次接通电源。

6.6.2　USS 协议通信的组态与编程

1. 硬件组态

在 STEP 7-Micro/WIN SMART 中生成一个名为"USS Port0 通信"的项目（见配套资源中的同名例程），选中系统块对话框左边窗口中的"通信"，右边窗口中的 RS-485 端口地址和波特率用于 PPI 协议。

2. USS 指令

在 USS 协议通信中，PLC 作主站，变频器作从站。从站只有在接收到主站的请求消息后，才可以立即向主站发送响应消息，从站之间不能直接传输数据。指令库中的 USS 指令用于监控变频器和读/写变频器参数，它们不能在中断程序中使用。调用 USS_INIT 指令时，将会自动添加几个隐藏的子程序和中断程序。

某个端口使用 USS 协议与变频器通信时，不能再作它用，包括与 HMI 进行通信。

USS 指令将使用户程序所需的存储器字节数增加 2150～3050B。USS 指令还要占用由用户指定的 400B 的 V 存储器。有些 USS 指令还需要 16B 的通信缓存区。

USS 协议是一种中断驱动的应用程序。最差情况下，接收消息的中断程序的执行最多需要 2.5ms。在此期间，所有其他的中断事件都需要排队，等待接收消息的中断程序执行完后再进行处理。USS 指令会影响与分配的端口的自由端口通信有关的所有 SM 地址。

3. 调用 USS_INIT 指令

USS_INIT 指令（见图 6-30）用于启动、初始化或禁用与西门子变频器的通信。在使用其他 USS 指令之前，必须成功地执行 USS_INIT 指令。该指令执行完

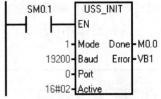

图 6-30　USS_INIT 指令

后，Done（完成）输出位被立即置位，然后继续执行下一条指令。

一般在首次扫描时执行一次 USS_INIT 指令。如果要更改通信参数，需要执行新的 USS_INIT 指令，用边沿检测指令使指令的 EN 输入以脉冲方式接通。

参数 Mode 为 1 时，将端口分配给 USS 协议并启用该协议，为 0 时，将端口分配给 PPI 协议并禁用 USS 协议。

参数 Baud 用于设置波特率，单位为 bit/s，应与变频器设置的波特率相同。

参数 Port（端口）为 0 时，使用 CPU 集成的 RS-485 端口；为 1 时，使用信号板 CM01 的 RS-485 或 RS-232 端口。

要激活的变频器的地址为 N（N 范围为 0~31）时，令双字参数 Active 的第 N 位为 1。同时可以激活多台变频器，未激活的变频器对应的位为 0。例如要激活地址范围为 0~2 的变频器时，Active 为 16#07（第 0~2 位为 1）。图 6-30 仅激活了地址为 1 的变频器。

输出字节 Error 中为协议执行的错误代码。

4．调用 USS_CTRL 指令

USS_CTRL 指令（见图 6-31）用于控制一台激活的西门子变频器。USS_CTRL 指令将它的命令参数放置到通信缓冲区，如果用 Drive 参数定义的变频器已被 USS_INIT 指令的 Active 参数激活，USS_CTRL 指令的命令参数随后将发送给该变频器。每台变频器只能分配一条 USS_CTRL 指令。必须用一直为 ON 的 SM0.0 的常开触点控制该指令的 EN 输入端。

如果同时满足下列条件：

1）变频器已被 USS_INIT 指令激活。

2）位输入参数 OFF2 和 OFF3 为 OFF。

3）输出参数 Fault（故障）和 Inhibit（禁止）为 OFF。

在输入参数 RUN 为 ON 时，变频器将以设置的速度和方向开始运行。

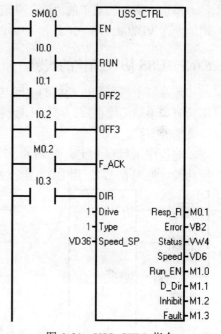

图 6-31　USS_CTRL 指令

电动机运行时，如果输入参数 RUN 变为 OFF，将停机命令发送给变频器，使电动机的转速匀速下降，直至电动机停止。

电动机运行时，如果输入参数 OFF2 变为 ON，电动机惯性滑行，自然停车。

电动机运行时，如果输入参数 OFF3 变为 ON，通过制动使电动机快速停车。

位参数 Resp_R（接收到响应）确认来自变频器的响应。系统轮询所有被激活的变频器以获取最新的变频器状态信息。每次 CPU 收到来自变频器的响应时，该位将接通一个扫描周期，以下的参数值将被更新。

在故障确认位 F_ACK 的上升沿，复位变频器的故障位 Fault，确认变频器发生的故障。

参数 Drive 用于设置接收 USS_CTRL 命令的变频器的地址（0~31）。

参数 Type 用于设置变频器的类型，V20 系列变频器的类型号为 1。

方向控制位 DIR 用于控制电动机的旋转方向。

实数参数 Speed_SP 是用组态的基准频率（P2000）的百分数表示的频率设定值（-200.0%~

200.0%）。负的设定值将使变频器反方向旋转。

字节参数 Error 中包含对变频器的最新通信请求的结果。

字参数 Status 是变频器返回的状态字。

实数参数 Speed 是以组态的基准频率的百分数表示的变频器输出频率的实际值。可以根据 Speed 的正负或位变量 D_Dir（方向）的状态来判断电动机的旋转方向。

位参数 Run_EN 为 ON 时表示变频器正在运行。

位参数 Inhibit 为 ON 时表示变频器已被禁止。为了清除 Inhibit 位，Fault、RUN、OFF2 和 OFF3 应为 OFF。

位参数 Fault 为 ON 表示变频器有故障，故障消失后，可以用 F_ACK 位来清除此位。

5．设置 USS 通信的 V 存储器

单击"文件"菜单的"库"功能区中的"存储器"按钮，设置 USS 库所需的 V 存储器的起始地址为 VB200。

6.6.3　USS 协议通信的实验

连接好变频器和电动机的主回路接线，按图 6-28 连接好变频器和 CPU 的 RS-485 端口。做实验时如果通信线很短，可以不接终端电阻。接通变频器的电源，用基本操作面板 BOP 设置好变频器的参数。

将程序下载到 PLC，令 PLC 运行在 RUN 模式。用以太网端口监控 PLC，启动程序状态监控功能（见图 6-32）。用 BOP 显示变频器的频率。

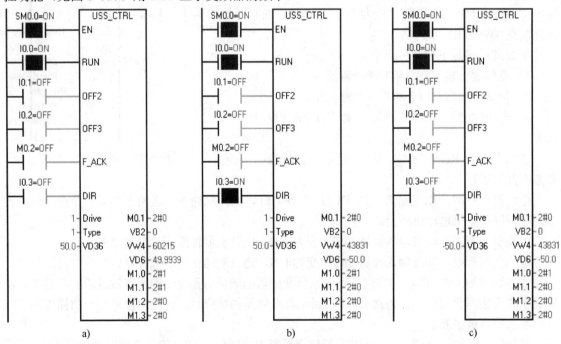

图 6-32　程序状态监控

1）右击 USS_CTRL 指令的参数 Speed_SP（VD36）的显示值，执行出现的快捷菜单中的"写入"命令，设置该参数的值为 50.0%。因为变频器的基准频率（参数 P2000）为 50.0Hz，设定的频率为 25.0Hz。

2）用接在输入端的小开关使 USS_CTRL 指令的参数 OFF2（I0.1）和 OFF3（I0.2）为 OFF，参数 RUN（I0.0）为 ON，电动机起动运行，BOP 显示的频率值从 0.00 Hz 逐渐增大到 25.00Hz 后不再变化。USS_CTRL 指令的输出参数 Speed（VD6）接近 50.0（%），旋转方向 D_Dir（M1.1）为 2#1（见图 6-32a）。状态字 VW4 的值为 60215（16#EB37），V20 变频器的状态字各二进制位的意义见《SINAMICS V20 变频器操作说明》的参数列表中的参数 r0052。

3）令参数 RUN 为 OFF，电动机减速停车。基本操作面板显示的频率值从 25.00Hz 逐渐减少到 0.00Hz，参数 Speed（VD6）也从 50.0 逐渐减少到 0.0。状态字 VW4 为 60209（16#EB31）。

4）在电动机运行时，令参数 OFF2（I0.1）为 ON，马上又变为 OFF（发一个脉冲），电动机自然停车。

5）在电动机运行时，令参数 OFF3（I0.2）为 ON，马上又变为 OFF，电动机快速停车。参数 OFF2 和 OFF3 发出的脉冲使电动机停机后，需要将参数 RUN 由 ON 变为 OFF，然后再变为 ON，才能再次起动电动机运行。

6）在电动机运行时，令控制方向的输入参数 DIR.（I0.3）变为 ON（见图 6-32b），电动机减速为 0 后自动反向旋转，反向升速到-25.00Hz 后不再变化，BOP 显示反向图标。输出参数 Speed（VD6）为-50.0（%），旋转方向 D_Dir（M1.1）为 2#0。

令 DIR 变为 OFF，电动机减速为 0 后自动返回最初的旋转方向，升速至 25.00Hz 后不再变化，图标消失。Speed 和 D_Dir 的显示值随之而变。

7）在电动机停机时，将 VD36 中的频率设定值 Speed_SP 修改为-50.0（%），DIR（I0.3）保持 OFF 不变。令参数 RUN 为 ON，电动机反向起动，频率最终稳定在-50.0%（见图 6-32c），旋转方向 D_Dir（M1.1）为 2#0。

实际的频率输出值受到参数"最大频率"（P1082）和"最小频率"（P1080）的限制。

6.7　习题

1．异步通信为什么需要设置起始位和停止位？

2．什么是奇校验？

3．什么是半双工通信方式？

4．简述以太网防止各站争用总线所采取的控制策略。

5．简述令牌总线防止各站争用总线所采取的控制策略。

6．简述主从通信方式防止各站争用通信线所采取的控制策略。

7．简述 S7-200 SMART 的以太网端口的功能。

8．怎样导入 IO 设备的 GSD 文件？

9．简述 ET 200SP 作 IO 设备，用 PROFINET 向导组态的步骤。

10．简述实现 IO 控制器和智能 IO 设备通信的步骤。

11．简述 S7 单向通信中客户端和服务器的作用。

12．用编程软件的指令向导中的 GET/PUT 生成 S7 通信的客户端的通信子程序，要求用客户端的 I0.0~I0.7 控制服务器的 Q0.0~Q0.7，用服务器的 I0.0~I0.7 控制客户端的 Q0.0~Q0.7。简述参数设置的过程。

13．开放式用户通信可以使用哪些通信协议？

14. 终端电阻有什么作用，怎样设置网络连接器上的端接和偏置开关？

15. 网络中继器有什么作用？

16. Modbus 协议的 RTU 消息传输模式有什么特点？

17. Modbus 通信的保持寄存器 40001 的实际地址取决于 MBUS_INIT 指令的什么参数？

18. 要求 Modbus TCP 的客户端在 I0.1 的上升沿，将 VW100～VW108 的值写入服务器的 VW200～VW208，服务器的 IP 地址为 102.168.2.11，编写出客户端和服务器的程序。

19. 使用 USS 协议怎样控制电动机的起动、停车和反向？

第7章 PLC在模拟量闭环控制中的应用

7.1 闭环控制与PID控制器

7.1.1 模拟量闭环控制系统

在工业生产中，一般用闭环控制方式来控制温度、压力、流量这一类连续变化的模拟量，使用得最多的是PID控制（即比例–积分–微分控制），这是因为PID控制具有以下优点：

1）即使没有控制系统的数学模型，也能得到比较满意的控制效果。

2）通过调用PID指令来编程，程序设计简单，参数调整方便。

3）有较强的灵活性和适应性，根据被控对象的具体情况，可以采用P、PI、PD和PID等方式，S7-200 SMART的PID指令还采用了一些改进的控制方式。

1. 模拟量闭环控制系统的组成

典型的模拟量闭环控制系统如图7-1所示，点划线中的部分是用PLC实现的。

以加热炉温度闭环控制系统为例，用热电偶检测被控量$c(t)$（炉温），温度变送器将热电偶输出的微弱的电压信号转换为标准量程的直流电流或直流电压$PV(t)$，例如范围在4~20mA和0~10V的信号。PLC用模拟量输入模块中的A-D转换器，将它们转换为与温度成比例的多位二进制数过程变量（又称为反馈值）PV_n。CPU将它与温度设定值SP_n比较，误差$e_n = SP_n - PV_n$。

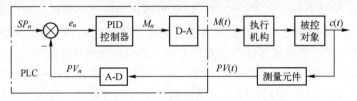

图7-1 PLC模拟量闭环控制系统方框图

模拟量与数字量之间的相互转换和PID程序的执行都是周期性的操作，其间隔时间称为采样时间T_S。各数字量中的下标n表示该变量是第n次采样计算时的数字量。

PID控制器以误差值e_n为输入量，进行PID控制运算。模拟量输出模块的D-A转换器将PID控制器的整数输出值M_n转换为直流电压或直流电流$M(t)$，用它来控制电动调节阀的开度。用电动调节阀控制加热用的天然气的流量，实现对温度$c(t)$的闭环控制。

2. 闭环控制的工作原理

闭环负反馈控制可以使过程变量PV_n等于或跟随设定值SP_n。以炉温控制系统为例，假设被控量温度值$c(t)$低于给定的温度值，过程变量PV_n小于设定值SP_n，误差e_n为正，控制器的输出值$M(t)$将增大，使执行机构（电动调节阀）的开度增大，进入加热炉的天然气流量增加，加热炉的温度升高，最终使实际温度接近或等于设定值。

天然气压力的波动、常温的工件进入加热炉，这些因素称为扰动，它们会破坏炉温的稳定，有的扰动量很难检测和补偿。闭环控制具有自动减小和消除误差的功能，可以有效地抑制闭环中各种扰动量对被控量的影响，使过程变量 PV_n 趋近于设定值 SP_n。

闭环控制系统的结构简单，容易实现自动控制，因此在各个领域得到了广泛的应用。

3．变送器的选择

变送器用来将电量或非电量转换为标准量程的电流或电压，然后送给模拟量输入模块。

变送器分为电流输出型变送器和电压输出型变送器。电压输出型变送器具有恒压源的性质，PLC 模拟量输入模块的电压输入端的输入阻抗很高，例如电压输入时模拟量输入模块 EM AE08 的输入阻抗大于等于 9MΩ。如果变送器距离 PLC 较远，微小的干扰信号电流在模块的输入阻抗上将产生较高的干扰电压。例如 1μA 干扰电流在 9MΩ 输入阻抗上将会产生 9V 的干扰电压信号，所以远程传送的模拟量电压信号的抗干扰能力很差。

电流输出型变送器具有恒流源的性质，恒流源的内阻很大。PLC 的模拟量输入模块的输入为电流时，输入阻抗较低，例如电流输入时，EM AE08 的输入阻抗为 250Ω。线路上的干扰信号在模块的输入阻抗上产生的干扰电压很低，所以模拟量电流信号适用于远程传送。电流信号的传送距离比电压信号的传送距离远得多，使用屏蔽电缆信号线时可达 100m。

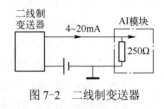

图 7-2　二线制变送器

电流输出型变送器分为二线制和四线制两种，四线制变送器有两根电源线和两根信号线。二线制变送器只有两根外部接线，它们既是电源线，也是信号线（见图 7-2），输出范围为 4~20mA 的信号电流，将直流电源串接在回路中，有的二线制变送器通过隔离式安全栅供电。通过调试，在被检测信号量程的下限时输出电流为 4mA，被检测信号满量程时输出电流为 20mA。二线制变送器的接线少，信号可以远传，在工业中得到了广泛的应用。

4．闭环控制反馈极性的确定

闭环控制必须保证系统是负反馈（误差＝设定值－过程变量），而不是正反馈（误差＝设定值＋过程变量）。如果系统接成了正反馈，将会失控，被控量会往单一方向增大或减小。

闭环控制系统的反馈极性与很多因素有关，例如因为接线改变了变送器输出电流或输出电压的极性，或改变了绝对式位置传感器的安装方向，都会改变反馈的极性。

可以用下述的方法来判断反馈的极性：在调试时断开模拟量输出模块与执行机构之间的连线，在开环状态下运行 PID 控制程序。如果控制器中有积分环节，因为反馈被断开了，不能消除误差，模拟量输出模块的输出电压或电流会朝一个方向变化。这时如果假设接上执行机构，能减小误差，则为负反馈，反之为正反馈。

以温度控制系统为例，假设开环运行时设定值大于过程变量，若模拟量输出模块的输出值 $M(t)$ 不断增大，如果形成闭环，将使电动调节阀的开度增大，闭环后温度测量值将会增大，使误差减小，由此可以判定系统是负反馈。

5．闭环控制系统主要的性能指标

由于给定输入信号或扰动输入信号的变化，使系统的输出量发生变化，在系统输出量达到稳态值之前的过程称为过渡过程或动态过程。系统的动态过程的性能指标用阶跃响应的参数来描述（见图 7-3）。阶

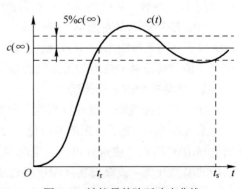

图 7-3　被控量的阶跃响应曲线

跃响应是指系统的输入信号阶跃变化（例如从 0 突变为某一恒定值）时系统的输出。被控量 $c(t)$ 从 0 上升，第一次到达稳态值 $c(\infty)$ 的时间称为上升时间 t_r。

一个系统要正常工作，阶跃响应曲线应该是收敛的，最终能趋近于某一个稳态值 $c(\infty)$。系统进入并停留在 $c(\infty)$ 上下 ±5%（或 2%）的误差带内的时间 t_S 称为调节时间，到达调节时间表示过渡过程已基本结束。

系统的相对稳定性可以用超调量来表示。设动态过程中输出量的最大值为 $c_{max}(t)$，如果它大于输出量的稳态值 $c(\infty)$，超调量定义为

$$\sigma\% = \frac{c_{max}(t) - c(\infty)}{c(\infty)} \times 100\%$$

超调量越小，动态稳定性越好。一般希望超调量小于 10%。

通常用稳态误差来描述控制的准确性和控制精度，稳态误差是指响应进入稳态后，输出量的期望值与实际值之差。

6. 闭环控制带来的问题

闭环控制并不能保证得到良好的动静态性能，这主要是系统中的滞后因素造成的，闭环中的滞后因素主要来源于被控对象。以调节洗澡水的温度为例，我们用皮肤检测水的温度，人的大脑是闭环控制器。假设水温偏低，往热水增大的方向调节阀门后，因为水从阀门到人的皮肤有一段距离，需要经过一定的时间延迟，才能感觉到水温的变化。如果阀门开度的调节量过大，将会造成水温忽高忽低，来回振荡。如果没有滞后，调节阀门后马上就能感觉到水温的变化，那就很好调节了。

如果 PID 控制器的参数整定得不好，使 $M(t)$ 的变化幅度过大，调节过头，将会使超调量过大（见图 7-24），系统甚至会不稳定，响应曲线出现等幅振荡或振幅越来越大的发散振荡。PID 控制器的参数整定得不好的另一个极端是阶跃响应曲线没有超调，但是响应过于迟缓（见图 7-26），调节时间很长。

7.1.2 PID 控制器的数字化

1. 连续控制系统中的 PID 控制器

典型的 PID 模拟量控制系统如图 7-4 所示，用运算放大器作 PID 控制器。图中的各物理量均为模拟量，$SP(t)$ 是设定值，$PV(t)$ 为过程变量，$c(t)$ 为被控量，PID 控制器的输入、输出关系式为

$$M(t) = K_C \left[e(t) + \frac{1}{T_I} \int_0^t e(t)\mathrm{d}t + T_D \frac{\mathrm{d}e(t)}{\mathrm{d}t} \right] + M_{initial} \tag{7-1}$$

式中的误差信号 $e(t) = SP(t) - PV(t)$，$M(t)$ 是 PID 控制器的输出值，K_C 是控制器的增益（比例系数），T_I 和 T_D 分别是积分时间和微分时间，$M_{initial}$ 是 $M(t)$ 的初始值。PID 控制程序的主要任务就是实现式（7-1）中的运算，因此有人将 PID 控制器称为 PID 控制算法。

式（7-1）中等号右边前 3 项分别是输出量中的比例（P）部分、积分（I）部分和微分（D）部分，它们分别与误差 $e(t)$、误差的积分和误差的一阶导数 $\mathrm{d}e(t)/\mathrm{d}t$ 成正比。如果取其中的一项或两项，可以组成 P、PD 或 PI 控制器。需要较好的动态品质和较高的稳态精度时，可以选用 PI 控制方式；控制对象的惯性滞后较大时，应选用 PID 控制方式。

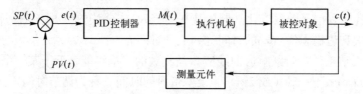

图 7-4　模拟量闭环控制系统方框图

2. PID 控制器的数字化

（1）积分的几何意义与近似计算

式（7-1）中的积分 $\int_0^t e(t)\mathrm{d}t$ 对应于图 7-5 中误差曲线 $e(t)$ 与坐标轴包围的面积（图中的灰色部分）。PID 程序是周期性执行的，执行 PID 程序的时间间隔为 T_S（即 PID 控制的采样时间）。只能使用连续的误差曲线上间隔时间为 T_S 的一些离散的点的值来计算积分，因此不可能计算出准确的积分值，只能对积分作近似计算。

一般用图 7-5 中的矩形面积之和来近似计算积分值，每块矩形的面积为 e_jT_S。各小块矩形面积累加后的总面积为 $T_\mathrm{S}\sum\limits_{j=1}^{n}e_j$。当 T_S 较小时，积分的误差不大。

（2）微分部分的几何意义与近似计算

在误差曲线 $e(t)$ 上作一条切线（见图 7-6），该切线与 x 轴正方向的夹角 α 的正切值 $\tan\alpha$ 即为该点处误差的一阶导数 $\mathrm{d}e(t)/\mathrm{d}t$。PID 控制器输出表达式（7-1）中的导数用下式来近似：

$$\frac{\mathrm{d}e(t)}{\mathrm{d}t}\approx\frac{\Delta e(t)}{\Delta t}=\frac{e_n-e_{n-1}}{T_\mathrm{S}}$$

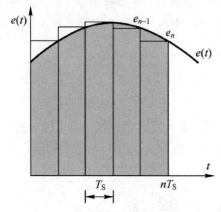

图 7-5　积分的近似计算

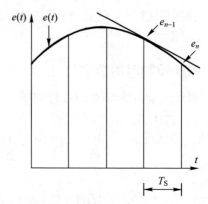

图 7-6　导数的近似计算

式中 e_{n-1} 是第 $n-1$ 次采样时的误差值（见图 7-6）。将积分和导数的近似表达式代入式（7-1），第 n 次采样时控制器的输出为

$$M_n=K_\mathrm{C}\left[e_n+\frac{T_\mathrm{S}}{T_\mathrm{I}}\sum\limits_{j=1}^{n}e_j+\frac{T_\mathrm{D}}{T_\mathrm{S}}(e_n-e_{n-1})\right]+M_{\mathrm{initial}} \qquad (7\text{-}2)$$

将式（7-2）改写为式（7-3）：

$$M_n=K_\mathrm{C}e_n+K_\mathrm{I}\sum\limits_{j=1}^{n}e_j+M_{\mathrm{initial}}+K_\mathrm{D}(e_n-e_{n-1}) \qquad (7\text{-}3)$$

式中 e_n 是第 n 次采样时的误差值，e_{n-1} 是第 $n-1$ 次采样时的误差值。积分项系数 $K_I = K_C \times T_S / T_I$，微分项系数 $K_D = K_C \times T_D / T_S$。

将式（7-3）改写为式（7-4），其中 MX 是第 $n-1$ 次计算时的积分项。

$$M_n = K_C e_n + (K_I e_n + MX) + K_D (e_n - e_{n-1}) \tag{7-4}$$

比例项 $K_C e_n = K_C (SP_n - PV_n)$，式中 SP_n 和 PV_n 分别是第 n 次采样时的设定值和过程变量值（即反馈值）。

积分项 $K_I e_n + MX = K_C (T_S / T_I)(SP_n - PV_n) + MX$，式中 T_S 是采样时间，T_I 是积分时间，MX 是上一次计算的积分项。每一次计算结束后需要保存 e_n 和积分项，作为下一次计算的 e_{n-1} 和 MX。第一次计算时 MX 的初值为控制器输出的初值 M_{initial}。

微分项与误差的变化率成正比，其计算公式为

$$K_D (e_n - e_{n-1}) = K_D [(SP_n - PV_n) - (SP_{n-1} - PV_{n-1})]$$

为了避免设定值变化引起微分部分的突变对系统的干扰，令设定值不变（$SP_n = SP_{n-1}$），微分项的算式变为

$$K_D (e_n - e_{n-1}) = K_D (PV_{n-1} - PV_n)$$

这种微分算法称为反馈量微分算法。为了下一次的微分计算，必须保存本次的过程变量 PV_n，作为下一次的 PV_{n-1}。初始化时令 $PV_{n-1} = PV_n$。

3. 反作用调节

正作用与反作用是指 PID 的输出值与过程变量之间的关系。在开环状态下，PID 输出值控制的执行机构的输出增加使被控量增大的是正作用；使被控量减小的是反作用。

当加热炉温度控制系统的 PID 输出值增大，天然气调节阀的开度增大，使被控对象的温度升高，这就是一个典型的正作用。制冷则恰恰相反，当 PID 输出值增大，空调压缩机的输出功率增加，使被控对象的温度降低，这就是反作用。把 PID 回路的增益 K_C 设为负数，就可以实现 PID 反作用调节。

7.1.3　PID 指令向导的应用

1. 用 PID 指令向导生成 PID 程序

PID 指令"PID　TBL，LOOP"中的 TBL 是回路表的起始地址，LOOP 是回路的编号（0～7）。不同的 PID 指令应使用不同的回路编号。

编写 PID 控制程序时，首先要把数据类型为 INT 的过程变量 PV 转换为 0.00～1.00 之间的标准化的实数。PID 运算结束后，需要将回路输出（0.00～1.00 之间的标准化的实数）转换为送给模拟量输出模块的整数。为了让 PID 指令以稳定的采样时间工作，应在定时中断程序中调用 PID 指令。综上所述，如果直接使用 PID 指令，编程的工作量和难度都较大。

使用 STEP 7-Micro/WIN SMART 的 PID 向导，只需要设置一些参数，就可以自动生成 PID 控制程序。下面通过一个例子，介绍 PID 指令向导的使用方法。

首先创建一个名为"PID 闭环控制"的项目（见配套资源中的同名例程）。用系统块设置 CPU 的型号，0 号扩展模块为 EM AM06（4AI/2AQ），模拟量输入、输出的起始地址为 AIW16 和 AQW16。

双击项目树的"向导"文件夹中的"PID",打开"PID 回路向导"对话框,完成下面每一步的操作后,单击"下一页>"按钮。在依次出现的页面中完成下列操作:

1)选择要组态回路 0,最多可以组态 8 个回路。

2)采用回路 0 默认的名称 Loop 0。

3)在"参数"页设置增益(见图 7-7)、采样时间、积分时间和微分时间。如果设置微分时间为 0,则为 PI 控制器。如果不需要积分作用,应将积分时间设置为一个很大的数,例如10000.0。

4)在"输入"页设置过程变量 *PV* 的类型为单极性(见图 7-8),过程变量和回路设定值的上、下限均采用默认值。

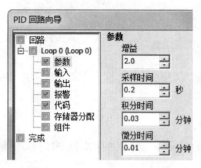

图 7-7　设置 PID 控制器参数

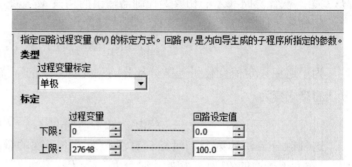

图 7-8　设置 PID 的输入参数

根据变送器的量程范围,可以选择输入类型为单极性、双极性(默认范围为-27648~27648,可修改)或单极性 20%偏移量(默认范围为 5530~27648,不可修改)。还可以选"温度×10℃"和"温度×10°F"(默认的上、下限均为 0~1000,可修改)。

S7-200 SMART 的模拟量输入模块只有 0~20mA 的量程,单极性 20%偏移量适用于输出为 4~20mA 的变送器。

5)在"输出"页采用回路输出量的类型为默认的模拟量输出,单极性,范围为 0~27648。模拟量输出类型可选单极性、双极性和单极性 20%偏移量。

如果选择输出类型为数字量,需要设置以 0.1s 为单位的循环时间,即输出脉冲的周期。

6)在"报警"页设置启用过程变量 *PV* 的上限报警,上限值为 90%,没有启用下限报警和模块 EM0 的模拟量输入错误报警功能。

7)在"代码"页采用 PID 向导创建的子程序的默认名称,勾选"添加 PID 的手动控制"多选框。

8)在"存储器分配"页设置用来保存组态数据的 120B 的 V 存储器的起始地址为 VB200。

9)"组件"页显示组态生成的项目组件。单击"生成"按钮,自动生成循环执行 PID 功能的中断程序 PID_EXE、第 x 号回路(x 的范围为 0~7)的初始化子程序 PIDx_CTRL、数据页 PIDx_DATA 和符号表 PIDx_SYM。

2. 回路表

S7-200 SMART 的 PID 指令使用一个存储回路参数的回路表,该表的前 36B(见表 7-1)是回路的基本参数,后 44B 用于 PID 参数自整定。在 PID 指令中用输入参数 TBL 指定回路表的起始地址。一般用 PID 向导来设置 PID 参数的初始值,用 PID 整定控制面板来修改 PID 参数。

表 7-1　PID 指令的回路表

偏移地址	变量名	格式	类型	描述
0	过程变量 PV_n	实数	输入	范围应在 0.0～1.0
4	回路设定值 SP_n	实数	输入	范围应在 0.0～1.0
8	回路输出值 M_n	实数	输入/输出	范围应在 0.0～1.0
12	回路增益 K_C	实数	输入	比例常数,可正可负
16	采样时间 T_S	实数	输入	单位为 s,必须为正数
20	积分时间 T_I	实数	输入	单位为 min,必须为正数
24	微分时间 T_D	实数	输入	单位为 min,必须为正数
28	上一次的积分值 MX	实数	输入/输出	范围应在 0.0～1.0
32	上一次过程变量 PV_{n-1}	实数	输入/输出	最近一次运算的过程变量值

7.2　PID 控制器的参数整定方法

7.2.1　PID 参数的物理意义

1. 对比例控制作用的理解

控制器输出量中的比例、积分和微分部分都有明确的物理意义。了解它们的物理意义,有助于我们调整控制器的参数。PID 的控制原理可以用人对炉温的手动控制来理解。

人工控制实际上也是一种闭环控制,操作人员用眼睛读取数字式仪表检测到的炉温测量值,并与炉温的设定值比较,得到温度的误差值。用手操作电位器,调节加热的电流,使炉温保持在设定值附近。有经验的操作人员通过手动操作可以得到很好的控制效果。

操作人员知道使炉温稳定在设定值时电位器的位置(我们将它称为位置 L),并根据当时的温度误差值调整电位器的转角。炉温小于设定值时,误差为正,在位置 L 的基础上顺时针增大电位器的转角,以增大加热的电流;炉温大于设定值时,误差为负,在位置 L 的基础上反时针减小电位器的转角,以减小加热的电流。令调节后的电位器转角与位置 L 的差值与误差成正比,误差绝对值越大,调节的角度越大。上述控制策略就是比例控制,即 PID 控制器输出中的比例部分与误差成正比,增益(即比例系数)为式(7-1)中的 K_C。

闭环中存在着各种各样的延迟作用。例如调节电位器转角后,到温度上升到新的转角对应的稳态值时有较大的延迟。加热炉的热惯性、温度的检测、模拟量转换为数字量和 PID 的周期性计算都有延迟。由于延迟因素的存在,调节电位器转角后不能马上看到调节的效果,因此闭环控制系统调节困难的主要原因是系统中的延迟作用。

如果增益太小,即调节后电位器转角与位置 L 的差值太小,调节的力度不够,使温度的变化缓慢,调节时间过长。如果增益过大,即调节后电位器转角与位置 L 的差值过大,调节力度太强,造成调节过头,可能使温度忽高忽低,来回振荡,超调量过大。

如果闭环系统没有积分作用(即系统为自动控制理论中的 0 型系统),由理论分析可知,单纯的比例控制有稳态误差,稳态误差与增益成反比。图 7-9 和图 7-10 中的方波是比例控制的设定值曲线,图 7-9 中的系统增益小,超调量和振荡次数少,或者没有超调,但是稳态误差大。增益增大几倍后,起动时被控量的上升速度加快(见图 7-10),稳态误差减小,但是超调量增大,振荡次数增加,调节时间加长,动态性能变坏,增益过大甚至会使闭环系统不稳定。因此单纯的比例控制很难兼顾动态性能和静态性能。

视频 "PID 控制器输出中比例控制的作用" 可通过扫描二维码 7-1 播放。

7-1
PID 控制器输出中比例控制的作用

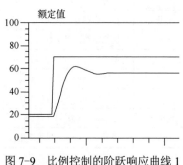

图 7-9　比例控制的阶跃响应曲线 1

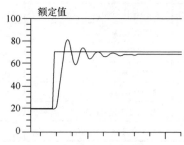

图 7-10　比例控制的阶跃响应曲线 2

2．对积分控制作用的理解

（1）积分控制的数学运算

式（7-4）中的 $K_I e_n + MX$ 为积分项，MX 是上一次计算的积分项。在每次 PID 运算时，积分运算在原来的积分项（矩形面积的累加值）MX 的基础上，增加一个与当前的误差值成正比的微小部分 $K_I e_n$。误差 e_n 为正时，积分项增大。误差为负时，积分项减小。

（2）积分控制的作用

在上述的温度控制系统中，积分控制相当于根据当时的误差值，每隔一个采样时间 T_S 都要微调一下电位器的角度。温度低于设定值时误差为正，积分项增大一点点，使加热电流增加；反之积分项减小一点点，使加热电流减小。积分项的增量与当时的误差值 e_n 成正比。因此只要误差不为零，控制器的输出就会因为积分作用而不断变化。积分这种微调的 "大方向" 是正确的，只要误差不为零，积分项就会向使误差绝对值减小的方向变化。在误差很小的时候，比例部分和微分部分的作用几乎可以忽略不计，但是积分项仍然不断变化，用 "水滴石穿" 的力量，使误差趋近于零。

在系统处于稳定状态时，误差恒为零，比例部分和微分部分均为零，积分部分不再变化，并且刚好等于稳态时需要的控制器的输出值，对应于上述温度控制系统中电位器转角的位置 L。因此积分部分的作用是消除稳态误差，提高控制精度，积分作用一般是必需的。在纯比例控制的基础上增加积分控制，成为 PI 控制器，被控量 PV 最终等于设定值 SP（见图 7-11），稳态误差被消除。

（3）积分控制的缺点

积分虽然能消除稳态误差，但是如果参数整定得不好，积分也有负面作用。积分项与当前误差值和过去的历次误差值的累加值成正比，因此积分作用具有严重的滞后特性，对系统的稳定性不利。如果积分时间设置得不好，其负面作用很难通过积分作用迅速地修正。如果积分作用太强，相当于每次微调电位器的角度值过大，累积为积分项后，其作用与增益过大相同，会使系统的动态性能变差，超调量增大，甚至使系统不稳定。积分作用太弱，则消除误差的速度太慢。

（4）积分控制的应用

比例控制作用与误差同步，没有延迟。只要误差变化，比例部分就会立即起作用，使被控量朝着误差减小的方向变化。

174

具有滞后特性的积分很少单独使用，它一般与比例控制和微分控制联合使用，组成 PI 或 PID 控制器。PI 和 PID 控制器既克服了单纯的比例调节有稳态误差的缺点，又避免了单纯的积分调节响应慢、动态性能不好的缺点，因此被广泛使用。如果控制器有积分作用（采用 PI 或 PID 控制），积分能消除阶跃输入的稳态误差，这时可以将增益调得比纯比例控制小一些。

（5）积分部分的调试

因为积分时间 T_I 在式（7-1）的积分项的分母中，T_I 越小，积分项累加运算的速度越快，积分作用越强。综上所述，积分作用太强（即 T_I 太小），系统的稳定性变差，超调量增大。积分作用太弱（即 T_I 太大），系统消除误差的速度太慢，T_I 的值应取得适中。图 7-16 和图 7-17 分别是积分时间为 0.03min 和 0.1min 的响应曲线。增大积分时间后，超调量减小了好几倍。

视频"PID 控制器输出中积分控制的作用"可通过扫描二维码 7-2 播放。

3. 对微分控制作用的理解

（1）微分分量的物理意义

PID 输出的微分分量与误差的变化速率（即导数）成正比，误差变化越快，微分项的绝对值越大。微分项的符号反映了误差变化的方向。在图 7-11 的 A 点和 B 点之间、C 点和 D 点之间，误差不断减小，微分项为负；在 B 点和 C 点之间，误差不断增大，微分项为正。控制器输出量的微分部分反映了误差变化的趋势。

有经验的操作人员在温度上升过快，但是尚未达到设定值时，根据温度变化的趋势，预感到温度将会超过设定值，导致出现超调。于是调节电位器的转角，提前减小加热的电流，以减小超调量。这相当于士兵射击远方的移动目标时，考虑到子弹运动的时间，需要一定的提前量一样。

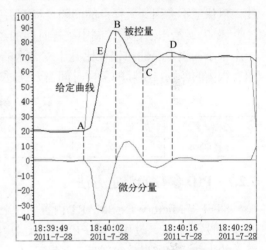

图 7-11　PID 控制器输出中的微分分量

在图 7-11 中启动过程的上升阶段（A 点到 E 点），被控量尚未超过其稳态值，超调还没有出现。但是因为被控量不断增大，误差 $e(t)$ 不断减小，控制器输出量的微分分量为负，使控制器的输出量减小，相当于减小了温度控制系统加热的功率，提前给出了制动作用，以阻止温度上升过快，所以可以减少超调量。因此微分控制具有超前和预测的特性，在温度尚未超过稳态值之前，根据被控量变化的趋势，微分作用就能提前采取措施，以减小超调量。在图 7-11 中的 E 点和 B 点之间，被控量继续增大，控制器输出量的微分分量仍然为负，继续起制动作用，以减小超调量。

闭环控制系统的振荡甚至不稳定的根本原因在于有较大的滞后因素，微分控制的超前作用可以抵消滞后因素的影响。适当的微分控制作用可以使超调量减小，调节时间缩短，增加系统的稳定性。对于有较大惯性或滞后的被控对象，控制器输出量变化后，要经过较长的时间才能引起过程变量的变化。如果 PI 控制器的控制效果不理想，可以考虑在控制器中增加微分作用，以改善闭环系统的动态特性。

（2）微分部分的调试

微分时间 T_D 与微分作用的强弱成正比，T_D 越大，微分作用越强。微分作用的本质是阻碍被控量的变化，如果微分作用太强（T_D 太大），将会使响应曲线变化迟缓，超调量反而可能增大（见图 7-19）。综上所述，微分控制作用的强度应适当，太弱则作用不大，过强则有负面作用。如果将微分时间设置为 0，微分部分将不起作用。

视频"PID 控制器输出中微分控制的作用"可通过扫描二维码 7-3 播放。

4．采样时间的确定

PID 控制程序是周期性执行的，执行的周期称为采样时间 T_S。采样时间越小，采样值越能反映模拟量的变化情况。但是 T_S 太小会增加 CPU 的运算工作量，所以也不宜将 T_S 取得过小。

确定采样时间时，应保证在被控量迅速变化的区段（例如启动过程的上升阶段），能有足够多的采样点。将各采样点的过程变量 PV_n 连接起来，应能基本上复现模拟量过程变量 $PV(t)$ 曲线，以保证不会因为采样点的间隔过稀而丢失被采集的模拟量中的重要信息。

表 7-2 给出了过程控制中采样时间的经验数据，表中的数据仅供参考。以温度控制为例，一个很小的恒温箱的热惯性比几十立方米的加热炉的热惯性小得多，它们的采样时间显然也应该有很大的差别。实际的采样时间需要经过现场调试后确定。

表 7-2　采样时间的经验数据

被控制量	流　量	压　力	温　度	液　位	成　分
采样时间/s	1～5	3～10	15～20	6～8	15～20

7.2.2　PID 参数的整定方法

STEP 7-Micro/WIN SMART 内置了一个 PID 整定控制面板，用于 PID 参数的调试，可以同时显示设定值 SP、过程变量 PV 和控制器输出 M 的波形。还可以用 PID 整定控制面板实现 PID 参数的手动整定或自整定（见 7.3 节）。

1．PID 参数的整定方法

PID 控制器有 4 个主要的参数 T_S、K_C、T_I、T_D 需要整定，如果使用 PI 控制器，也有 3 个主要的参数需要整定。如果参数整定得不好，系统的动静态性能达不到要求，甚至会使系统不能稳定运行。

可以根据上一节介绍的控制器的参数与系统动静态性能之间的定性关系，用实验的方法来调节控制器的参数。在调试过程中最重要的问题是在系统性能不能令人满意时，知道应该调节哪一个参数，该参数应该增大还是减小。有经验的调试人员一般可以较快地得到较为满意的调试结果。可以按以下规则来整定 PID 控制器的参数。

1）为了减少需要整定的参数，可以首先采用 PI 控制器。给系统输入一个阶跃给定信号，观察过程变量 PV 的波形。由此可以获得系统性能的信息，例如超调量和调节时间。

2）如果阶跃响应的超调量太大（见图 7-24），经过多次振荡才能进入稳态或者根本不稳定，应减小控制器的增益 K_C 或增大积分时间 T_I。

如果阶跃响应没有超调量，但是被控量上升过于缓慢（见图 7-26），过渡过程时间太长，应按相反的方向调整上述参数。

3）如果消除误差的速度较慢，应适当减小积分时间，增强积分作用。

4）反复调节增益和积分时间，如果超调量仍然较大，可以加入微分作用，即采用 PID 控制。微分时间 T_D 从 0 逐渐增大，反复调节 K_C、T_I 和 T_D，直到满足要求。需要注意的是在调节增益 K_C 时，同时会影响到积分分量和微分分量的值，而不是仅仅影响到比例分量。

5）如果响应曲线第一次到达稳态值的上升时间较长（上升缓慢），可以适当增大增益 K_C。如果因此使超调量增大，可以通过增大积分时间和调节微分时间来补偿。

总之，PID 参数的整定是一个综合的、各参数相互影响的过程，实际调试过程中的多次尝试是非常重要的，也是必需的。

2. 怎样确定 PID 控制器的初始参数值

如果调试人员熟悉被控对象，或者有类似的控制系统的资料可供参考，PID 控制器的初始参数值比较容易确定。反之，控制器的初始参数值的确定相当困难，随意确定的初始参数值可能比最后调试好的参数值相差数十倍甚至数百倍。

编者建议采用下面的方法来确定 PI 控制器的初始参数值。为了保证系统的安全，避免在首次投入运行时出现系统不稳定或超调量过大的异常情况，在第一次试运行时设置尽量保守的参数，即增益不要太大，积分时间不要太小，以保证不会出现较大的超调量。此外还应制订被控量响应曲线上升过快、可能出现较大超调量的紧急处理预案，例如迅速关闭系统或马上切换到手动方式。试运行后根据响应曲线的特征和上述调整 PID 控制器参数的规则，来修改控制器的参数值。

7.2.3　PID 控制器参数整定的实验

1. 硬件闭环 PID 控制实验

为了学习整定 PID 控制器参数的方法，必须做闭环实验，开环运行 PID 程序没有任何意义。用硬件组成一个闭环需要 CPU 模块、模拟量输入模块和模拟量输出模块，此外还需要被控对象、检测元件、变送器和执行机构。例如可以用电热水壶的水温作为被控物理量，用热电阻检测温度，用温度变送器将温度转换为标准电压，用移相控制的交流固态调压器作执行机构。

2. 被控对象仿真的 S7-200 SMART PID 闭环程序

本节介绍的 PID 闭环实验只需要一块 S7-200 SMART 的 CPU，广义被控对象（包括检测元件和执行机构）用编者编写的名为"被控对象"的子程序来模拟，被控对象的数学模型为 3 个串联的惯性环节，其增益为 *GAIN*，惯性环节的时间常数分别为 *TIM*1～*TIM*3。其传递函数为

$$\frac{GAIN}{(TIM1s+1)(TIM2s+1)(TIM3s+1)}$$

分母中的"s"为自动控制理论中拉式变换的拉普拉斯算子。将某一时间常数设为 0，可以减少惯性环节的个数。图 7-12 中被控对象的输入值 *INV* 是 PID 控制器的输出值，*DISV* 是系统的扰动输入值。被控对象的输出值 *OUTV* 作为 PID 控制器的过程变量（反馈值）*PV*。

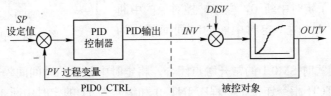

图 7-12　使用模拟的被控对象的 PID 闭环示意图

图 7-13 和图 7-14 是配套资源中的例程"PID 闭环控制"的主程序和中断程序。可以用这个例程和 PID 整定控制面板学习 PID 的参数整定方法。

T37 和 T38 组成了方波振荡器（见图 7-13），用来提供周期为 60s、幅值为浮点数 20.0%和 70.0%的方波设定值。

用一直闭合的 SM0.0 的常开触点调用 PID 向导生成的子程序 PID0_CTRL，后者初始化 PID 控制使用的变量。CPU 按 PID 向导中组态的采样时间，周期性地调用 PID 中断程序 PID_EXE，在 PID_EXE 中执行 PID 运算。

子程序 PID0_CTRL 的输入参数 PV_I 是数据类型为 INT 的过程 *PV*（即反馈值），Setpoint_R 是以百分比为单位的实数设定值（*SP*）。

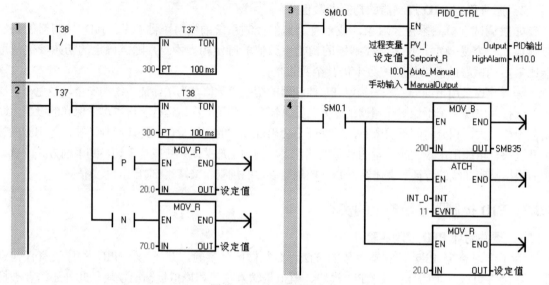

图 7-13 主程序的梯形图

BOOL 变量 Auto_Manual 为 ON 时，该回路为自动模式（PID 闭环控制），反之为手动模式。ManualOutput 是手动模式时标准化的实数输入值（范围为 0.00～1.00）。

Output 是 PID 控制器的 INT 型输出值，BOOL 变量 HighAlarm 是上限报警。如果组态了启用下限报警和模拟量模块故障报警，方框右边将会出现输出参数 LowAlarm 和 ModuleErr。

PID0_CTRL 的输入参数 PV_I 的实参"过程变量"是子程序"被控对象"（见图 7-14）的输出参数 OUTV 的实参；PID0_CTRL 的输出参数 Output 的实参"PID 输出"是子程序"被控对象"的输入参数 INV 的实参，这样就组成了图 7-12 中的 PID 闭环。

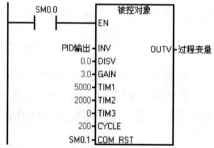

图 7-14 中断程序 INT_0

PID_EXE 占用了定时中断 0，模拟被控对象的中断程序使用定时中断 1。两个定时中断的时间间隔均为 200ms。

刚进入 RUN 模式时 SM0.1 的常开触点闭合，将定时中断 1 的时间间隔 200ms 送给 SMB35 （见图 7-13），用 ATCH 指令连接中断程序 INT_0 和编号为 11 的定时中断 1 的中断事件，设置变量"设定值"的初始值为 20.0%。

在中断程序 INT_0 中，用一直闭合的 SM0.0 的常开触点调用子程序"被控对象"（见图 7-14），被控对象的增益为 3.0，3 个惯性环节的时间常数分别为 5s、2s 和 0s，实际上只用了两个惯性环节。其采样时间 CYCLE 为 200ms，参数 COM_RST 用于初始化操作。

实际的 PID 控制程序没有中断程序 INT_0 和其中的子程序"被控对象"，在主程序中只需要调用子程序 PID0_CTRL，其输入参数 PV_I 应为实际使用的 AI 模块的通道地址（例如 AIW16），其输出参数 Output 应为实际使用的 AO 模块的通道地址（例如 AQW16）。

3. PID 整定控制面板

STEP 7-Micro/WIN SMART 的 PID 整定控制面板用图形方式监视 PID 回路的运行情况（见图 7-15），可以用它手动调节 PID 参数，或用于 PID 参数自整定。过程变量 *PV* 和设定值 *SP* 共用图形左侧的纵轴，PID 的输出（即 PID 公式中的 *M*）使用图形右侧的纵轴。图 7-15 是 PID 参数自整定的曲线。

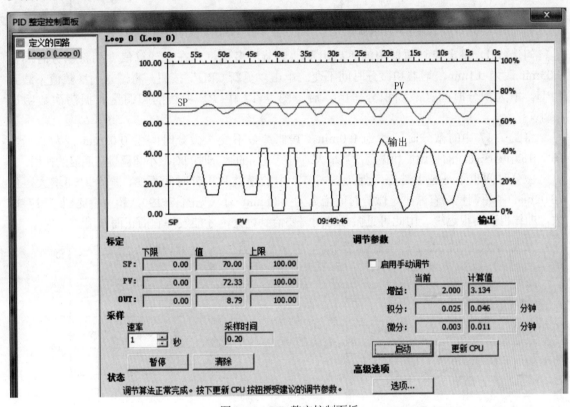

图 7-15　PID 整定控制面板

将配套资源中的例程"PID 闭环控制"下载到 CPU，令 PLC 为 RUN 模式。双击项目树的"工具"文件夹中的"PID 整定控制面板"，打开控制面板。令 PID 向导子程序 PID0_CTRL 的输入参数 Auto_Manual（I0.0）为 ON，启动 PID 控制。选中面板左边窗口中的"Loop 0"，可以看到右边窗口用不同的颜色显示的 *PV*、*SP* 和 PID 输出的动态变化的曲线和它们的值。

在"采样"区可以设置图形显示区的采样速率（范围为 1~480s）。"采样时间"是 PID 向导中设置的以秒为单位的执行 PID 运算的时间间隔。"调节参数"区给出了 CPU 中的增益、积分时间和微分时间的当前值，和参数自整定得到的计算值（或手动输入的参数值）。

4. PID 闭环控制仿真实验结果介绍

图 7-16～图 7-23 是用配套资源中的例程"PID 闭环控制"和 PID 整定控制面板得到的曲线，图中的曲线的名称和 PID 控制器的主要参数是编者添加的。图 7-16 是采用 PID 向导组态

的控制器参数对应的曲线，*PV* 曲线的超调量过大，有多次振荡。

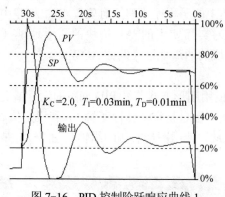

图 7-16　PID 控制阶跃响应曲线 1

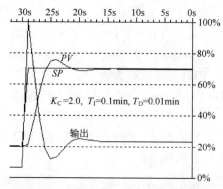

图 7-17　PID 控制阶跃响应曲线 4

　　勾选 PID 整定控制面板中的"启用手动调节"多选框，在"计算值"列将积分时间由 0.03min 改为 0.1min，增益和微分时间不变。单击"更新 CPU"按钮，将键入的参数值下载到 CPU。增大积分时间（减弱积分作用）后，图 7-17 中 *PV* 曲线的超调量和振荡次数明显减小。

　　将图 7-17 中的微分时间改为 0.0min，其他参数不变。微分时间由 0.01min 减为 0 后，图 7-18 中响应曲线的超调量和振荡次数增大。可见适当的微分时间对减小超调量有明显的作用。

　　微分时间也不是越大越好，保持图 7-17 中的增益和积分时间不变，微分时间增大一倍（0.02min），超调量略有减小。微分时间增大为 0.08min 时（见图 7-19），超调量比图 7-17 增大，曲线也变得很迟缓。由此可见微分时间需要恰到好处，才能发挥它的正面作用。

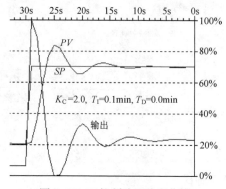

图 7-18　PI 控制阶跃响应曲线 1

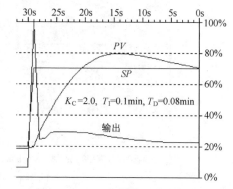

图 7-19　PID 控制阶跃响应曲线 3

　　图 7-20 和图 7-21 的微分时间均为 0（即采用 PI 控制），积分时间均为 0.2min。增益 K_C 分别为 1.5 和 0.8，减小了增益后，同时减弱了比例作用和积分作用。可以看出，减小增益能降低超调量。

　　因为积分作用太弱，图 7-21 的 *PV* 曲线消除误差的速度太慢。将积分时间由 0.2min 减小到图 7-22 的 0.1min 后，积分作用增强，消除误差的速度加快，但是超调量比图 7-21 增大了一些。

　　减小增益后，图 7-22 的 *PV* 曲线第一次到达稳态值的上升时间比图 7-20 显著增大。如果恢复图 7-20 中的参数（增益增大到 1.5，积分时间为 0.2min），虽然能减小上升时间，但是超调量较大。

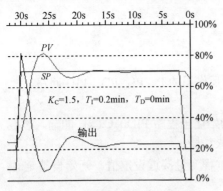

图 7-20　PI 控制阶跃响应曲线 2

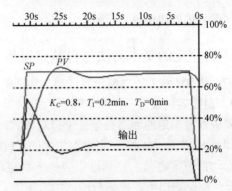

图 7-21　PI 控制阶跃响应曲线 3

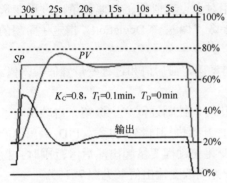

图 7-22　PI 控制阶跃响应曲线 4

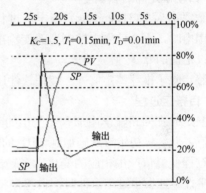

图 7-23　PID 控制阶跃响应曲线 4

为了减小超调量，引入微分作用，反复调节微分时间，0.01min 时效果较好，超调量降到 5%。为了加快设定值 SP 跳变到 20% 后消除误差的速度，将积分时间减小到 0.15min。图 7-23 的超调量为 6%，上升时间和消除误差的速度也比较理想。

从上面的例子可以看出，为了兼顾超调量、上升时间和消除误差的速度这些指标，有时需要多次反复地调节控制器的 3 个参数，直到最终获得比较好的控制效果。

改变 PID 控制器的增益时，同时会影响到 PID 输出量中比例、积分、微分这 3 个分量的值。响应曲线的形状是 3 个分量共同作用的结果。

7-4
PID 参数手动整定实验

视频"PID 参数手动整定实验"可通过扫描二维码 7-4 播放。

读者可以修改中断程序 INT_0 中被控对象的参数，下载到 CPU 后，调整 PID 控制器的参数，直到得到较好的响应曲线，即超调量较小，过渡过程时间较短，上升时间较小。做实验时也可以修改采样时间，了解采样时间与控制效果之间的关系。通过仿真实验，可以较快地掌握 PID 参数的整定方法。

7.3　PID 参数自整定

S7-200 SMART 具有 PID 参数自整定功能，编程软件有 PID 整定控制面板。这两项功能相结合，使用户能轻松地实现 PID 的参数自整定。PID 自整定算法向用户推荐接近最优的增益、积分时间和微分时间。

用 PID 整定控制面板起动、中止自整定过程。控制面板用图形方式监视整定的结果，显示可能产生的错误或警告。

7.3.1　自整定的基本方法与自整定过程

S7-200 SMART 的自整定算法可以用于正作用和反作用的 P、PI、PD、PID 回路。

1. 自整定的条件

要进行自整定的回路必须处于自动模式，PID 初始化子程序 PID0_CTRL 的输入参数 Auto_Manual（I0.0）应为 ON，即回路的输出由 PID 指令来控制。

起动自整定之前，控制过程应处于稳定状态，过程变量接近设定值。开始自整定时，理想的情况是回路输出值在控制范围的中点附近。

2. 自动确定滞后和偏差

参数"滞后"（Hysteresis）指定了过程变量相对于设定值的正负偏移量，过程变量在这个偏移范围内时，不会使继电控制器改变输出值。参数"偏差"（Deviation）指定了希望的过程变量围绕设定值的峰-峰值波动量。

自整定除了推荐整定值外，编程软件还可以自动确定滞后值和过程变量峰值偏差值。

3. 自整定过程

自整定时在回路输出中加入一些小的阶跃变化，使控制过程产生振荡。自动确定了滞后值和偏差值之后，将初始阶跃施加到 PID 的输出量，开始执行自整定过程。PID 输出值的阶跃变化会使过程变量值产生相应的变化。当输出值的变化使过程变量超出滞后区范围时，检测到一个过零事件。在发生过零事件时，自整定将向相反方向改变输出值（见图 7-15）。

自整定继续对过程变量进行采样，并等待下一个过零事件，该过程总共需要 12 次过零才能完成。过程变量的峰-峰值（峰值偏差）和过零事件产生的速率都与控制过程的动态特性直接相关。在自整定过程初期，会适当调节输出阶跃值，从而使过程变量的峰-峰值更接近希望的偏差值。如果两次过零之间的时间超出过零看门狗间隔时间，自整定过程将以错误告终，过零看门狗间隔时间的默认值为 2h。

过程变量振荡的频率和幅度代表了控制过程的增益和自然频率。根据在自整定过程中采集的控制过程的增益和自然频率的相关信息，计算出最终的增益和频率值，由此可以计算出 PID 控制器的增益、积分时间和微分时间的推荐值。

自整定过程完成后，回路的输出将恢复到初始值，在下一扫描周期开始正常的 PID 计算。

7.3.2　PID 参数自整定实验

1. 实验的准备工作

配套资源中的例程"PID 参数自整定"和"PID 闭环控制"都是用编者编写的子程序"被控对象"来模拟被控对象的特性。它们的区别在于"PID 参数自整定"的设定值不是方波，而是用 I0.3 来控制设定值。I0.3 为 ON 时设定值为 70.0%，为 OFF 时设定值为 0。

将"PID 参数自整定"下载到 CPU，令 PLC 处于 RUN 模式。打开 PID 整定控制面板，选中面板左边窗口中的"Loop 0"（见图 7-15）。单击"选项"按钮，出现"高级选项"对话框，建议采用该对话框中所有默认的参数设置。

2. 第一次 PID 参数自整定实验

被控对象的增益为 3.0（见图 7-14），两个惯性环节的时间常数为 2s 和 5s。PID 向导中设置的采样时间为 0.2s，PID 控制器的增益为 2.0、积分时间为 0.025min，微分时间为 0.003min（见图 7-15 中"当前"列的参数）。未勾选"启用手动调节"多选框。

令 I0.0 为 ON，PID 控制为"自动"模式。用 I0.3 外接的小开关使设定值 SP 从 0.0%跳变到 70.0%。响应曲线如图 7-24 所示，过程变量 PV 曲线的超调量太大，衰减振荡的时间太长。

在过程变量曲线 PV 沿设定值 SP 曲线上下小幅波动，这两条曲线几乎重合时，单击"启动"按钮，启动参数自动调节过程。面板的"状态"区显示"回路 0 正在进行自调节，自动滞后计算"。

滞后计算结束后，"状态"区显示"回路 0 正在进行自调节"。PID 输出值按方波变化，PV 的波形沿 SP 上下波动（见图 7-15 中各曲线左边的部分）。

在"状态"区显示"调节算法正常完成。按下更新 CPU 按钮接受建议的调节参数"时，进入正常的 PID 控制，PID 输出波形由方波变为平滑的曲线，PV 的波形逐渐趋近于设定值 SP（见图 7-15 中各曲线右边的部分）。"调节参数"区的"计算值"列给出了 PID 参数的建议值。

单击"更新 CPU"按钮，出现的对话框显示"是否要将这些值写入 CPU?"，单击"是"按钮确认，将图 7-15 中的"计算值"列的自整定得到的建议参数（增益为 3.134，积分时间为 0.046min，微分时间为 0.011min）写入 CPU。图 7-25 是使用自整定的参数后的阶跃响应曲线，超调量显著减小，动态性能有明显的改善。

如果使用自整定建议的参数不能完全满足要求，可以手动调节参数。勾选"启用手动调节"多选框，在"计算值"列键入 PID 参数后，单击"更新 CPU"按钮，将新的参数值传送到CPU。

3. 第二次 PID 参数自整定实验

勾选"启用手动调节"多选框，在"计算值"列设置增益为 0.5，积分时间为 0.5min，微分时间为 0.1min。用"更新 CPU"按钮下载到 CPU 后，阶跃响应曲线见图 7-26，虽然没有超调，但是响应过于迟缓。

单击去掉"启用手动调节"多选框中的 ✓，再单击"启动"按钮，启动参数自整定，自整定的过程与上述的相同。使用自整定建议的参数（增益为 3.536，积分时间为 0.043min，微分时间为 0.011min）的响应曲线，与图 7-25 中的曲线几乎完全相同。

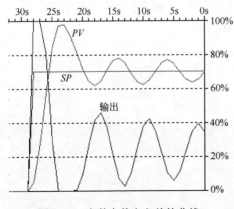

图 7-24　参数自整定之前的曲线 1

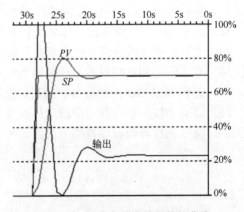

图 7-25　使用自整定的参数的曲线

183

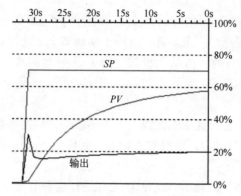

图7-26 参数自整定之前的曲线2

上述两次实验的初始参数相差甚远（有的相差在 10 倍以上），图 7-24 和图 7-26 中的响应曲线差别极大。但是自整定得到的推荐参数值却相差很小，分别使用两次自整定推荐的参数，得到的阶跃响应曲线基本上相同。由此可见，即使 PID 的初始参数在较大范围变化，自整定都能提供较好的推荐参数。

7-5
PID 参数自整定实验

视频"PID 参数自整定实验"可通过扫描二维码 7-5 播放。

7.4 习题

1. PID 控制为什么会得到广泛的使用？
2. 为什么在模拟信号远传时应使用电流信号，而不是电压信号？
3. 怎样判别闭环控制中反馈的极性？
4. 超调量反映了系统的什么特性？
5. 反馈量微分 PID 算法有什么优点？
6. 什么是正作用？什么是反作用？怎样实现 PID 反作用调节？
7. 增大增益对系统的动态性能有什么影响？
8. PID 输出中的积分部分有什么作用？增大积分时间对系统的性能有什么影响？
9. PID 输出中的微分部分有什么作用？
10. 如果闭环响应的超调量过大，应调节哪些参数？怎样调节？
11. 阶跃响应没有超调，但是被控量上升过于缓慢，应调节哪些参数？怎样调节？
12. 消除误差的速度太慢，应调节什么参数？怎样调节？
13. 上升时间过长应调节什么参数？怎样调节？
14. 怎样确定 PID 控制的采样时间？
15. 怎样确定 PID 控制器参数的初始值？
16. 启动 PID 参数自整定应满足什么条件？
17. 简述 PID 参数自整定的方法。

第 8 章　PLC 应用中的一些问题

8.1　PLC 控制系统的硬件可靠性措施

　　PLC 是专门为工业环境设计的控制装置，一般不需要采取特殊措施，就可以直接在工业环境中使用。但是如果环境过于恶劣，电磁干扰特别强烈，或安装使用不当，都不能保证系统的正常安全运行。干扰可能会使 PLC 接收到错误的信号，造成误动作，或者使 PLC 内部的数据丢失，严重时甚至会使系统失控。在系统设计时，应采取相应的可靠性措施，以消除或减小干扰的影响，保证系统的正常运行。

1. 电源的抗干扰措施

　　电源是干扰进入 PLC 的主要途径之一，电源干扰主要是通过供电线路的分布电容和分布电感的耦合产生的，各种大功率用电设备是主要的干扰源。

　　在干扰较强或对可靠性要求很高的场合，可以在 PLC 的交流电源输入端加接带屏蔽层的隔离变压器和低通滤波器。

　　隔离变压器可以抑制从电源线窜入的外来干扰，提高抗高频共模干扰的能力。高频干扰信号不是通过变压器绕组的耦合，而是通过一次、二次绕组间的分布电容传递的。在一次、二次绕组之间加绕屏蔽层，并将它和铁心一起接地，可以减少绕组间的分布电容，提高抗高频干扰的能力。可以在互联网上搜索"电源滤波器"和"净化电源"，选用有关的产品。

2. 布线的抗干扰措施

　　PLC 不能与高压电器安装在同一个开关柜内，在柜内 PLC 应远离动力线，二者之间的距离应大于 200mm。中性线与相线、公共线与信号线应成对布线。I/O 线与电源线应分开走线，数字量、模拟量 I/O 线应分开敷设，交流信号与直流信号应分别使用不同的电缆。不同类型的导线应分别装入不同的电缆管或电缆槽中，并使其有尽可能大的空间距离。距离较长的数字量 I/O 线应采用屏蔽线。应为可能遭雷电冲击的线路安装合适的浪涌抑制设备，干扰较严重时也应设置浪涌抑制设备。

　　信号线和它的返回线绞合在一起，能减少感性耦合引起的干扰，绞合越靠近端子效果越好。S7-200 SMART 的交流电源线和 I/O 点之间的隔离电压为 AC 1500V，可以作为交流线和低压电路之间的安全隔离。

3. 模拟量信号的处理

　　模拟量信号和高速脉冲信号的传输线应使用双屏蔽的双绞线（每对双绞线和整个电缆都有屏蔽层）。不同的模拟量信号线应独立走线，它们有各自的屏蔽层，以减少线间的耦合。不要把不同的模拟量信号置于同一个公共返回线。

　　如果模拟量输入/输出信号距离 PLC 较远，应采用 4~20mA 的电流传输方式，而不是易受干扰的电压传输方式。使用分布电容小、干扰抑制能力强的配电器为变送器供电，可以减少对 PLC 的模拟量输入信号的干扰。应短接未使用的 A-D 通道的输入端，以防止干扰信号进入

PLC，影响系统的正常工作。模拟量输入信号的数字滤波是减轻干扰影响的有效措施。

4．PLC 的接地

（1）两种接地方式

保护接地用于保护人身安全，车间里一般有保护接地网络。为了保证操作人员的安全，应将电动机的外壳和控制屏的金属屏体连接到保护接地网络。

信号地（或称仪表地）是电子设备的电位参考点，例如 CPU 模块的传感器电源输出端子中的 M 端子应接到信号地。PLC 和变频器通信时，应将 PLC 的 RS-485 端口的第 5 脚（5V 电源的负极）与变频器的模拟量输入信号的 0V 端子连接到信号地。

（2）信号地应一点接地

控制系统中所有的控制设备需要接信号地的端子应保证一点接地。首先以控制屏为单位，将控制屏内各设备需要接信号地的端子用电缆夹连接到等电位母线上，然后用规定面积的等电位连接导线将各个屏的信号地端子连接到接地网络的某一点。西门子推荐的等电位连接导线的截面积为 16mm^2。信号地最好采用单独的接地装置。

连接参考电位不同的设备的通信端口，可能导致在连接电缆中产生预想不到的电流。这种电流可能导致通信错误或设备损坏。应确保用通信电缆连接的所有设备都共用一个公共电路参考点或者进行隔离，以防止出现意外电流。S7-200 SMART 的 RS-485 通信端口没有绝缘隔离，可以使用有隔离的 RS-485 中继器来连接具有不同地电位的设备。

（3）屏蔽电缆屏蔽层的接地

一般情况下，屏蔽电缆的屏蔽层应两端接金属机壳，并确保大面积接触金属表面，以便能承受高频干扰。为了减少屏蔽层的电流，两端接地的屏蔽层应与等电位连接导线并联。

在少数情况下，模拟量电缆的屏蔽层可以在控制柜一端接地，另一端通过一个高频小电容接地。如果屏蔽层两端的差模电压不高，并且连接到同一地线上时，也可以将屏蔽层的两端直接接地。

不要使用金属箔屏蔽层电缆，它的屏蔽效果仅有编织物屏蔽层电缆的 1/5。

（4）信号地不要通过保护接地网络连接

如果将各控制屏或设备的信号地就近连接到当地的安全保护接地网络上，强电设备的接地电流可能在两个接地点之间产生较大的电位差，干扰控制系统的工作，严重时可能烧毁设备。

有不少企业因为在车间烧电焊，烧毁了控制设备的通信端口和通信设备。电焊机的次级电压很低，但是焊接电流很大。焊接线的"地线"一般搭在与保护接地网络连接的设备的金属构件上。如果电焊机的接地线的接地点离焊接点较远，焊接电流通过保护接地网络形成回路。如果各设备的信号地不是一点接地，而是就近接到安全保护地网络上，焊接电流有可能窜入通信网络，烧毁设备的通信端口或通信模块。

5．防止变频器干扰的措施

现在 PLC 越来越多地与变频器一起使用，经常会遇到变频器干扰 PLC 的正常运行的故障，变频器已经成为 PLC 最常见的干扰源。

变频器的主电路为交-直-交变换电路，工频电源被整流为直流电压，输出的是基波频率可变的高频脉冲信号，载波频率可能超过 10kHz。变频器的输入电流为含有丰富的高次谐波的脉冲波，它会通过电力线干扰其他设备。高次谐波电流还通过电缆向空间辐射，干扰邻近的电气设备。

可以在变频器输入侧与输出侧串接电抗器，或安装谐波滤波器（见图 8-1），以吸收谐波，抑制高次谐波电流。

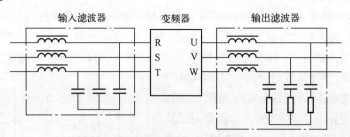

图 8-1　变频器的输入滤波器与输出滤波器

将变频器放在控制柜内,并将其金属外壳接地,对高次谐波有屏蔽作用。变频器的输入、输出电流(特别是输出电流)中含有丰富的谐波,所以主电路也是辐射源。PLC 的信号线和变频器的输出线应分别穿管敷设,变频器的输出线一定要使用屏蔽电缆或穿钢管敷设,以减轻对其他设备的辐射干扰和感应干扰。

变频器应使用专用接地线,并且用粗短线接地,其他邻近的电气设备的接地线必须与变频器的接地线分开。

可以对受干扰的 PLC 采取屏蔽措施,在 PLC 的电源输入端串入滤波电路或安装隔离变压器,以减小谐波电流的影响。

6. 强烈干扰环境中的隔离措施

一般情况下,PLC 的输入/输出信号采用内部的隔离措施就可以保证系统的正常运行。因此一般没有必要在 PLC 外部再设置抗干扰隔离器件。

在发电厂等工业环境,空间极强的电磁场和高电压、大电流断路器的通断将会对 PLC 产生强烈的干扰。由于现场条件的限制,有时很长的强电电缆和 PLC 的低压控制电缆只能敷设在同一个电缆沟内,强电干扰在 PLC 的输入线上产生的感应电压和感应电流相当大,可能使 PLC 输入端的光电耦合器中的发光二极管发光,使 PLC 产生误动作。可以用小型继电器来隔离用长线引入 PLC 的数字量信号。S7-200 SMART 的数字量输入的逻辑 1 信号电流最小值为 2.5mA,而小型继电器的线圈吸合电流为数十毫安,强电干扰信号通过电磁感应产生的能量一般不会使隔离用的继电器误动作。来自开关柜内和距离开关柜不远的输入信号一般没有必要用继电器来隔离。

为了提高抗干扰能力,对长距离的串行通信信号,可以考虑用光纤来传输和隔离,或使用带光电耦合器的通信端口。

视频"烧电焊为什么会烧毁通信接口板""电动闸阀损坏的罕见原因"和"与安全有关的故事"可通过扫描二维码 8-1~二维码 8-3 播放。

7. PLC 输出的可靠性措施

如果用 PLC 驱动交流接触器,应将额定电压为 AC 380V 的交流接触器的线圈换成 220V 的。在负载要求的输出功率超过 PLC 的允许值时,应设置外部继电器。PLC 输出电路内的小型继电器的触点小,断弧能力差,不能直接用于 DC 220V 的电路,必须通过外部继电器驱动 DC 220V 的负载。

8．感性负载的处理

感性负载（例如继电器、接触器的线圈）具有储能作用，PLC 内控制它的触点或场效应晶体管断开时，电路中的感性负载会产生高于电源电压数倍甚至数十倍的反电势。触点接通时，会因触点的抖动产生电弧，它们都会对系统产生干扰。对此可以采取下述的措施。

输出端接有直流感性负载时，应在它两端并联一个续流二极管。如果需要更快的断开时间，可以串接一个稳压管（见图 8-2 的左图），二极管可以选 IN4001，场效应晶体管输出时可以选 8.2V/5W 的稳压管，继电器输出时可以选 36V 的稳压管。

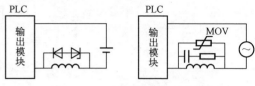

图 8-2　输出电路感性负载的处理

输出端接有 AC 220V 感性负载时，应在它两端并联 RC 串联电路（见图 8-2 的右图），可以选 0.1μF 的电容和 100～120Ω的电阻。电容的额定电压应大于电源峰值电压。要求较高时，还可以在负载两端并联压敏电阻（MOV），其压敏电压应大于额定电压有效值的 2.2 倍。

为了减小电动机和电力变压器投切时产生的干扰，可以在 PLC 的电源输入端设置浪涌电流吸收器。

8.2　触摸屏的组态与应用

8.2.1　人机界面与触摸屏

1．人机界面

人机界面（Human Machine Interface）简称为 HMI，是操作人员与控制系统之间进行对话和相互作用的专用设备。人机界面可以在恶劣的工业环境中长时间连续运行，是 PLC 的最佳搭档。

人机界面用字符、图形和动画动态地显示现场数据和状态，操作员可以通过人机界面来监控现场的被控对象和修改工艺参数。此外人机界面还有报警、用户管理、数据记录、趋势图、配方管理、显示和打印报表以及通信等功能。

随着技术的发展和应用的普及，近年来人机界面的价格已经大幅下降，西门子的 Smart 700 IE V3 触摸屏具有很高的性价比，一个大规模应用人机界面的时代正在到来，人机界面已经成为现代工业控制领域广泛使用的设备之一。

2．触摸屏

触摸屏是人机界面的发展方向，用户可以在触摸屏的屏幕上生成满足自己要求的触摸式按键。触摸屏使用直观方便，易于操作。画面上的按钮和指示灯可以取代相应的硬件元件，减少 PLC 需要的 I/O 点数，降低系统的成本，提高设备的性能和附加价值。

3．人机界面的工作原理

人机界面最基本的功能是显示现场设备（通常是 PLC）中位变量的状态和存储器中数字变量的值，用监控画面上的按钮向 PLC 发出各种命令和修改 PLC 存储器中的参数。

（1）对监控画面组态

首先需要用计算机上运行的组态软件对人机界面组态，生成满足用户要求的画面，以实现用户要求的各种功能。画面的生成是可视化的，一般不需要用户编程，组态软件的使用简单方便，很容易掌握。

（2）编译和下载项目文件

编译项目文件是指将用户生成的画面和组态的信息转换成人机界面可以执行的文件。编译成功后，需要将可执行文件下载到人机界面的存储器中。

（3）运行阶段

在控制系统运行时，人机界面和 PLC 之间通过通信来交换信息，从而实现用户要求的各种功能。只需要对通信参数进行简单的组态，就可以实现人机界面与 PLC 的通信。组态时将画面上的图形对象与 PLC 的存储器地址联系起来，就可以实现控制系统运行时 PLC 与人机界面之间的自动数据交换。

人机界面具有很强的通信功能，西门子现在的人机界面都有以太网端口，有的还有串行通信端口和 USB 端口。人机界面能与各主要生产厂家的 PLC 通信，也能与运行它的组态软件的计算机通信。

4. 精彩系列面板

S7-200 SMART 支持文本显示单元 TD 400C（已停产）、Smart Line（精彩面板）、精智（Comfort）面板和精简（Basic）面板这 3 个系列的触摸屏。

V3 版的精彩系列面板包括 Smart 700 IE V3 和 Smart 1000 IE V3，它们是专门与 S7-200 和 S7-200 SMART 配套的触摸屏，显示器的对角线分别为 7in 和 10in，分辨率分别为 800×480 像素和 1024×600 像素。64K 色真彩色显示，节能的 LED 背光，高速外部总线。数据存储器为 128MB，程序存储器为 256MB，电源电压为 DC 24V。支持硬件实时时钟、趋势视图、配方管理、报警、数据记录和报警记录等功能。支持 32 种语言，其中 5 种可以在线转换。

集成的以太网端口和串口（RS-422/485）可以自适应切换，用以太网下载项目文件方便快速。串口通信速率最高为 187.5kbit/s，通过串口可以连接 S7-200 和 S7-200 SMART，串口还支持三菱、欧姆龙、Modicon 和台达的 PLC。集成的 USB 2.0 host 端口可以连接鼠标、键盘，还可以通过 U 盘对人机界面的数据记录和报警记录进行归档。

Smart 700 IE V3 的价格便宜，具有很高的性能价格比，建议作为 S7-200 SMART 首选的人机界面。本节通过一个简单的例子，介绍用 Smart 700 IE V3 控制和显示 PLC 中的变量的方法。

精彩系列面板使用 WinCC flexible SMART V3 组态。西门子人机界面组态和应用更多的内容见作者编写的《西门子人机界面（触摸屏）组态与应用技术（第 3 版）》。

8.2.2　生成项目与组态变量

1. 创建 WinCC flexible SMART 的项目

安装好 WinCC flexible SMART V3 后，双击桌面上的图标，打开 WinCC flexible SMART 项目向导，单击其中的选项"创建一个空项目"。在出现的"设备选择"对话框中，双击文件夹"SMART Line"中 7in 的 Smart 700 IE V3，创建一个名为"项目.hmismart"的文件。

在某个指定的位置生成一个名为"HMI 以太网通信"的文件夹。执行菜单命令"项目"→"另存为"，打开"将项目另存为"对话框，键入项目名称"HMI 以太网通信"（见本书配套资源同名例程），将生成的项目文件保存到文件夹"HMI 以太网通信"中。

图 8-3 是 WinCC flexible SMART 的界面，双击项目视图中的某个对象，将会在中间的工作区打开对应的编辑器。单击工作区上面的某个编辑器标签，将会显示对应的编辑器。

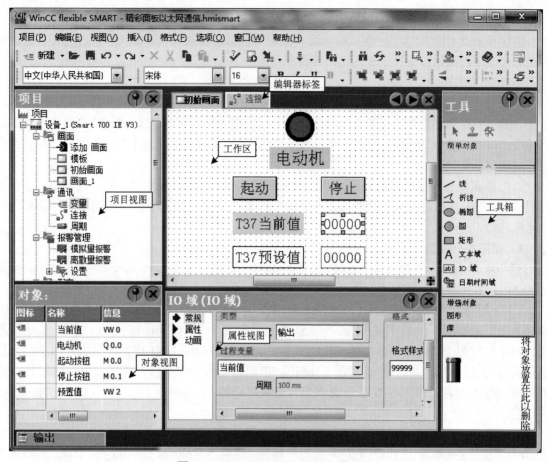

图 8-3　WinCC flexible SMART 的界面

单击右边工具箱中的"简单对象""增强对象""图形"和"库",将会打开对应的文件夹。"简单对象"文件夹包含过程画面经常使用的对象。

2. 组态连接

双击项目视图中的"连接",打开"连接"编辑器,双击连接表的第一行,自动生成的连接默认的名称为"连接_1",设置通信驱动程序为"SIMATIC S7-200 Smart"。连接表的下面是连接属性视图,用"参数"选项卡设置"接口"为以太网,PLC 和 HMI 设备的 IP 地址分别为 192.168.2.1 和 192.168.2.3,其余的参数使用默认值。

3. 画面的生成与组态

生成项目后,自动生成和打开一个名为"画面_1"的空白画面。右击项目视图中的该画面,执行出现的快捷菜单中的"重命名"命令,将该画面的名称改为"初始画面"。打开画面后,可以使用工具栏上的按钮 🔍 和 🔍,来放大或缩小画面。

选中画面编辑器下面的属性视图左边的"常规"类别(见图 8-3),可以设置画面的名称和编号。单击"背景色"选择框的 ▼ 按钮,用出现的颜色列表将画面的背景色改为白色。

4. PLC 的程序

图 8-4 是配套资源中的例程"HMI 测试"中的程序,起动信号 M0.0 和停止信号 M0.1 由画面上的按钮提供。T37 和它的常闭触点组成了一个锯齿波发生器,首次扫描时设置 T37 的预设值 VW2 的初始值为 100(10s)。运行时 VW0 中 T37 的当前值在 0 到预设值之间反复变化。用

系统块设置的 IP 地址为 192.168.2.1，子网掩码为 255.255.255.0。

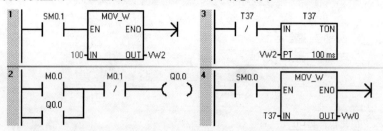
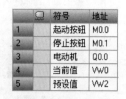

图 8-4　梯形图与符号表

5．变量的组态

人机界面的变量分为外部变量和内部变量。外部变量是 PLC 的存储单元的映像，其值随着 PLC 程序的执行而改变，人机界面和 PLC 都可以访问外部变量。内部变量存储在人机界面的存储器中，与 PLC 没有连接关系，只有人机界面能访问内部变量。内部变量用名称来区分，没有地址。

双击项目窗口中的"变量"，打开变量编辑器（见图 8-5）。双击变量表（相当于 PLC 的符号表）的第一行，自动生成一个新的变量，然后修改变量的参数。单击变量表的"数据类型"列单元右侧的 ▾ 键，在出现的列表中选择变量的数据类型。

名称	连接	数据类型	地址 ▲	采集周期
起动按钮	连接_1	Bool	M 0.0	100 ms
停止按钮	连接_1	Bool	M 0.1	100 ms
电动机	连接_1	Bool	Q 0.0	100 ms
当前值	连接_1	Int	VW 0	100 ms
预设值	连接_1	Int	VW 2	100 ms

图 8-5　变量编辑器

双击下面的空白行，自动生成一个新的变量，新变量的参数与上一行变量的参数基本上相同，其地址与上面一行按顺序递增排列。图 8-5 是项目"HMI 以太网通信"的变量编辑器中的变量，与图 8-4 的 PLC 符号表中的变量相同。"连接_1"表示该变量是与 HMI 连接的 S7-200 SMART 中的外部变量。

视频"生成 HMI 的项目与组态变量"可通过扫描二维码 8-4 播放。

8-4
生成 HMI 的项目与组态变量

8.2.3　组态指示灯与按钮

1．组态指示灯

指示灯用来显示 BOOL 变量"电动机"的状态（见图 8-3）。单击打开右边工具箱中的"简单对象"，单击选中其中的"圆"，按住鼠标左键并移动鼠标，将它拖到画面上希望的位置。松开左键，对象被放在当前所在的位置。这个操作被称为"拖拽"。

用画面下面的属性视图设置其边框为黑色（见图 8-6 中的上图），边框宽度为 6 个像素点（与指示灯的大小有关），填充色为深绿色。选中"动画"类别中的"外观"子类别（见图 8-6 中的下图），启用动画功能，设置"变量"为"电动机"，"类型"为"位"。位变量"电动机"的值为 0 时的背景色（深绿色）表示指示灯熄灭；为 1 时的背景色（浅绿色）表示指示灯点亮。

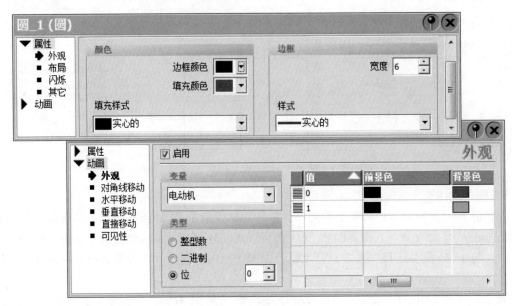

图 8-6　组态指示灯

2. 用鼠标改变对象的位置和大小

单击图 8-7a 的按钮，它的四周出现 8 个小正方形。将鼠标的光标放到按钮上，光标变为图中的十字箭头图形。按住鼠标左键并移动鼠标，将选中的对象拖拽到希望的位置。松开左键，对象被放在当前所在的位置。

单击选中某个角的小正方形，鼠标的光标变为 45°的双向箭头（见图 8-7b），按住左键并移动鼠标，可以同时改变对象的长度和宽度。

图 8-7　对象的移动与缩放

单击选中 4 条边中点的某个小正方形，鼠标的光标变为水平或垂直方向的双向箭头（见图 8-7c），按住左键并移动鼠标，可以将选中的对象沿水平方向或垂直方向放大或缩小。可以用类似的方法放大或缩小窗口。

视频"组态指示灯"可通过扫描二维码 8-5 播放。

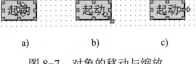

8-5
组态指示灯

3. 生成按钮

画面上的按钮与接在 PLC 输入端的物理按钮的功能相同，用来将操作命令发送给 PLC，通过 PLC 的用户程序来控制生产过程。单击打开工具箱中的"简单对象"，将其中的"按钮"拖拽到画面上。用前面介绍的方法来调整按钮的位置和大小。

4. 设置按钮的属性

单击选中生成的按钮，选中属性视图左边的"常规"类别，用单选框选中"按钮模式"域和"文本"域中的"文本"（见图 8-8）。将"'OFF'状态文本"（按钮释放时显示的文本）中的 Text 修改为"起动"。

如果勾选了多选框"'ON'状态文本"（按钮放开时显示的文本），可以分别设置按下和释放按钮时按钮上面的文本。一般不勾选该多选框，按钮按下和释放时显示的文本相同。

选中属性视图左边窗口的"属性"类别的"外观"子类别，可以在右边窗口修改它的前景色（即文本色）和背景色。还可以用多选框设置按钮是否有三维效果。

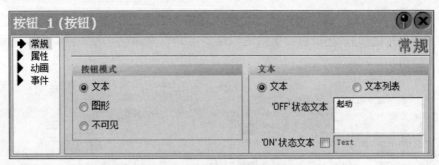

图 8-8　组态按钮的常规属性

选中属性视图左边窗口的"属性"类别的"文本"子类别，设置按钮上文本的字体为宋体、24 个像素点，字体大小与按钮的大小有关。水平对齐方式为"居中"，垂直对齐方式为"中间"。

5．按钮功能的设置

选中属性视图的"事件"类别中的"按下"子类别（见图 8-9），单击右边窗口最上面一行右侧的▼按钮，再单击出现的系统函数列表的"编辑位"文件夹中的函数"SetBit"（置位）。

直接单击表中第 2 行右侧隐藏的▼按钮，打开出现的对话框中的变量表，双击其中的变量"起动按钮"（M0.0）。在运行时按下该按钮，将变量"起动按钮"置位为 ON。

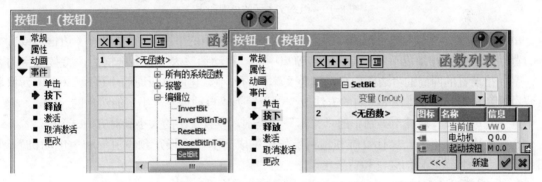

图 8-9　组态按钮按下时执行的函数

用同样的方法，设置在释放该按钮时调用系统函数"ResetBit"，将变量"起动按钮"复位为 OFF。该按钮具有点动按钮的功能，按下按钮时 PLC 中的变量"起动按钮"被置位，放开按钮时它被复位。

单击画面上组态好的起动按钮，先后执行"编辑"菜单中的"复制"和"粘贴"命令，生成一个相同的按钮。用鼠标调节它在画面上的位置，选中属性视图的"常规"类别，将按钮上的文本修改为"停止"。打开"事件"类别，组态在按下和释放该按钮时分别将变量"停止按钮"（M0.1）置位和复位。

视频"组态按钮"可通过扫描二维码 8-6 播放。

8-6
组态按钮

8.2.4　组态文本域与 IO 域

1．生成与组态文本域

将工具箱中的"文本域"（见图 8-3）拖拽到画面上，默认的文本为"Text"。单击生成的文本域，选中属性视图的"常规"类别，在右边窗口的文本框中键入"T37 当前值"。选中属性视图左边窗口"属性"类别中的"外观"子类别（见图 8-10 中的上图），可以在右边窗口修改文本的颜色、背景色和填充样式。可以用"边框"域中的"样式"选择框,选择"无"(没有边框)或"实心"(有边框),还可以设置边框以像素点为单位的宽度和颜色,用多选框设置是否有三维效果。

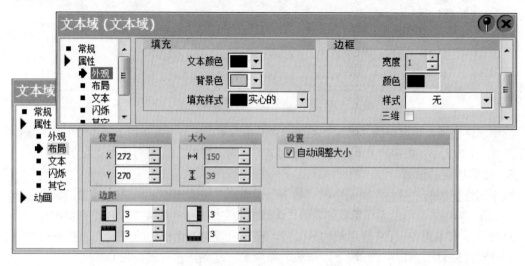

图 8-10　组态文本域的外观和布局

单击"属性"类别中的"布局"子类别(见图 8-10 中的下图),如果设置了边框,或者文本的背景色与画面背景色不同,勾选右边窗口中的"自动调整大小"多选框后,将按文字的大小、字数和设置的四周的"边距"自动调整文本框的大小。建议将四周的"边距"(单位为像素点)设置为相等。不能用图 8-7 中的方法改变被设置为"自动调整大小"的对象的尺寸。

选中左边窗口"属性"类别中的"文本"子类别,设置文字的大小和对齐方式。

选中生成的文本域,执行复制和粘贴操作,生成文本域"T37 预设值"和"电动机"(见图 8-3),然后修改它们的边框和背景色。

2. 生成与组态 IO 域

IO 域有 3 种模式。

1)输出域:用于显示变量的数值。

2)输入域:用于操作员键入数字或字母,并将它们保存到指定的 PLC 的变量中。

3)输入/输出域:同时具有输入域和输出域的功能,操作员可以用它来修改 PLC 中变量的数值,并将修改后 PLC 中的数值显示出来。

将工具箱中的"IO 域"(见图 8-3)拖拽到画面上,选中生成的 IO 域。单击属性视图的"常规"类别(见图 8-11),用"模式"选择框设置 IO 域为输出域,连接的变量为"当前值"。采用默认的格式类型"十进制",设置"格式样式"为 99999(5 位整数)。IO 域"属性"类别的"外观""布局"和"文本"子类别的参数设置与文本域的基本上相同。

选中画面上生成的 IO 域,执行复制和粘贴操作。放置好新生成的 IO 域后选中它,单击属性视图的"常规"类别,设置该 IO 域连接的变量为"预设值",模式为输入/输出,有边框,背景色为白色,其余的参数不变。

8-7
组态文本域与
IO 域

视频"组态文本域与 IO 域"可通过扫描二维码 8-7 播放。

图 8-11　组态 IO 域

8.2.5　用控制面板设置触摸屏的参数

1. 启动触摸屏

接通电源后，Smart 700 IE V3 的屏幕点亮，几秒后显示进度条。启动后出现"Loader"（装入程序）对话框（见图 8-12）。"Transfer"（传输）按钮用于将触摸屏切换到传输模式。"Start"（启动）按钮用于打开保存在触摸屏中的项目，显示初始画面。如果触摸屏已经装载了项目，出现"Loader"对话框后经过设置的延时时间，将会自动打开项目。

2. 控制面板

可以用控制面板设置 Smart 700 IE V3 的各种参数。按下图 8-12 的"Loader"对话框中的"Control Panel"按钮，打开控制面板（见图 8-13）。

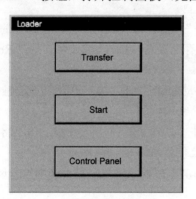

图 8-12　装载程序对话框

图 8-13　触摸屏的控制面板

3. 设置以太网端口的通信参数

下面组态 Smart 700 IE V3 以太网端口的参数。按下控制面板中的"Ethernet"图标，打开"Ethernet Settings"（以太网设置）对话框（见图 8-14）。用单选框选中"Specify an IP address"（指定 IP 地址）。用屏幕键盘在"IP address"文本框中输入 IP 地址 192.168.2.3（应与 WinCC flexible SMART 的连接表中设置的相同），在"Subnet Mask"（子网掩码）文本框中输入 255.255.255.0。如果没有使用网关，不用输入"Def. Gateway"（网关）文本框中的内容。

打开"Mode"（模式）选项卡，采用"Speed"文本框默认的以太网的传输速率（10Mbit/s）和默认的通信连接"Half-Duplex"（半双工）。勾选多选框"Auto Negotiation"（多选框中出现×），将自动检测和设置网络的传输类型和传输速率。

按下"OK"按钮，关闭对话框并保存设置。

4．启用传输通道

按下控制面板中的"Transfer"图标，打开图 8-15 中的"Transfer Settings"（传输设置）对话框，勾选以太网（Ethernet）的"Enable Channel"（激活通道）多选框。如果勾选了"Remote Control"（远程控制）多选框，自动传输被激活，下载时自动关闭正在运行的项目，传送新的项目。传送结束后新项目被自动启动。

图 8-14　以太网设置对话框

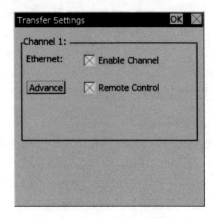

图 8-15　传输设置对话框

按下"Advance"按钮，可以切换到以太网设置对话框。

5．控制面板的其他功能

1）按下图 8-13 中的"Service & Commissioning"（服务与调试）图标，在打开的对话框中的"Backup"选项卡，可以将设备数据保存到 USB 存储设备（即 U 盘）中。在"Restore"选项卡，可以加载 USB 存储设备中的备份文件。

2）按下"OP"图标，可以更改显示方向、设置启动的延迟时间（0～60s）和校准触摸屏。

3）按下"Password"图标，可以设置控制面板的密码保护功能。

4）按下"Screensaver"图标，可以设置屏幕保护程序的等待时间。输入"0"将禁用屏幕保护。屏幕保护程序有助于防止出现残影滞留，建议使用屏幕保护程序。

5）按下"Sound Settings"图标，可以设置在触摸屏幕或显示消息时是否产生声音反馈。

8.2.6　PLC 与触摸屏通信的实验

下面首先介绍 PLC 与 HMI 的以太网通信的实现方法。

1．设置 WinCC flexible SMART 与触摸屏通信的参数

用 WinCC flexible SMART 打开配套资源中的例程"HMI 以太网通信"，单击工具栏上的 ⬇ 按钮，打开"选择设备进行传送"对话框，设置通信模式为"以太网"，Smart 700 IE V3 的 IP 地址为 192.168.2.3，应与 Smart 700 IE V3 的控制面板和 WinCC flexible SMART V3 的"连接"编辑器中设置的相同。

2．将项目文件下载到触摸屏

连接计算机和 Smart 700 IE V3 的以太网端口，单击"选择设备进行传送"对话框中的"传送"按钮，首先自动编译项目，如果没有编译错误和通信错误，该项目将被传送到触摸屏。如果勾选了图 8-15 中的"Remote Control"（远程控制）多选框，Smart 700 IE V3 正在运行时，将会自动切换到传输模式，出现"Transfer"对话框，显示下载的进程。下载成功后，Smart 700

IE V3 自动返回运行状态，显示下载的项目的初始画面。

3．将程序下载到 PLC

打开 S7-200 SMART 的例程"HMI 测试"，主程序和符号表见图 8-4。用系统块设置的 IP 地址为 192.168.2.1，子网掩码为 255.255.255.0（应与 WinCC flexible SMART V3 的"连接"编辑器中组态的相同）。用以太网将程序和系统块下载到 S7-200 SMART。

4．系统运行实验

用电缆直接连接或通过交换机连接 S7-200 SMART 和 Smart 700 IE V3 的以太网端口，接通它们的电源，令 PLC 运行在 RUN 模式。

触摸屏上电后显示出初始画面（见图 8-16），可以看到因为图 8-4 中 PLC 程序的运行，画面上 T37 的当前值不断增大，在达到预设值 100 时又从 0 开始增大。

按下画面上"T37 预设值"右侧的输入/输出域，画面上出现一个数字键盘（见图 8-17）。其中的"ESC"是取消键，按下它以后数字键盘消失，退出键入过程，键入的数字无效。"BSP"是退格键，与计算机键盘上的〈Backspace〉键的功能相同，按下该键，将删除光标左侧的数字。"+/-"键用于改变输入的数字的符号。← 和 → 分别是光标左移键和光标右移键，◄┘ 是确认键（回车键），按下它确认键入的数字有效，并在输入/输出域中显示出来，同时关闭键盘。

图 8-16　运行中的画面

图 8-17　数字键盘

用弹出的小键盘键入 200（见图 8-17），按确认键后传送给 PLC 中保存 T37 预设值的 VW2。屏幕显示的 T37 的当前值将在 0～200 之间反复变化。

按下画面上的"起动"按钮，PLC 的 M0.0（起动按钮）变为 ON 后又变为 OFF，由于图 8-4 中的 PLC 程序的运行，变量"电动机"（Q0.0）变为 ON，画面上与该变量连接的指示灯点亮。按下画面上的"停止"按钮，PLC 的 M0.1（停止按钮）变为 ON 后又变为 OFF，其常闭触点断开后又接通，由于 PLC 程序的运行，变量"电动机"变为 OFF，画面上的指示灯熄灭。

5．Smart 700 IE V3 与 CPU 串口通信的实验

打开配套资源中的 PLC 例程"HMI 测试"，OB1 中的程序见图 8-4。在系统块中设置 CPU 集成的 RS-485 端口的波特率为 187.5kbit/s，PPI 站地址采用默认的 2 号站（应与 WinCC flexible SMART 的"连接"编辑器中组态的相同）。用以太网将程序和系统块下载到 CPU。

用 WinCC flexible SMART 打开配套资源中的例程"HMI485 通信 Port0"，它与例程"HMI 以太网通信"的区别在于"连接"表下面的连接属性视图中的"参数"选项卡的"接口"为"IF1B"，波特率采用默认的 187.5kbit/s，HMI 和 PLC 的 MPI 站地址分别为默认的 1 和 2，其余的参数使用默认值。用以太网将项目文件下载到 HMI。

关闭 Smart 700 IE V3 和 S7-200 SMART 的电源，用 PROFIBUS 电缆连接它们的 RS-485 通信端口。接通它们的电源，令 S7-200 SMART 进入运行模式。

触摸屏显示初始画面后，可以看到 PLC 中 T37 的预设值 100 和不断变化的 T37 的当前值。实验的方法和步骤与 Smart 700 IE V3 和 PLC 使用以太网通信的相同。

6. 使用硬件 PLC 和仿真触摸屏的实验

用以太网电缆连接 S7-200 SMART 和计算机的以太网端口。建立起计算机和 PLC 的通信连接后，可以用 WinCC flexible SMART 的运行系统来模拟 SMART LINE V3 的功能。

单击 Windows 7 的控制面板上面的列表框中的"控制面板"右边的 ▶ 按钮，选中出现的下拉式列表中的"所有控制面板项"。双击"设置 PG/PC 接口（32 位）"，打开"设置 PG/PC 接口"对话框，选中"为使用的接口分配参数"列表中实际使用的计算机网卡和 TCP/IP，设置应用程序访问点为"S7ONLINE（STEP 7）"。

如果操作系统是 Windows 10，单击屏幕左下角的"开始"按钮 ⊞，单击"设置"按钮 ⚙，打开"设置"对话框，搜索"控制面板"。单击控制面板上面的列表框中的"控制面板"（见图 8-18），再单击它右边出现的">"，选中出现的下拉式列表中的"所有控制面板项"，再作上述的操作。

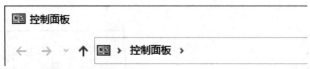

图 8-18　Windows 10 的"控制面板"对话框

用以太网将程序下载到 PLC，令 PLC 运行在 RUN 模式。打开配套资源中 WinCC flexible SMART 的例程"\HMI 以太网通信"，单击工具栏上的"启动运行系统"按钮 ，HMI 的运行系统被启动，出现仿真面板。T37 的当前值在 0 和预设值 100 之间不断反复变化。可以用画面上的按钮控制 PLC 的 Q0.0，使指示灯的状态变化，还可以用输入/输出域修改 T37 的预设值。

8-8
PLC 与仿真触摸屏的实验

仿真实验的详细过程见视频"PLC 与仿真触摸屏的实验"，可通过扫描二维码 8-8 播放。

8.3　习题

1. 布线时应采取哪些抗干扰措施？
2. 分布很广的系统在接地时应注意哪些问题？
3. 防止变频器干扰应采取哪些措施？
4. 在有强烈干扰的环境下，可以采取哪些可靠性措施？
5. 电缆的屏蔽层应怎样接地？
6. 对 PLC 的感性负载应采取什么抗干扰措施？
7. 什么是人机界面？它的英文缩写是什么？
8. 触摸屏有什么优点？
9. 简述人机界面的工作原理。
10. 人机界面的内部变量和外部变量各有什么特点？

11. 在画面上组态一个指示灯，用来显示 PLC 中 Q0.0 的状态。

12. 在画面上组态两个按钮，分别用来将 PLC 中的 Q0.0 置位和复位。

13. 在画面上组态一个输出域，用 5 位整数格式显示 PLC 中 VW10 的值。

14. 在画面上组态一个输入域，用 5 位整数格式修改 PLC 中 VW12 的值。

15. 怎样用 HMI 的控制面板设置 Smart 700 IE V3 的 IP 地址？

16. 为了实现 S7-200 SMART CPU 与 Smart 700 IE V3 的以太网通信，需要做哪些操作？

17. 为了实现 S7-200 SMART CPU 集成的 RS-485 端口与 Smart 700 IE V3 的通信，需要做哪些操作？

18. 为了实现 S7-200 SMART CPU 与仿真触摸屏的以太网通信，需要做哪些操作？

附　　录

附录 A　实验指导书

A.1　编程软件使用练习

1．实验目的

通过实验了解 S7-200 SMART 系列 PLC 的结构和外部接线方法，了解和熟悉 STEP 7-Micro/WIN SMART 编程软件的使用方法，了解输入、编辑用户程序的方法，以及调试用户程序的方法。

2．实验装置

1）标准型 CPU 模块 1 只。

2）安装了 STEP 7-Micro/WIN SMART V2.6 编程软件的计算机 1 台。

3）以太网电缆 1 根。

4）数字量输入开关板 1 块，上面的小开关用来产生数字量输入信号，使用 CPU 的 DC 24V 传感器电源作为 PLC 输入回路的电源。PLC 的输出点的状态用对应的 LED（发光二极管）来观察，调试程序时一般可以不接实际的外部负载。

如果未加说明，后面的实验的实验装置与本实验的相同。

3．实验内容

（1）准备工作

1）在断电的情况下将数字量输入开关板接到 PLC 的输入端，板上的小开关全部扳到 OFF 位置。用以太网电缆连接 PLC 和计算机的以太网端口，接通计算机和 PLC 的电源。

2）打开 STEP 7-Micro/WIN SMART 编程软件，自动生成一个新的项目。

3）双击项目树中的"系统块"，打开"系统块"对话框，设置 CPU 的型号，采用默认的 IP 地址（192.168.2.1）和子网掩码。启动模式设置为 LAST，其他选项采用默认的设置。

（2）输入和编辑用户程序

1）在主程序 OB1 中输入图 2-16 所示的梯形图程序。

2）单击工具栏上的"编译"按钮，编译项目所有的组件。故意制造一些语法错误，例如删除某个线圈、在一个程序段中放置两块独立电路等，观察编译后输出窗口显示的错误信息。双击某一条错误，程序编辑器中的矩形光标将移到该错误所在的程序段。改正程序中所有的错误，直到编译成功。

3）分别用 3 种编程语言显示程序。

4）用计算机的〈Insert〉键在"插入"（INS）和"覆盖"（OVR）两种模式之间切换（见状态栏上的显示），观察这两种模式对程序输入（例如添加一个触点）的影响。

5）输入图 2-1 中的程序注释和程序段 1 的注释。多次单击工具栏右边的"POU 注释"按钮和"程序段注释"按钮，观察这两个按钮的作用。

（3）窗口的操作

双击打开项目树"符号表"文件夹中的"表格1"，和"状态图表"文件夹中的"图表1"。

使某个窗口浮动，将它分别停靠在程序编辑器的某条边上，或停靠在软件界面的某条边上。将浮动的窗口与其他窗口合并，对打开的窗口做隐藏、关闭和调节窗口高度的操作。隐藏和重新显示项目树，调节项目树区域的宽度。

（4）帮助功能的使用

分别单击选中项目树中的某个文件夹或文件夹中的某个对象、单击指令列表中或程序编辑器中的某条指令，按住工具栏上的某个按钮，或打开某个窗口，然后按〈F1〉键，查看有关的在线帮助。使用在线帮助中的索引和搜索功能，熟悉帮助功能的使用。

（5）设置程序编辑器的参数

单击"工具"菜单功能区的"设置"区域中的"选项"按钮，打开"选项"对话框（见图2-7），设置梯形图编辑器中网格的宽度、字符的字体、大小、样式等属性，观察参数修改的效果。选中左边窗口的"项目"节点，设置默认的文件位置。

（6）保存文件

单击快速访问工具栏上的"保存"按钮，在出现的"另存为"对话框中输入项目的名称"入门例程"，设置保存项目的文件夹。单击"保存"按钮，将项目数据保存在扩展名为smart的文件中。

（7）下载和调试用户程序

设置编程计算机的IP地址和子网掩码，将程序块、数据块和系统块下载到CPU，用工具栏上的按钮切换PLC的运行模式，令CPU处于RUN模式。

用接在端子I0.0上的小开关来模拟起动按钮信号，将开关接通后马上断开，通过CPU模块上的LED观察Q0.0是否变为ON，延时10s后Q0.1是否变为ON。

用接在端子I0.1上的小开关来模拟停止按钮信号，或用接在端子I0.2上的小开关来模拟过载信号，观察为ON的Q0.0和Q0.1是否变为OFF。

（8）上载用户程序

生成一个新的项目，上载CPU中的用户程序。

A.2 符号表应用实验

1. 实验目的

通过实验了解符号地址的生成和在程序中使用符号地址的方法。

2. 实验内容

（1）生成符号和查看符号表

打开前一个实验中生成的项目后，打开符号表，输入图2-14的"表格1"中的符号。查看"POU Symbols"表中的符号。删除和插入"系统符号"表和"I/O符号"表，查看其中的符号。用各种方式对表格中的符号排序。

（2）在程序编辑器中查看地址

用"视图"菜单功能区的"符号"区域中的按钮，或程序编辑器、状态图表工具栏上的按钮，或快捷键〈Ctrl+Y〉，切换"仅绝对""仅符号"和"符号:绝对"这三种地址显示方式。

用"视图"菜单功能区的"符号信息表"按钮▦，或程序编辑器工具栏上的▦按钮，打开和关闭符号信息表。

在"仅绝对"显示方式下，单击"视图"菜单功能区或符号表中的"将符号应用到项目"按钮👆，将符号表中所有的符号名称应用到项目。

（3）在程序编辑器中定义、编辑和选择符号

右击程序编辑器中未定义符号的绝对地址，执行出现的快捷菜单中的"定义符号"命令，为该地址定义符号的名称和注释。观察程序编辑器和符号表中是否出现该符号。

右击程序编辑器中的某个符号地址，执行快捷菜单中的"编辑符号"命令，修改该符号的地址和注释。

右击程序编辑器中的某个绝对地址，执行快捷菜单中的"选择符号"命令，为该地址选用出现的符号表中可用的符号。

A.3　用编程软件调试程序的实验

1．实验目的

通过实验熟悉用程序状态和状态图表调试程序的方法。

2．实验内容

（1）用程序状态调试程序

下载配套资源中的"入门例程"后，令 PLC 处于 RUN 模式，单击程序编辑器工具栏上的"程序状态"按钮🔲，启用程序状态监控。用外接的小开关改变程序中各输入点的状态，观察梯形图中有关的触点、线圈和定时器状态的变化（见图 2-20）。

关闭程序状态监控后，切换到语句表显示方式，在 RUN 模式启动程序状态监控，单击出现的"时间戳不匹配"对话框的"比较"按钮（见图 2-19），显示出"已通过"后，单击"继续"按钮，开始监控。用小开关提供输入信号，观察各变量的状态变化。

（2）用状态图表监控变量

打开状态图表，输入图 2-25 中的地址。单击工具栏上的"图表状态"按钮▶，启动监控功能。用接在 I0.0 和 I0.1 端子上的小开关来产生起动按钮和停止按钮信号，观察状态图表中各变量的状态变化。

在 Q0.0 和 Q0.1 的"新值"单元写入 1 或 0，用状态图表中的"写入"按钮将新值写入 CPU。观察写入的值与程序执行的关系。在 T37 定时的时候改写 T37 的当前值。

多次单击状态图表工具栏上的"趋势视图"按钮▦，在状态图表和趋势视图之间切换。观察图 2-22 中 T38 的当前值和 M10.0 的波形图是否如图 2-26 所示。

显示趋势视图时多次单击工具栏上的"暂停图表"按钮▮▮，"冻结"和停止冻结趋势图。

（3）用状态图表强制变量

在状态图表中监视 VW0、VB0、VW1 和 V1.3（见图 2-27）。在 VW0 的"新值"单元键入一个 4 位十六进制数。单击工具栏上的"强制"按钮🔒，观察出现的显式强制、隐式强制和部分隐式强制图标。尝试是否能直接解除隐式强制和部分隐式强制。

将 PLC 断电，等到 CPU 上的 LED 熄灭后再上电。启动状态图表监控，观察强制符号是否消失。

用状态图表工具栏上的"取消强制"按钮🔓，解除对 VW0 的强制，观察解除的效果。

（4）在程序状态监控时写入和强制变量

启动程序状态监控，在 I0.0 和 I0.1 为 OFF 时，右击程序状态中的 Q0.0，执行出现的快捷菜单中的"写入"命令，分别写入 ON 和 OFF，观察写入的效果。T37 的常开触点断开时，是否能用"写入"命令将 Q0.1 置为 ON？为什么？

用右键快捷菜单命令将 I0.0 强制为 ON，观察是否能用外接的小开关改变程序状态中 I0.0 的状态。分别将 I0.0 和 I0.1 强制为 ON 和强制为 OFF，以此代替外接的小开关来调试程序，最后取消全部强制。

A.4 位逻辑指令应用实验

1．实验目的

通过实验了解位逻辑指令的功能和使用的方法。

2．实验内容

（1）梯形图和语句表之间的相互转换

打开配套资源中的例程"位逻辑指令 1"，将程序下载到 CPU。用"视图"菜单功能区中的按钮在梯形图和语句表之间转换，观察梯形图和语句表程序之间的关系。

写出第 3 章图 3-39～图 3-41（习题 17～19）中的梯形图对应的语句表。生成一个新的项目，将上述梯形图输入到 OB1，转换为语句表后，检查写出的语句表是否正确。

手工画出第 3 章图 3-42（习题 20～22）中各语句表程序对应的梯形图。将上述语句表输入到 OB1（注意需要正确地划分网络），转换为梯形图后，检查显示的梯形图是否正确。

（2）置位、复位指令

将例程"位逻辑指令 2"下载到 CPU，将 CPU 切换到 RUN 模式，用状态图表监视 M0.3（见图 3-22 和程序段 1、2），用 I0.1 和 I0.2 产生的脉冲分别将 M0.3 置位和复位，观察置位和复位的效果，是否有保持功能。

（3）RS、SR 双稳态触发器指令

扳动 I0.2～I0.5 对应的小开关，检查图 3-23（见程序段 3、4）中的 SR 和 RS 双稳态触发器指令的基本功能，特别要注意置位输入和复位输入同时为 ON 时触发器的输出位的状态。

（4）跳变触点指令

扳动 I0.6 和 I1.1 对应的小开关，接通和断开它们的触点组成的串联电路（见图 3-24 和程序段 5、6），观察在正跳变触点能流输入的上升沿和负跳变触点能流输入的下降沿产生的一个扫描周期的能流，是否能通过 M1.0 和 M1.1 分别将 M0.4 置位和复位。

在状态图表中监视 VW10，扳动图 A-1 中 I0.6 对应的小开关（见程序段 9），观察 VW10 的值是否在 I0.6 的上升沿时加5。删除（短接）图中的上升沿检测触点，下载程序后重复上述的操作，解释观察到的现象。

图 A-1 梯形图

（5）取反指令

扳动图 3-24 中 I0.7 和 I1.0 对应的小开关，接通和断开它们的触点组成的串联电路（见程序段 10），观察取反触点左边和右边能流的状态是否相反。

（6）间接寻址

打开例程"计划发电"，状态图表中键入地址 VD20、VW30 和 VW100，各地址的格式均为

"有符号"。选中 VW100 后多次按回车键，将会自动生成下一个字，用这样的方法快速地生成地址 VW100～VW146（一共 24 个字）。

将程序下载到 PLC 后运行该程序，起动程序状态监控。单击工具栏上的"图表状态"按钮 ▶，起动监控功能。在 VW100～VW146 的"新值"列键入任意的功率设置值，单击工具栏上的"写入"按钮 ✎，将各行的"新值"写入 PLC。

在 VD20 的"新值"列键入小时值（0～23），将它写入 PLC，观察程序状态监控和状态图表显示的 VW30 中读取到的指定时段的功率给定值是否正确，程序状态监控中*VD10 的监控值后面的括号中，是否是该操作数的地址（见图 A-2）。改变 VD20 中的小时值，读取其他时段的给定值，检查 VW30 中读取的给定值是否正确。

		操作数 1	操作数 2	操作数 3	0123	中
LD	Always_On:SM0.0	ON			1000	1
MOVD	&VB100, VD10 ..	16#08000064	+134217828		1000	1
+D	VD20, VD10	+8	+134217836		1000	1
+D	VD20, VD10 ...	+8	+134217844		1000	1
MOVW	*VD10, VW30 ...	+2500 (VW116)	+2500		1000	1
					—	

图 A-2　程序状态监控

A.5　定时器应用实验

1. 实验目的

通过实验了解定时器的编程与监控的方法。

2. 实验内容

将配套资源中的例程"定时器应用"下载到 PLC 后运行程序，启动程序状态监控功能。该例程已用系统块设置了定时器 T0～T31 有断电保持功能。

（1）接通延时定时器

启动程序状态监控功能，按下面的顺序操作，观察图 3-26 中的定时器 T37 的当前值和 Q0.0 的状态变化（见程序段 1、2）。

1）接通 I0.0 对应的小开关，未到预设值时断开它。

2）接通 I0.0 对应的小开关，到达预设值后断开它。

3）将 T37 的预设值 PT 由常数改为 VW0，下载后运行程序，用状态图表将 150 写入 VW0。重复上述的操作。

（2）保持型接通延时定时器

图 3-27 中的 T2 是 10ms 保持型接通延时定时器（见程序段 3～5），按下面的顺序操作：

1）令复位输入 I0.2 为 OFF，I0.1 为 ON，观察 T2 当前值的变化情况。

2）未到定时时间时，断开 I0.1 对应的小开关，观察 T2 的当前值是否保持不变。

3）重新接通 I0.1 对应的小开关，观察 T2 当前值的变化，以及当前值等于预设值时 Q0.1 的状态变化。

4）接通复位输入 I0.2 对应的小开关后马上断开，观察 T2 的当前值和 Q0.1 状态的变化。

5）T2 被设置为有断电保持功能。在 T2 的定时时间到之后，令 I0.1 为 OFF。观察 PLC 断电后又上电，T2 的当前值和常开触点的状态是否变化。

（3）脉冲定时器

用程序状态监控图 3-28 中的脉冲定时器（见程序段 6），令 I0.3 为 ON 的时间分别小于和大于 T38 的预设时间 3s，观察 Q0.2 输出的脉冲宽度是否等于 T38 的预设时间。

（4）断开延时定时器

监控图 3-29 中的 10ms 断开延时定时器 T33（见程序段 7 和 8），按下面的顺序操作：

1）接通 I0.4 对应的小开关，监视 T33 的当前值和 Q0.3 状态的变化。

2）断开 I0.4 对应的小开关，观察 T33 的当前值和 Q0.3 状态的变化。

（5）闪烁电路

闪烁电路见图 3-31 和程序段 9、10，接通 I0.3 对应的小开关，用程序状态观察 T41 和 T42 是否能交替定时，使 Q0.7 控制的指示灯闪烁。Q0.7 为 ON 和为 OFF 的时间应分别等于 T42 和 T41 的预设值。改变这两个预设值，下载后重复上面的操作。

（6）两条运输带的控制程序

用状态图表或程序状态监视图 3-33 中的 M0.0、Q0.4、Q0.5、T39 和 T40 的当前值，用 I0.5 对应的小开关模拟起动按钮的操作，开关接通后马上断开。观察 M0.0 和 Q0.4 是否变为 ON，T39 是否开始定时，8s 后 Q0.5 是否变为 ON。

用 I0.6 对应的小开关模拟停止按钮的操作，观察 M0.0 和 Q0.5 是否变为 OFF，T40 是否开始定时。8s 后 Q0.4 是否变为 OFF。

A.6 计数器应用实验

1．实验目的
通过实验了解计数器的编程与监控的方法。

2．实验内容
将配套资源中的例程"计数器应用"下载到 PLC 后运行程序，启动程序状态监控功能。

（1）加计数器

对图 3-34 中的加计数器 C0，按下面的顺序操作：

1）断开复位输入 I0.6 对应的小开关，用 I0.5 对应的小开关发出计数脉冲，用程序状态监控观察 C0 的当前值和 Q0.4 变化的情况（见程序段 1、2）。C0 的当前值等于预设值后再发计数脉冲，C0 的当前值是否变化？

2）接通 I0.6 对应的小开关，观察 C0 的当前值是否变为 0，Q0.4 是否变为 OFF。此时用 I0.5 对应的开关发出计数脉冲，观察 C0 的当前值是否变化。

3）已用系统块设置了计数器 C0～C31 有断电保持功能。在 C0 的常开触点闭合时，观察 PLC 断电后又上电，C0 的当前值和常开触点的状态是否变化。将计数器改为 C40，下载后检查它是否有断电保持功能。

（2）减计数器

对图 3-35 中的减计数器 C1，按下面的步骤操作：

1）接通装载输入 I0.4 对应的小开关后再断开它，观察 C1 的当前值是否变为预设值 3，Q0.5 是否为 OFF（见程序段 3、4）。

2）用 I0.7 对应的小开关发出计数脉冲，观察 C1 的当前值减至 0 时，Q0.5 是否变为 ON。C1 的当前值为 0 后再发计数脉冲，观察 C1 的当前值是否变化。

3）接通 I0.4 对应的小开关后再断开它，观察 C1 的当前值和触点状态的变化。

（3）加减计数器

对图 3-36 中的加减计数器 C2，按下面的顺序操作：

1）断开复位输入 I0.3 对应的小开关，用 I1.1 或 I1.2 对应的小开关发出加计数脉冲或减计数脉冲，观察 C2 的当前值和 Q0.6 状态之间的关系（见程序段 5、6）。

2）接通 I0.3 对应的小开关，观察 C2 的当前值和 Q0.6 状态的变化。此时用 I1.1 或 I1.2 对应的开关发出计数脉冲，观察 C2 的当前值是否变化。

（4）长延时电路

令图 3-37 中的 I0.1 为 ON（见程序段 7、8），观察 C3 的当前值是否每分钟加 1，I0.1 为 OFF 时 C3 是否被复位。

为了减少等待的时间，减小图 3-38 中 T37 和 C4 的预设值（见程序段 9～11），用 I0.2 启动 T37 定时。观察总的定时时间是否等于 C4 和 T37 预设值的乘积的 1/10（单位为 s）。

A.7　比较指令与传送指令应用实验

1．实验目的

通过实验了解比较指令和传送指令的编程和调试的方法。

2．实验内容

（1）使能输入与使能输出

将配套资源中的例程"比较指令与传送指令"下载到 CPU 后运行程序，启动程序状态监控功能。接通 I0.0 对应的小开关，执行整数除法指令 DIV_I（见图 4-1），分别令除数 VW0 为 0 和非零，观察指令 DIV_I 的使能输出 ENO 的状态，和除法指令框的变化。关闭程序状态监控和状态图表监控功能，将程序切换为语句表，观察方框指令的 ENO 对应的 AENO 指令。删除前两条 AENO 指令，转换回梯形图后，观察梯形图的变化。

（2）比较指令

启动程序状态监控功能，右击触点比较指令中的某个地址（见图 4-4），用快捷菜单中的"写入"命令改写变量的值，观察满足比较条件和不满足比较条件时比较触点的状态。

用状态图表监视图 4-5 中 T37 的当前值和 Q0.0 的状态，"格式"分别为"有符号"和"位"。单击工具栏上的"图表状态"和"趋势视图"按钮，起动趋势图监控功能。用外接的小开关令 I0.1 为 ON，观察 T37 的当前值是否按锯齿波变化，比较指令是否能使 Q0.0 输出方波。

修改 T37 的预设值和比较指令中的常数，下载和运行程序，观察是否能按要求改变 Q0.0 的输出波形的周期和脉冲宽度。

（3）传送指令与字节交换指令

用状态图表写入 VW16、VB22～VB24 和 VW28 的值，VW28 的显示格式为十六进制，其余的地址的显示格式为"有符号"。观察在 I0.2 的上升沿（见图 4-6），字传送指令 MOV_W 是否能将 VW16 的值传送到 VW20，字节块传送指令 BLKMOV_B 是否能将 VB22～VB24 的数据传送到 VB25～VB27，字节交换指令 SWAP 是否能交换 VW28 的高、低字节的值。短接正跳变触点，下载后重复上述的操作，观察 SWAP 指令的执行情况并解释原因。

（4）填充指令

用状态图表监视 VW30～VW36 的值，格式为"有符号"。观察在 I0.3 的上升沿（见图 4-12），常数 5678 是否被写入 VW30～VW36。改变写入的常数和要填充的字数，下载后重复上述的操作。

A.8　移位指令与循环移位指令应用实验

1．实验目的

通过实验了解移位指令和循环移位指令的使用方法。

2．实验内容

（1）指令的基本功能

将配套资源中的例程"移位指令与彩灯控制程序"下载到 CPU 后运行程序。

用状态图表设置图 4-7 中的 VB18 和 VB19 的值，格式为二进制，观察在 I0.2 的上升沿，左移指令 SHL_B 是否能将 VB18 的值左移 4 位，循环右移指令 ROR_B 是否能将 VB19 的值循环右移 3 位。分别将移位位数改为 2 位、6 位和 10 位后下载程序，设置好 VB18 和 VB19 的值后，重复上述的实验。

（2）8 位彩灯控制程序

图 A-3 是 8 位彩灯控制程序，首次扫描时用 MOV_B 指令给 Q0.0～Q0.7 置初值（最低 3 位彩灯亮）。通过观察 CPU 模块上 Q0.0～Q0.7 对应的 LED，检查彩灯的运行效果。

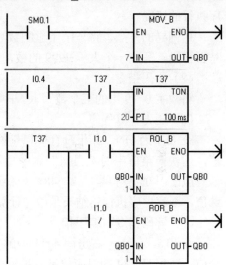

1）观察 I0.4 为 ON 时，彩灯的循环移位是否正常，初值是否与设置的值相符。

2）改变 I1.0 的状态，观察是否能改变移位的方向。

3）修改 MOV_B 指令中彩灯的初值，下载后运行程序，观察彩灯的初值是否变化。

图 A-3　彩灯控制程序

4）改变 T37 的预设值，下载后观察彩灯移位速度的变化。

5）要求在 I1.1 的上升沿，用接在 I0.0～I0.7 的小开关来改变彩灯的初值，修改程序，下载后检查是否满足要求。

（3）设计 10 位彩灯循环左移控制程序

要求用 Q0.0～Q1.1 来控制 10 位彩灯的循环左移，即从 Q1.1 移出的位要移入 Q0.0。为了不影响 Q1.2～Q1.7 的值，用 MW0 来移位，然后将 M0.0～M1.1 的值传送到 Q0.0～Q1.1。

10 位循环左移的关键是将 M1.1 移到 M1.2 的数传送到 M0.0 中（见图 A-4）。程序见配套资源中的例程"10 位彩灯左移"，语句表中有注释。阅读程序后下载和运行程序，用二进制格式监控 QW0，观察是否能实现 10 位彩灯左移。

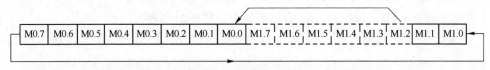

图 A-4　10 位循环左移位

（4）设计 10 位彩灯循环右移控制程序

要求将 Q0.0～Q1.1 的各位循环右移，Q1.0 中的数据传送到 Q0.7，Q0.0 移到 Q1.7 的数据传送到 Q1.1。将程序下载到 PLC 后调试程序。

A.9 数据转换指令应用实验

1．实验目的

通过实验了解数据转换指令的使用方法。

2．实验内容

（1）BCD 码与整数的相互转换指令

将配套资源中的例程"数据转换指令"下载到 CPU 后运行程序。启动程序状态监控功能。令 I0.3 为 ON，右击图 4-9 的 BCD_I 指令中 VW60 的值，执行快捷菜单中的"写入"命令，写入一个 BCD 码值，观察转换结果是否正确。写入一个包含 16#A～16#F 的非 BCD 码，观察程序执行的情况。

用同样的方法，将一个十进制数写入 I_BCD 指令中的 VW64，观察转换后得到的 BCD 码是否正确。写入一个大于 9999 的数，会出现什么现象？

（2）段码指令

将数字 0～9 中的某个数写入 VB40，观察 SEG 指令输出的二进制值是否正确。

（3）压力计算程序

令 I0.4 为 ON，如果没有模拟量输入模块，右击图 4-10 中 I_DI 指令的输入参数 AIW16 的值，用快捷菜单中的"强制"命令写入强制值，观察运算结果是否正确。可以输入特殊值，例如对应于 100%模拟量的 27648，观察运算结果是否是满量程的压力值 10000kPa。如果输入非特殊值，观察程序执行的结果是否与计算器计算出来的结果相同。

（4）解码指令与编码指令

令 I0.5 为 ON，右击图 4-11 中解码指令 DECO 的输入参数 VB83 的值，写入 0～15 中的某个值，观察 VW84 的对应位是否被置 1。

右击图 4-11 中编码指令 ENCO 的输入参数 VW86 的值，写入一个十六进制数。观察 VB88 中的值是否是 VW86 为 1 的最低有效位的位数。

A.10 实时时钟指令应用实验

1．实验目的

通过实验熟悉用编程软件读取和设置实时时钟的方法，以及实时时钟指令的使用方法。

2．实验内容

（1）用编程软件读/写实时时钟

1）计算机与 PLC 建立起通信连接后，单击"PLC"菜单功能区的"修改"区域中的"设置时钟"按钮，打开"CPU 时钟操作"对话框（见图 4-13）。

2）单击"读取 CPU"按钮，读取 CPU 的实时时钟的日期和时间。

3）修改日期或时间后，用"设置"按钮将修改后的日期时间值下载到 CPU 的实时时钟。

4）再次打开"CPU 时钟操作"对话框，单击"读取 PC"按钮，显示出计算机的实时时钟的时间，用"设置"按钮将它下载到 CPU。下载后用"读取 CPU"按钮检查下载的效果。

（2）读/写实时时钟指令

将配套资源中的例程"实时时钟指令"下载到 CPU 后运行程序。在状态图表中用十六进制格式监视 VD42 和 VD46，用外接的小开关产生 I0.5 的上升沿（见图 4-14），观察 VD42 和 VD46 中读取的 CPU 实时时钟的日期时间值。

在状态图表中将十六进制格式的日期和时间的 BCD 码值写入 VD50 和 VD54，用外接的小开关产生 I0.6 的上升沿（见图 4-15），执行设置实时时钟指令 SET_RTC。打开"CPU 时钟操作"对话框，观察设置的日期时间值是否写入到了 CPU 的实时时钟。

（3）用实时时钟控制设备

将例 4-2 中的程序写入 OB1，下载到 PLC 后运行程序。实验步骤如下：

1）在状态图表中监控 VW73、VW78 和 VW80，格式均为"十六进制"。VW73 中的 BCD 码为读取到的小时和分钟的值。VW78 和 VW80 是设置的设备的起动和停止的时、分值。

2）启动状态图表监控功能，观察 VW73 中是否是当前的时、分值。

3）在状态图表的 VW78 和 VW80 的"新值"列键入"16#"格式的设备起动和停止的 BCD 码小时和分钟值，将它们写入 CPU。为了减少等待的时间，设置的起动时间比当前时间稍晚一点就可以了。

假设当前时间为 10 点 13 分，可以设置 VW78 和 VW80 的起动、停止时间值分别为 16#1015 和 16#1017，Q0.2 应在 10 点 15 分到 10 点 17 分为 ON。将设置值写入 CPU 后，观察是否能按程序中设置的时间段控制 Q0.2。

将程序切换到梯形图方式，重复上述的实验。

A.11 数学运算指令应用实验

1．实验目的

通过实验了解数学运算指令的使用和编程的方法。

2．实验内容

（1）整数运算指令的应用

将配套资源中的例程"数学运算指令"下载到 CPU 后运行程序。程序段 1 是计算压力的程序（见图 4-16）。启动程序状态监控，接通 I0.7 对应的小开关。如果没有 AI 模块，右击 AIW16 的值，将它强制为某个值。检查程序执行的结果是否与计算器算出的值相同。为了方便检查，可以强制为某些特殊值，例如 5530 和 27648 等。

取消强制，退出程序状态监控，将梯形图转换为语句表，观察梯形图和语句表中的数学运算指令的区别。

（2）频率运算程序

某频率变送器的量程为 45～55Hz，输出信号范围为 DC 4～20mA，AI 模块将输入的 0～20mA 电流转换为 0～27648 的整数。在 I0.0 的上升沿，根据转换后的数据 N，用整数运算指令计算出以 0.01Hz 为单位的频率值。计算公式为

$$f = 25 \times (N - 5530) / 553 + 4500 \qquad (0.01\text{Hz})$$

用整数运算指令设计出频率运算程序，下载到 PLC 后运行程序。调试程序时可以参考上述压力运算程序的调试方法。

（3）函数运算指令

启动程序状态监控，用外接的小开关令 I1.0 为 ON。右击 VD64 的值（见图 4-17 和程序段 2），写入浮点数的角度值。观察指令 COS 输出的余弦值是否正确。可以输入 60.0、45.0 等特殊

角度值。

根据公式 $5^{3/2}$ = EXP（1.5×LN（5.0）），编写求 5 的 3/2 次方的程序，下载到 PLC 后运行和调试程序，用计算器检查运算结果是否正确。

A.12 逻辑运算指令应用实验

1．实验目的

通过实验了解逻辑运算指令的使用和编程的方法。

2．实验内容

（1）逻辑运算指令

将配套资源中的例程"逻辑运算指令"下载到 CPU 后运行程序，启动程序状态监控。在状态图表中监控 VB72～VB82，显示格式均为"二进制"（见图 4-19）。

在"新值"列键入图 4-18 中的取反和逻辑运算指令各输入参数任意的值，将它们写入 CPU。可以写入十六进制格式的数，然后改用二进制格式显示。接通 I1.1 对应的小开关，观察状态图表的"当前值"列的各逻辑运算指令输出参数的值是否正确。

（2）求整数的绝对值

例 4-5 中的程序用于求整数的绝对值（见程序段 2）。在状态图表中分别将正数和负数输入到 VW10，振动外接的小开关，观察在 I0.1 的上升沿是否能求出 VW10 的绝对值，结果仍在 VW10 中。

（3）将字节中的某些位置为 1

用状态图表将二进制格式的数写入 QB0（见图 4-20），观察在 I0.3 的上升沿，QB0 的低 3 位是否均被置为 1，高 5 位的状态保持不变。

（4）将字中的某些位清零

用状态图表将图 4-20 中 WAND_W 指令的输入参数 IW4 强制为任意的二进制数。观察在 I0.3 的上升沿，VW12 中的运算结果的高 4 位是否为 0，低 12 位的值是否与 IW4 的相同。

A.13 跳转指令应用实验

1．实验目的

通过实验了解跳转指令的特点和编程方法。

2．实验内容

（1）跳转指令的基本功能

将配套资源中的例程"跳转指令"下载到 PLC 后运行程序，启动程序状态监控。

分别令图 4-22 中的 I0.3 为 ON 和 OFF，检查两种情况下 I0.5 是否能控制 Q1.1，以及跳转对程序状态显示的影响。

（2）跳转指令对定时器的影响

1）用状态图表监视图 4-23 中的 T37、T33 和 T32 的当前值和 Q0.1、Q0.2 的状态。

2）令 I0.0 为 OFF（跳转条件不满足），用 I0.1～I0.3 起动各定时器开始定时。

3）定时时间未到时，令 I0.0 为 ON，跳转条件满足。观察 T37 是否因为跳转停止定时，当前值保持不变；T33 和 T32 是否继续定时，当前值继续增大；T33 和 T32 的定时时间到时，它们在跳转区之外的常开触点是否能闭合。

4）在跳转时断开 I0.0 对应的小开关，观察 T37 是否在保持的当前值的基础上继续定时。

（3）跳转对功能指令的影响

分别观察在跳转和没有跳转时，是否执行图 4-23 中的 INC_W 指令。

（4）跳转指令的应用

生成一个新的项目，将例 4-6 中的程序写入 OB1，下载到 PLC 后执行程序。在状态图表中监视 VW4，起动状态图表的监控功能，用小开关改变 I0.5 的状态，观察写入 VW4 的数值是否满足图 4-24 的要求。是否可以不用跳转指令实现例 4-6 的要求？

（5）用跳转指令实现多分支程序

图 A-5 的流程图中用 I0.6 和 I0.7 来控制程序的流程，参考例 4-6 中的程序，编写满足流程图要求的程序。将程序写入 OB1，下载后执行程序。用状态图表监控 VW6，"格式" 为默认的 "有符号"。起动监控功能，用外接的小开关改变 I0.6 和 I0.7 的状态，观察写入 VW6 的数值是否满足图 A-5 的要求。

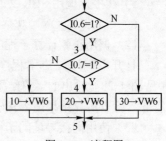

图 A-5　流程图

A.14　循环指令应用实验

1. 实验目的

通过实验了解循环指令的编程方法。

2. 实验内容

（1）用循环程序求多字节的异或值

将配套资源中的例程 "程序控制指令" 下载到 PLC 后运行程序，程序段 1～3 是例 4-7 中的求多字节的异或值的程序。在状态图表中监视 VB130～VB134，显示格式均为 "二进制"（见图 4-25）。将任意的二进制数写入 VB130～VB133，接通 I0.5 对应的小开关，观察 VB134 中的异或运算结果是否正确。

（2）双重循环

在状态图表中监视图 4-26 中的 VW10。分别接通和断开 I0.7 对应的小开关后，观察在 I0.6 的上升沿，反映内层循环次数的 VW10 的值是否被加 80。删除（短接）FOR 指令左边的上升沿检测触点，下载后观察对循环程序执行结果的影响，并解释原因。

（3）用循环指令求多字节的累加和

按照习题 4.17 的要求编写程序，求 5 个浮点数的累加和。下载和调试程序，检查执行结果是否正确。

A.15　子程序的编程实验

1. 实验目的

通过实验了解局部变量和子程序的基本概念，熟悉子程序的创建、调用和调试的方法。

2. 实验内容

（1）子程序中定时器的特性

将配套资源中的例程 "子程序调用" 下载到 PLC 后运行程序。实验步骤如下：

1）在状态图表中监视 T37、T33 和 T32（见图 4-27）的当前值，格式为 "有符号"。启动状态图表的监控功能。

2）令 I0.0 为 OFF（调用 SBR_2 的条件不满足），检查是否能用 I0.1～I0.3 起动各定时器开始定时。

3）令 I0.0 为 ON（调用条件满足），用 I0.1～I0.3 起动各定时器开始定时。

4）定时时间未到时，令 I0.0 为 OFF。观察停止调用 SBR_2 以后，T37 是否停止定时，当前值保持不变；T33 和 T32 是否继续定时，当前值继续增大；T33 和 T32 的定时时间到时，主程序中它们的触点是否能闭合。

5）在停止调用 SBR_2 时断开 I0.2 对应的小开关，观察是否能停止 T33 的定时。

6）令 I0.0 为 ON，观察 T37 是否能在保存的当前值的基础上继续定时。

（2）调用正弦计算子程序

打开主程序，启用程序状态监控，接通 I0.3 对应的小开关，观察子程序"正弦计算"（见图 4-28）输出的运算结果是否为 30°的正弦值 0.5。修改输入的浮点数角度值，下载后运行程序，检查运算结果是否正确。

（3）使用间接寻址的子程序

在状态图表中监视 VB30～VB33 和 VB40，显示格式均为"二进制"（见图 4-30）。将任意的二进制数写入 VB30～VB33，接通 I0.5 对应的小开关，调用子程序"异或运算"（见图 4-29），观察 VB40 中的异或运算结果是否正确。

（4）电机控制子程序

将配套资源中的例程"电机控制子程序调用"下载到 PLC 后运行程序。实验步骤如下：

1）用程序状态监控 OB1，观察是否能用 I0.0～I0.3 分别同时控制两台电动机。

2）将子程序的参数"电机"的参数类型由 IN_OUT 改为 OUT，用 I0.0 和 I0.1 控制 Q0.0，观察程序运行有什么异常，解释出错的原因。

A.16 中断程序的编程实验

1. 实验目的

通过实验了解中断的基本概念，熟悉 I/O 中断和定时中断的中断程序的设计方法。

2. 实验内容

（1）I/O 中断实验

将配套资源中的例程"IO 中断程序"（见例 4-9）下载到 PLC 后运行程序。观察是否能在 I0.0 的上升沿，通过中断使 Q0.0 立即置位，在 I0.1 的下降沿，通过中断使 Q0.0 立即复位。用状态图表监控 VB10～VB17 和 VB18～VB25，观察中断程序读取的日期时间值是否正确。修改程序，用 I0.2 的上升沿和 I0.3 的下降沿控制 Q0.1 的 ON/OFF 状态，下载后运行和调试程序。

（2）定时中断实验

将配套资源中的例程"定时中断程序"（见例 4-10）下载到 PLC 后运行程序。通过 CPU 模块输出点的 LED，观察是否能通过定时中断 0，使 QB0 的值每 2s 加 1。

修改程序，通过定时中断 1，使 QB0 的值每 3.5s 加 1。

（3）使用定时中断的彩灯控制程序实验

设计程序，首次扫描时设置彩灯的初始值。通过定时中断 0，每 2.5s 将 QB0 循环移动一位。用 I0.1 控制移位的方向。下载和调试程序，直到满足要求。

（4）使用 T32 中断的彩灯控制程序实验

将配套资源中的例程"T32 中断程序"（见例 4-11）下载到 PLC 后运行程序。观察 QB0 是否能每 3s 循环左移一位。

修改程序，用 T96 中断每 3.45s 将 QW0 循环右移两位。下载和调试程序，直到满足要求。

A.17 高速计数器与高速输出应用实验

1. 实验目的

通过实验了解高速计数器向导和 PWM 向导的应用和编程的方法。

2. 实验内容

如果使用场效应晶体管输出的 CPU ST20/30/40/60，做实验时可以用它的 Q0.0 输出的 PWM 信号作高速计数器的计数脉冲信号。PLC 的输入回路和输出回路都采用 CPU 的 DC 24V 传感器电源，接线见图 A-6，有脉冲输出时 Q0.0 与 I0.0 对应的 LED 同时亮。

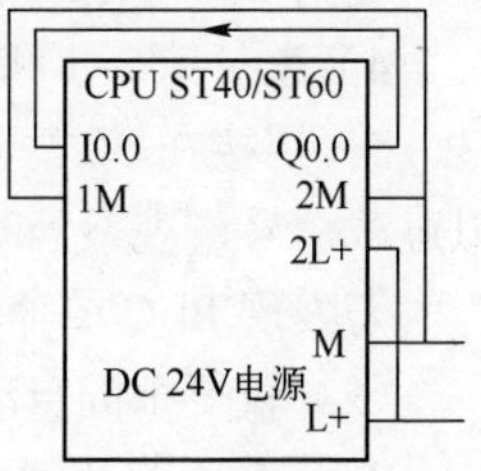

如果 CPU 模块是继电器输出型的，可以用外接的脉冲信号发生器提供脉冲信号，应注意脉冲发生器的输出电压和输出电路的类型是否与 PLC 的输入电路匹配。

图 A-6 PLC 外部接线图

将配套资源中的例程"高速输入/高速输出"下载到 PLC 后运行程序。接通 I0.1 外接的小开关（见例 4-12），在 I0.1 的上升沿将 HSC0 初始化，启动高速计数，同时 Q0.2 被置位为 ON。I0.1 为 ON 时，Q0.0 产生周期为 1ms 的高速计数脉冲（见图 4-35），通过 I0.0 送给 HSC0 计数（见图 A-6）。用状态图表监控 HC0，I0.1 为 ON 时，应能看到 HSC0 的当前值开始增大。等于预设值 8000 时，CPU 调用中断程序 COUNT_EQ0，Q0.2 被复位为 OFF，HSC0 的当前值被清零后继续计数。

A.18 数据块与字符串指令应用实验

1. 实验目的

通过实验了解数据块与字符串指令的使用方法。

2. 实验内容

（1）数据块的实验

生成一个项目，用数据块给 V 存储器的单个和连续的若干个字节、字、实数指定地址和赋值，给 1 个、2 个、4 个字符常量指定地址和赋值，定义一个字符串。下载到 PLC 后切换到 RUN 模式，用状态图表检查数据块对 V 存储器的赋值是否成功。

（2）字符串指令

接通 I0.3 对应的小开关（见例 4-13），用状态图表观察执行 SCPY 和 SCAT 指令后，VB70 开始的字符串是否正确。

接通 I0.4 对应的小开关（见图 4-39），用状态图表观察执行 SSTR_CPY 指令后，VB83 开始的字符串是否正确。观察执行 STR_FIND 指令后，VB89 中字符串搜索的结果是否正确。

A.19 自动往返的小车控制系统的编程实验

1. 实验目的

通过实验了解经验设计法编写简单的梯形图程序的方法。

2. 实验内容

（1）自动往返的小车控制程序实验

输入、编译和下载图 5-4 所示的小车自动往返的控制程序后，运行程序。首先令所有的输入点均为 OFF，用小开关模拟各输入信号。通过观察 Q0.0 和 Q0.1 对应的 LED，检查程序的运行情况。按以下步骤检查程序是否正确：

1）用接在 I0.0 输入端的小开关模拟右行起动按钮信号，将开关接通后马上断开，观察 Q0.0 是否变为 ON。

2）用接在 I0.4 输入端的小开关模拟右限位开关信号，将开关接通后马上断开，观察 Q0.0 是否变为 OFF，Q0.1 是否变为 ON。

3）用接在 I0.3 输入端的小开关模拟左限位开关信号，将开关接通后马上断开，观察 Q0.1 是否变为 OFF，Q0.0 是否变为 ON。

4）重复第 2 步和第 3 步。

5）用接在 I0.2 输入端的小开关模拟停车按钮被按下，或者用接在 I0.5 输入端的小开关模拟过载信号，观察当时为 ON 的输出点是否变为 OFF。

若发现 PLC 的输入/输出关系不符合要求，应检查程序，改正错误。

（2）较复杂的自动往返小车控制程序实验

在图 5-4 的基础上，增加下述功能：小车碰到右限位开关 I0.4 后停止右行，延时 5s 后自动左行。小车碰到左限位开关 I0.3 后停止左行，延时 6s 后自动右行。

输入、下载和调试程序，直至满足要求。注意调试时限位开关接通的时间应大于定时器延时的时间。小车离开某一限位开关后，应将该限位开关对应的小开关断开。

A.20　使用置位/复位指令的顺序控制程序的编程实验

1．实验目的
通过实验熟悉使用置位/复位指令的顺序控制程序的设计和调试方法。

2．实验内容
（1）简单的顺序控制程序的调试

将配套资源中的例程"小车顺控程序"下载到 PLC 后，切换到 RUN 模式。进入 RUN 模式后，初始步对应的 M0.0 为 ON，其余各步对应的位存储器为 OFF。应根据图 5-16 中的顺序功能图来调试程序。用状态图表监控包含所有步和动作的二进制格式的 MB0 和 QB0（见图 5-18），同时监控 T38 的当前值。

令 I0.2 为 ON，模拟小车在起始位置。扳动 I0.0 对应的小开关，模拟按下和放开起动按钮，产生步 M0.0 下面的转换条件，观察是否 M0.0 变为 OFF，M0.1 变为 ON，转换到了步 M0.1；Q0.0 变为 ON，小车开始右行。将 I0.1 对应的小开关接通后马上断开，模拟右限位开关的动作，观察是否转换到步 M0.2，Q0.0 变为 OFF，Q0.1 变为 ON，小车由右行变为左行。

扳动 I0.2 对应的小开关，模拟左限位开关动作。观察是否转换到步 M0.3，Q0.1 变为 OFF，Q0.2 变为 ON，由左行变为制动，T38 是否开始定时。定时时间到时，是否返回初始步，Q0.2 变为 OFF，T38 被复位。

（2）复杂的顺序控制程序的调试

将配套资源中的例程"使用 SR 指令的复杂的顺控程序"下载到 PLC 后运行程序。顺序功能图如图 5-19 所示。

首先调试经过步 M0.1、最后返回初始步的流程，然后调试跳过步 M0.1、最后返回初始步的流程。调试时用状态图表和二进制格式监控 MB0、QB0 和 IB0。应注意并行序列中各子序列的第 1 步（步 M0.3 和步 M0.5）是否同时变为活动步，各子序列的最后一步（步 M0.4 和步 M0.6）是否同时变为不活动步。

（3）液体混合控制系统的调试

将配套资源中的例程"液体混合顺控程序"下载到 PLC 后运行程序。

在状态图表中用二进制格式监控 MB2、QB0 和 IB0，以及 M1.0 和 T37、T38 的当前值。根据图 5-20 中的顺序功能图调试程序。观察在按了起动按钮 I0.3 之后，M2.1 和连续标志 M1.0 是否变为 ON；完成了顺序功能图中的一个工作循环后，是否能返回步 M2.1；按下停止按钮 I0.4 以后，M1.0 是否变为 OFF，完成了最后一步 M2.5 的工作后，是否能返回初始步。调试时应注意在各步 3 个液位开关的状态。例如在搅拌步 M2.3，3 个液位开关均为 ON。

（4）编程实验

按图 5-51 的要求编写梯形图程序，输入、下载和调试程序，直到满足要求。

A.21　专用钻床顺序控制程序的调试实验

1．实验目的

通过实验熟悉使用置位/复位指令的顺序控制程序的设计和调试方法。

2．实验内容

（1）手动程序的调试

将配套资源中的例程"专用钻床顺控程序"下载到 PLC 后运行程序。

在状态图表中用二进制格式监控 MW0 和 QB0，用"有符号"格式监控 C0 的当前值。

令 I2.0 为 OFF，CPU 调用手动程序（见图 5-21），用程序状态调试手动程序（见图 5-23）。分别令各手动控制按钮 I1.0～I1.7 为 ON，观察对应的输出点是否为 ON。对大、小钻头作升、降控制时，观察对应的限位开关是否起作用。

（2）自动程序的调试

令 I2.0 为 ON，CPU 调用自动程序（见图 5-21）。根据图 5-24 中的顺序功能图调试自动程序。进入自动程序时，仅初始步对应的 M0.0 为 ON。令 I0.3 和 I0.5 对应的小开关为 ON，模拟大、小钻头均在上限位置。两次扳动 I0.0 对应的小方框，模拟按下和放开起动按钮。初始步下面的转换条件满足，观察是否转换到步 M0.1，即 M0.0 变为 OFF，M0.1 和 Q0.0 变为 ON。令 I0.1 为 ON，将转换到步 M0.2 和步 M0.5，C0 的当前值加 1 后变为 1。按照顺序功能图，依次令当前的活动步后面的转换条件为 ON，观察是否能转换到后续步。大小钻头均上升到位时，观察是否能转换到旋转步 M1.0，旋转到位时是否能返回步 M0.2 和步 M0.5。钻完 3 对孔后，观察是否能转换到步 M1.1，I0.7 为 ON 时是否能返回初始步。

在调试时应注意在工件旋转期间，上限位开关 I0.3 和 I0.5 应为 ON，在钻头升降期间，旋转到位开关 I0.6 应为 ON。运动部件离开某限位开关后，应将该限位开关复位为 OFF。

（3）检查自动/手动的切换

在自动运行的任意步为活动步时切换到手动方式（令 I2.0 为 OFF），检查当前的活动步对应的位存储器（M）和输出点是否变为 OFF，初始步对应的 M0.0 是否变为 ON（见图 5-21）。

（4）编程实验

按图 5-53 的要求编写梯形图程序，输入、下载和调试程序，直到满足要求。

A.22　使用 SCR 指令的顺序控制程序的调试实验

1. 实验目的

通过实验熟悉使用顺序控制继电器指令的顺序控制程序的设计和调试方法。

2. 实验内容

（1）简单的顺序控制程序的调试

将配套资源中的例程"使用 SCR 指令的 2 运输带顺控程序"下载到 PLC 后运行程序。顺序功能图如图 5-26 所示。用状态图表监控二进制格式的 SB0、QB0 和两个定时器的当前值。同时启动程序状态监控功能。

用外接的小开关模拟起动按钮和停止按钮信号，观察 SB0 中步的活动状态的变化，以及控制运输带的 Q0.0 和 Q0.1 的状态变化，看它们是否符合顺序功能图的要求。

注意观察是否只有活动步对应的 SCRE 线圈通电，是否只有活动步对应的 SCR 区内的 SM0.0 的常开触点闭合。

（2）具有选择序列和并行序列的顺序控制程序的调试

将配套资源中的例程"使用 SCR 指令的复杂的顺控程序"下载到 PLC 后运行程序。顺序功能图如图 5-28 所示。用状态图表监视二进制格式的 SB0 和 QB0。在初始步为活动步时分别令 I0.0 和 I0.2 为 ON，观察是否能分别转换到步 S0.1 和步 S0.2。

在步 S0.3 为活动步时令 I0.4 为 ON，观察步 S0.4 和步 S0.6 是否能同时变为活动步。步 S0.5 和步 S0.7 均为活动步时，观察是否能返回初始步 S0.0。

A.23　使用 SCR 指令的顺序控制程序的编程实验

1. 实验目的

通过实验熟悉使用顺序控制继电器指令的顺序控制程序的设计和调试的方法。

2. 实验内容

（1）3 条运输带控制程序的调试

将配套资源中的例程"使用 SCR 指令的 3 运输带顺控程序"下载到 PLC 后运行程序。根据图 5-29 中的顺序功能图调试程序，用状态图表监控二进制格式的 SB0、QB0、IB0，以及 T37～T40 的当前值。按下列步骤调试程序：

1）从初始步开始，按正常起动和停车的顺序调试程序。即从初始步 S0.0 开始，顺序转换到步 S0.1、S0.2、S0.3、S0.4 和 S0.5，最后返回初始步。

2）从初始步开始，对起动了一条运输带时停机的过程进行调试。即在步 S0.1 为活动步时，接通和断开停止按钮 I0.3 对应的小开关，观察是否能返回初始步。

3）从初始步开始，对起动了两条运输带时停机的过程进行调试。即在步 S0.2 为活动步时，接通和断开停止按钮 I0.3 对应的小开关，观察是否能跳过步 S0.3 和步 S0.4，进入步 S0.5，经过 T40 设置的时间后，是否能返回初始步。

（2）专用钻床顺控程序的编程与调试

将图 5-24 的顺序功能图中代表步的 M 改为 S，用 SCR 指令编写专用钻床的顺序控制程序。下载到 PLC 后运行和调试程序，直到满足顺序功能图的要求。

A.24　具有多种工作方式的系统的控制程序调试实验

1. 实验目的

通过调试程序，熟悉具有多种工作方式的系统的顺序控制程序的设计和调试的方法。

2. 实验内容

下载并打开配套资源中的例程"机械手控制",调试步骤如下:

1)进入 RUN 模式后,检查图 5-36 中的公用程序的运行是否正常。分别在首次扫描后、手动方式或回原点方式,检查在满足原点条件时初始步 M0.0 是否被置位,不满足原点条件时 M0.0 是否被复位。

2)令 I2.0 为 ON,在手动工作方式检查各手动按钮是否能控制相应的输出点(见图 5-37),各限位开关是否起作用。

3)在 M0.0 为 ON 时,从手动方式切换到单周期工作方式,按顺序功能图的要求,依次提供相应的转换条件,观察步与步之间的转换是否符合图 5-38 中的顺序功能图的规定,工作完一个周期后是否能返回并停留在初始步。

调试较复杂的顺序控制程序时,应仔细分析系统的运行过程,每一步中各输入信号应该是什么状态,应提供什么转换条件,并列出相应的表格(见表 A-1)。

表格中的 I0.1~I0.4 分别是下限位、上限位、右限位和左限位开关。I0.1 置位是指调试时用外接的小开关使 I0.1 为 ON 并保持 ON 状态不变,直到它被复位为 OFF。在下降步对 I0.2 复位,是因为机械手下降后上限位开关 I0.2 会自动断开。

表 A-1 调试机械手顺序控制程序的表格

步	M0.0 初始	M2.0 下降	M2.1 夹紧	M2.2 上升	M2.3 右行	M2.4 下降	M2.5 松开	M2.6 上升	M2.7 左行
复位操作		复位 I0.2		复位 I0.1	复位 I0.4	复位 I0.2		复位 I0.1	复位 I0.3
转换条件	M0.5·I2.6	I0.1 置位	T37	I0.2 置位	I0.3 置位	I0.1 置位	T38	I0.2 置位	I0.4 置位
其他输入的状态	I0.2＝1 I0.4＝1	— I0.4＝1	I0.1＝1 I0.4＝1	I0.4＝1	I0.2＝1 —	— I0.3＝1	I0.1＝1 I0.3＝1	I0.3＝1	I0.2＝1 —

4)在连续工作方式,按顺序功能图的要求提供相应的转换条件,观察步与步之间的转换是否正常,是否能多周期连续运行。按下停止按钮,是否在完成最后一个周期全部的工作后才能停止工作,返回初始步。在某一步为活动步时,将运行方式从连续改为手动,检查除初始步外,其余各步对应的位存储器和连续标志 M0.7 是否被复位。

5)在单步工作方式,观察是否能从初始步开始,在转换条件满足且按了起动按钮 I2.6 时才能转换到下一步,按顺序功能图的要求工作一个循环后,是否能返回初始步。

6)根据自动返回原点的顺序功能图(见图 5-40),在手动工作方式设置各种起始状态,然后切换到回原点工作方式。按下起动按钮 I2.6 后,观察是否能按图 5-40 中的顺序功能图运行,最后使初始步对应的 M0.0 变为 ON。

A.25 S7-200 SMART 控制分布式 IO 实验

1. 实验目的

通过实验熟悉 S7-200 SMART 与分布式 IO 的 PROFINET 通信的组态和调试的方法。

2. 实验内容

(1)安装 IO 设备的 GSD 文件

本实验的 IO 设备为 ET 200SP。生成一个新项目,单击"文件"菜单中的"GSDML 管理",安装 ET 200SP 的 GSD 文件。

(2)组态 PROFINET 网络

打开"PROFINET"向导,设置 PLC 作 IO 控制器。根据实际使用的 ET 200SP 接口模块的型号，将右边目录窗口的接口模块拖拽到设备表的第一行。采用默认的设备名称，设置 IO 设备的 IP 地址为 192.168.2.3。根据 ET 200SP 实际使用的 I/O 模块的型号和安装的位置，组态它的模块，设置模块的参数。注意模块的输入、输出地址。在最后一页单击"生成"按钮，保存网络配置。

（3）验证 PROFINET 组态

用交换机连接好 PLC、ET 200SP 和计算机的以太网接口，首先应分配设备名称。单击"工具"菜单中的"查找 PROFINET 设备"按钮，用出现的对话框设置"通信接口"为计算机的网卡，单击"查找设备"按钮，找到 ET 200SP 的 IP 地址。单击设备名称右边的"编辑"按钮，它上面的字符变为"设置"。修改好 IO 设备的名称后，单击"设置"按钮确认。分配好设备名称后，再次单击"查找设备"按钮，显示出分配的设备名称和 IP 地址。

将程序下载到 PLC，在状态图表中监控 ET 200SP 的 I/O 模块的地址，改变 DI 模块的输入点的状态和 AI 模块某个通道输入的模拟量值，给 DQ 模块赋值，通过观察状态图表中读取的 DI、AI 模块的值，以及输出点状态的变化，验证是否实现了 PROFINET 网络通信。

A.26　IO 控制器与智能 IO 设备的通信实验

1. 实验目的

通过实验熟悉 IO 控制器与智能 IO 设备通信的组态和调试的方法。

2. 实验内容

本实验使用两块 S7-200 SMART 的 CPU，可参考配套资源的例程"智能 IO 设备"和"IO 控制器"。

（1）组态智能 IO 设备

打开编程软件，生成一个名为"智能 IO 设备"的项目。用"PROFINET"向导设置 PLC 为智能设备，IP 地址为 192.168.2.2。单击"下一步"按钮，设置输入、输出传送区的起始地址，可采用默认的地址，字节数均为 4。导出 CPU 的 GSD 文件。

（2）组态 IO 控制器

再次打开编程软件，生成名为"IO 控制器"的项目，CPU 的 IP 地址为 192.168.2.1。导入智能 IO 设备的 GSD 文件。在"PROFINET"向导中，设置 PLC 为 IO 控制器，将右边目录窗口的 S7-200 SMART 的 CPU 拖拽到设备表的第一行。注意双方的传送区的起始地址。

（3）通信的验证

用交换机连接两块 CPU 和计算机的以太网接口。如果两块 CPU 原有的 IP 地址相同，下载时应断开另外一块 CPU 的电源。将程序分别下载到处于 STOP 模式的两块 CPU，将它们切换到 RUN 模式。

单击项目"智能 IO 设备"的"PLC"菜单中的"PLC"按钮，打开 IO 设备的"PLC 信息"对话框。选中左边的 CPU，观察智能设备与上位控制器的连接状态和 IO 状态是否正常。

打开项目"IO控制器"的"PLC信息"对话框，观察IO设备的状态是否正常。也可以单击"工具"菜单中的"查找PROFINET设备"按钮，再单击出现的对话框中的"查找设备"按钮，观察找到的智能IO设备。

在双方的状态图表中，分别监视它们的输入、输出传送区。启动监控，将"新值"列的数值写入输出区，观察对方的输入区是否接收到数据。

A.27 基于以太网的 S7 协议通信实验

1. 实验目的

通过实验熟悉 S7-200 SMART CPU 之间 S7 协议通信的组态和调试的方法。

2. 实验内容

（1）V 存储器之间的数据交换

打开编程软件，新建一个项目，IP 地址为 192.168.2.1。按 6.3.1 节的要求，用 GET/PUT 向导对客户端的通信组态，实现图 6-14 所示的数据交换。输入图 6-15 中的程序，将程序下载到作为客户端的 CPU。

再次打开编程软件，新建一个用于服务器的项目，IP 地址为 192.168.2.2。输入图 6-16 中的程序，将程序下载到 CPU。用交换机连接两块 CPU 和计算机的以太网端口，令两块 CPU 运行在 RUN 模式。用状态图表监控通信双方输入、输出传送区的前两个字和最后一个字。观察接收到的数据是否正确，接收到的第一个字（VW300）是否每秒钟加 1。

（2）用双方的 IW0 控制对方的 QW0

新建一个用于客户端的项目，IP 地址为 192.168.2.1。用 GET/PUT 向导对 S7 通信组态，将客户端的 IW0 传送给服务器的 QW0，读取服务器的 IW0，用客户端的 QW0 保存。远程 CPU 的 IP 地址为 192.168.2.2。在 OB1 中调用向导生成的 NET_EXE，将程序下载到 CPU。

再次打开编程软件，新建一个用于服务器的项目，IP 地址为 192.168.2.2，将系统块下载到 CPU。用以太网电缆连接客户机和服务器，令它们运行在 RUN 模式。检查是否能用双方的 IW0 控制对方的 QW0。

A.28 TCP 通信与 ISO-on-TCP 通信实验

1. 实验目的

通过实验熟悉 S7-200 SMART CPU 之间的 TCP 通信与 ISO-on-TCP 通信的组态和调试的方法。

2. 实验内容

1）用交换机连接两块 CPU 和计算机的以太网端口，用两次打开的编程软件，将配套资源中的例程"TCP 通信客户端"和"TCP 通信服务器"分别下载到两块 CPU。

2）两块 CPU 进入 RUN 模式后，令服务器的 TCP_CONNECT 指令的请求信号 M0.1 为 1，在客服端的 TCP_CONNECT 指令的请求信号 M0.1 的上升沿建立起 TCP 连接。用状态图表写入客户端要发送的 3 个字的值。启动服务器的状态图表的监控功能，观察服务器是否接收到了客户端发送的 3 个字的数据，接收到的第一个字 VW2000 的值是否每秒加 1。

将图 6-18 中的参数 IPsddr1~IPsddr4 设置为 0.0.0.0（表示接收所有请求），RemPort 设置为 0，下载后运行程序，观察是否能正常通信。

3）用两次打开的编程软件，将配套资源中的例程"ISO 通信客户端"和"ISO 通信服务器"分别下载到两块 CPU。实验的过程和要求与本节前述的实验基本上相同。

A.29 使用 Modbus RTU 协议的通信实验

1. 实验目的

通过实验熟悉使用 Modbus 主站协议和从站协议的 PLC 之间的通信程序的设计方法。

2．实验内容

两块 CPU 集成的 RS-485 端口（端口 0）分别作 Modbus RTU 的主站和从站。

1）用交换机连接两块 CPU 和计算机的以太网端口，按图 6-25 的接线，连接两块 CPU 的 RS-485 端口。

2）用两次打开的编程软件和以太网将配套资源中的例程"Modbus 从站协议 Port0 通信"和"Modbus 主站协议 Port0 通信"分别下载到两块 CPU，查看为 Modbus 指令分配的库存储器的地址区。

3）令两块 CPU 运行在 RUN 模式，用状态图表将要发送的数据写入主站的 VW100～VW106（见图 6-24）和从站的 VW208～VW214。

4）用主站的 I0.0 外接的小开关产生一个脉冲，将 VW100 开始的 4 个字写入从站从 VW200 开始的数据区（见图 6-24）；读取从站从 VW208 开始的 4 个字，保存到主站从 VW108 开始的地址区。用状态图表监控数据的传输是否正确。

A.30　使用 Modbus TCP 的通信实验

1．实验目的

通过实验熟悉使用 Modbus TCP 的 PLC 之间的通信程序的设计方法。

2．实验内容

两块 CPU 集成的以太网端口分别作 Modbus TCP 通信的客户端和服务器。

1）用交换机连接两块 CPU 和计算机的以太网端口，用两次打开的编程软件，将配套资源中的例程"Modbus TCP 客户端"和"Modbus TCP 服务器"分别下载到两块 CPU。查看为 Modbus 指令分配的库存储器的地址区。令两块 CPU 运行在 RUN 模式。

2）用状态图表监控客户端的 VW40～VW44、VW50～VW54 和服务器的 VW20～VW30。

3）观察客户端读取的服务器的 VW20～VW24（即寄存器 40001～40003）中的数据是否保存到本机的 VW40～VW44，VW40 的值是否随服务器每秒加 1 的 VW20 变化。

4）观察客户端的 VW50～VW54 的值是否写入服务器的 VW26～VW30（即寄存器 40004～40006），VW26 的值是否随客户端每秒加 1 的 VW50 变化。

A.31　变频器 USS 协议通信实验

1．实验目的

通过实验熟悉 PLC 与 V20 变频器的 USS 协议通信程序的设计和调试的方法。

2．实验内容

按图 6-28 连接 S7-200 SMART 和 V20 的 RS-485 端口，做实验时可以不接终端电阻。连接好变频器的三相电源线和变频器与电动机的主接线。用基本操作面板设置变频器的参数（见 6.6.1 节）。

用以太网下载配套资源中的例程"USS Port0 通信"，将 PLC 切换到 RUN 模式。实验内容和步骤见 6.6.3 节。

配套资源中的例程"USS Port1 通信"与例程"USS Port0 通信"唯一的区别是将指令 USS_INIT 的参数 Port（端口号）由 0 改为 1。如果有信号板 CM01，连接 CM01 和 V20 的 RS-485 端口。用以太网下载例程"USS Port1 通信"后，将 PLC 切换到 RUN 模式。实验的方法和步骤与使用 CPU 集成的 RS-485 端口的实验基本上相同。

A.32　PID 控制器参数手动整定实验

1. 实验目的

通过实验熟悉 PID 指令向导和 PID 整定控制面板的使用方法，和 PID 参数的整定方法。

2. 实验内容

本实验用程序来模拟被控对象，实现 PID 闭环控制。

（1）PID 指令向导的应用

根据 7.1.3 节的要求，用 PID 指令向导生成 PID 的初始化子程序和中断程序。

（2）手动整定 PID 的参数

下载配套资源中的例程"PID 闭环控制"，将 PLC 切换到 RUN 模式。T37 和 T38 产生周期为 1min、幅值为 20.0%和 70.0%的方波设定值。

令 I0.0 为 ON，启动 PID 控制。打开 PID 整定控制面板，选中左边窗口中的"Loop 0"，应能看到 3 条动态变化的曲线。勾选"启用手动调节"多选框（见图 7-15），在"计算值"列键入新的 PID 参数。单击"更新 CPU"按钮，将键入的参数值传送给 CPU，"当前"列显示的是 CPU 中的参数。

根据过程变量 PV 的响应曲线的形状特征判断 PID 控制器存在的问题，根据 7.2.2 节的规则修改 PID 控制器参数。下载后观察参数整定的效果，直到得到比较好的 PV 响应曲线。调试时可以参考图 7-16～图 7-23 中的 PID 参数。

修改中断程序 INT_0 中被控对象的参数后，调节 PID 控制器的参数，直到得到较好的响应曲线。

A.33　PID 控制器参数自整定实验

1. 实验目的

通过实验熟悉 PID 整定控制面板的使用方法和 PID 参数的自整定方法。

2. 实验内容

（1）第一次 PID 参数自整定实验

下载配套资源中的例程"PID 参数自整定"，将 PLC 切换到 RUN 模式。打开"PID 整定控制面板"，不勾选"启用手动调节"多选框，允许自动调节参数。令 I0.0 为 ON，启动 PID 控制。

首先使用 PID 指令向导中预设的 PID 参数，增益为 2.0、采样时间为 0.2s、积分时间为 0.025min、微分时间为 0.003min。令 I0.3 为 ON，产生一个从 0 到 70.0%的设定值的阶跃输入信号。观察响应曲线是否与图 7-24 一样。在过程变量 PV 曲线几乎与设定值 SP 曲线重合时，单击 PID 整定控制面板的"启动"按钮，开始参数自动调节过程，在"状态"区出现"调节算法正常完成。……"时，自整定结束。"调节参数"区的"计算值"列是 PID 参数的建议值。

单击"更新 CPU"按钮，将自整定得到的"计算值"列的建议参数写入 CPU。令 I0.3 为 OFF，设定值变为 0。待 PV 下降为 0 后，用 I0.3 产生一个 0 到 70.0%的设定值的阶跃输入信号，观察使用自整定的参数后的响应曲线。手动调节积分时间，进一步减小超调量。

（2）第二次 PID 参数自整定实验

勾选"启用手动调节"多选框，用手动方式设置增益为 0.5，积分时间为 0.5min，微分时间为 0.1min。用"更新 CPU"按钮将参数写入 CPU 后，观察阶跃响应曲线是否与图 7-26

中的一样。

单击"启用手动调节"多选框，其中的勾消失。在 *PV* 曲线趋近于 *SP* 水平线时，单击"启动"按钮，启动参数自整定过程。自整定成功后，观察使用自整定的参数后的响应曲线。

（3）第三次 PID 参数自整定实验

修改中断程序 INT_0 中被控对象的参数和 PID 控制器的参数后，启动参数自整定过程，观察参数自整定的效果。

A.34 触摸屏的画面组态实验

1. 实验目的

通过实验熟悉组态触摸屏的画面的方法。

2. 实验内容

1）在某个指定的位置生成一个名为"HMI 例程"的文件夹。打开 WinCC flexible SMART，生成一个新的项目，HMI 的型号为 Smart 700 IE V3。执行菜单命令"项目"→"另存为"，将生成的项目文件另存为名为"HMI 例程"的项目，保存到文件夹"HMI 例程"中。

2）组态连接，通信驱动程序为"SIMATIC S7-200 Smart"。"接口"为以太网，PLC 和 HMI 设备的 IP 地址分别为 192.168.2.1 和 192.168.2.3，其余的参数使用默认值。

3）将自动生成的"画面_1"的名称改为"初始画面"。画面的背景色改为白色。

4）按图 8-4 的要求生成变量。按 8.2.3 节的要求组态指示灯和按钮。按 8.2.4 节的要求组态文本域和 IO 域。最后保存生成的项目。

A.35 PLC 与仿真触摸屏的实验

1. 实验目的

通过实验熟悉触摸屏与 PLC 组成的控制系统的功能，和使用 WinCC flexible SMART 的运行系统对触摸屏进行仿真调试的方法。

2. 实验内容

用以太网电缆连接 S7-200 SMART 和计算机的以太网接口。在计算机的控制面板中，打开"设置 PG/PC 接口"对话框，选中"为使用的接口分配参数"列表中实际使用的计算机网卡和 TCP/IP 协议，设置应用程序访问点为"S7ONLINE（STEP 7）"。

将 PLC 的程序"HMI 测试"下载到 CPU，令 PLC 运行在 RUN 模式。打开 A.34 节生成的 WinCC flexible SMART 的项目，单击工具栏上的"启动运行系统"按钮，出现仿真面板。观察画面上 T37 的当前值是否在 0 和预设值 100 之间不断反复变化，是否能修改 T37 的预设值，是否能用画面上的按钮控制 PLC 的 Q0.0，使指示灯的状态变化。

A.36 PLC 与触摸屏通过以太网通信的实验

1. 实验目的

通过实验熟悉触摸屏的组态和触摸屏与 PLC 用以太网通信的方法。

2. 实验内容

1）将配套资源中的例程"HMI 测试"下载到 S7-200 SMART。

2）按 8.2.5 节的要求，用 HMI 的控制面板设置触摸屏的通信参数。

3）按 8.2.6 节的要求，将配套资源中的例程"\HMI 以太网通信"下载到触摸屏。

4）连接 S7-200 SMART 和 HMI 的以太网端口，接通它们的电源，令 PLC 运行在 RUN 模式。HMI 显示出画面后，观察是否能用画面上的按钮控制 PLC 的 Q0.0，使画面上的指示灯的状态变化。观察画面上 T37 的当前值是否正常变化，是否能用画面上的 IO 域修改 T37 的预设值。

A.37 PLC 与触摸屏通过 RS-485 端口通信的实验

1. 实验目的

通过实验熟悉触摸屏与 PLC 用 RS-485 端口通信的方法。

2. 实验内容

打开配套资源中的例程"HMI 测试"，在系统块中设置了 CPU 集成的 RS-485 端口的波特率为 187.5kbit/s，PPI 站地址为 2 号站。用以太网将程序下载到 CPU。

用 WinCC flexible SMART 打开例程"HMI485 通信 Port0"，"连接"表下面的"参数"选项卡的"接口"为"IF1B"，波特率为 187.5kbit/s，HMI 和 PLC 的 MPI 站地址分别为默认的 1 和 2。用以太网将项目文件下载到 HMI。

关闭 Smart 700 IE V3 和 S7-200 SMART 的电源，用 PROFIBUS 电缆连接它们的 RS-485 通信端口。接通它们的电源，令 S7-200 SMART 进入运行模式。

触摸屏显示出初始画面后，实验的方法和步骤与实验 A.36 相同。

附录 B 配套资源说明

读者可以扫描本书封底的二维码获取下载链接，下载下述的软件、用户手册、70 多个例程和 80 多个视频教程。扩展名为 pdf 的用户手册用 Adobe reader 或兼容的阅读器阅读，可以在互联网上下载阅读器。

1. 软件

\STEP 7-Micro_WIN SMART V2.6：S7-200 SMART 的编程软件。

\TIA Portal STEP7 Pro-WINCC Adv V15 SP1 DVD1：S7-1200/1500 的编程软件和 HMI 的组态软件。

\WinCC flexible SMART V3 SP2：精彩系列面板的组态软件。

2. 手册与样本

S7-200 SMART 系统手册 V2.6，S7-200 SMART PLC 产品样本，S7-200 SMART 与电脑连接问题的解决方法，Smart 700 IE V3、Smart 1000 IE V3 操作说明，SMART LINE V3 宣传手册，SINAMICS V20 变频器操作说明，SINAMICS V20 变频器样本，S7-200 SMART 技术参考 V2.6，S7-200 SMART 连接 SINAMICS V90 实现位置控制，S7-200 SMART 通过 PROFINET 连接 V90 PN 实现基本定位控制，S7-200 SMART Web Server 功能 Getting Start，ET 200 产品样本。

3. 视频教程（82 个）

（1）第 1、2 章视频

西门子 PLC 简介，S7-200 SMART 与 S7-200 的比较，学习 PLC 的关键是动手；编程软件使用入门，编程软件的窗口操作，帮助功能的使用，生成用户程序，程序编辑器的操作，组态通信与下载程序，符号表的操作，符号地址的使用，用程序状态监控程序，用状态图表监控程序，用编程软件写入数据，用编程软件强制数据，用系统块组态硬件，CPU 密码的设置与清除，设置输入输出参数。

（2）第 3、4 章视频

容易混淆的 BCD 码和十六进制数，间接寻址，位逻辑指令（A），位逻辑指令（B），定时器的基本功能，定时器应用程序，计数器应用；怎样学习功能指令，比较指令与传送指令，移位与循环移位指令，数据转换指令应用，实时时钟指令应用，数学运算指令应用，逻辑运算指令应用，跳转指令应用，循环程序的编写与调试，局部变量与子程序，子程序的编写与调用，中断程序的编写与调试。

（3）第 5 章视频

小车控制的编程与调试，顺序控制与顺序功能图，使用 SR 指令的顺控程序，复杂的顺控程序的调试，液体混合控制程序的调试，专用钻床控制程序的调试，使用 SCR 指令的顺控程序，三运输带控制程序调试，机械手工作方式的演示，机械手顺控程序调试。

（4）第 6 章视频

ET 200SP 作 IO 设备的组态（A），ET 200SP 作 IO 设备的组态（B），TIA 博途使用入门（A），TIA 博途使用入门（B），生成 S7-1200 的项目与组态硬件，下载 S7-1200 的用户程序，S7-1200 作 IO 控制器（A），S7-1200 作 IO 控制器（B），S7-1200 作智能 IO 设备（A），S7-1200 作智能 IO 设备（B），S7-1200 作 S7 通信的客户端，S7-1200 作 S7 通信客户端的实验，S7-1200 作 S7 通信的服务器，S7-1200 作 S7 通信服务器的实验，S7-1200 作 TCP 通信的客户端，S7-200 SMART 作 TCP 通信的服务器，S7-1200 作 ISO-on-TCP 通信的服务器（A），S7-1200 作 ISO-on-TCP 通信的服务器（B），Modbus RTU 通信的实验，S7-200 SMART 作 Modbus TCP 通信的客户端，S7-1200 作 Modbus TCP 通信的服务器，Modbus TCP 通信的实验。

（5）第 7、8 章视频

PID 控制器输出中比例控制的作用，PID 控制器输出中积分控制的作用，PID 控制器输出中微分控制的作用，PID 参数手动整定实验，PID 参数自整定实验；烧电焊为什么会烧毁通信接口板，电动闸阀损坏的罕见原因，与安全有关的故事，生成 HMI 的项目与组态变量，组态指示灯，组态按钮，组态文本域与 IO 域，PLC 与仿真触摸屏的实验。

4. 例程（71 个）

（1）第 1～4 章例程

入门例程，计划发电，位逻辑指令 1，位逻辑指令 2，定时器应用，计数器应用，比较指令与传送指令，移位指令与彩灯控制程序，数据转换指令，表格指令，实时时钟指令，数学运算指令，逻辑运算指令，跳转指令，程序控制指令，子程序调用，电机控制子程序调用，IO 中断程序，定时中断程序，T32 中断程序，高速计数器与高速输出，字符串指令，10 位彩灯左移。

（2）第 5 章例程

小车自动往返控制，小车顺控程序，使用 SR 指令的复杂的顺控程序，液体混合顺控程序，专用钻床顺控程序，使用 SCR 指令的 2 运输带顺控程序，使用 SCR 指令的复杂的顺控程序，使用 SCR 指令的 3 运输带顺控程序，机械手顺控程序。

（3）第 6 章 S7-200 SMART 的通信例程

ET 200SP 作 IO 设备，智能 IO 设备，IO 控制器，S7 通信客户端，S7 通信服务器，TCP 通信客户端，TCP 通信服务器，ISO 通信客户端，ISO 通信服务器，UDP_PLC1，UDP_PLC2，Modbus 从站协议 Port0 通信，Modbus 主站协议 Port0 通信，Modbus TCP 客户端，Modbus TCP

服务器，USS Port0 通信，USS Port1 通信。 GSD 文件：et200sp_im155-6.zip。

（4）第 6 章 S7-1200 与 S7-SMART 的通信例程

S7-200 SMART 的程序：智能 IO 设备 2，IO 控制器 2，SMART 服务器，S7 通信客户端，TCP 服务器 2，TCP 客户端 2，ISO 客户端 2，Modbus TCP 客户端 2。

TIA 博途程序：\1200 作 IO 控制器，\1200 作 IO 设备，\1200_SMART_S7，\1200 S7 服务器，\1200 作 TCP 客户端，\1200 作 TCP 服务器，\1200 作 ISO 服务器，\1200 作 Modbus TCP 服务器。

（5）第 7、8 章例程

PID 闭环控制，PID 参数自整定，HMI 测试。

WinCC flexible SMART 例程：\HMI 以太网通信，\HMI485 通信 Port0。

参 考 文 献

[1] 西门子（中国）有限公司. S7-200 SMART 可编程序控制器产品样本[Z]. 2021.

[2] 西门子（中国）有限公司. S7-200 SMART 可编程序控制器系统手册[Z]. 2021.

[3] 西门子（中国）有限公司. Smart 700 IE V3、Smart 1000 IE V3 操作说明[Z]. 2015.

[4] 西门子（中国）有限公司. SINAMICS V20 变频器操作说明[Z]. 2012.

[5] 廖常初. S7-200 SMART PLC 编程及应用[M]. 4 版. 北京：机械工业出版社，2022.

[6] 廖常初. PLC 编程及应用 [M]. 5 版. 北京：机械工业出版社，2019.

[7] 廖常初. S7-200 PLC 编程及应用 [M]. 3 版. 北京：机械工业出版社，2019.

[8] 廖常初. S7-200 PLC 基础教程 [M]. 4 版. 北京：机械工业出版社，2019.

[9] 廖常初. S7-300/400 PLC 应用技术 [M]. 4 版. 北京：机械工业出版社，2016.

[10] 廖常初. S7-300/400 PLC 应用教程 [M]. 3 版. 北京：机械工业出版社，2016.

[11] 廖常初. 跟我动手学 S7-300/400 PLC [M]. 2 版. 北京：机械工业出版社，2016.

[12] 廖常初. S7-1200 PLC 编程及应用 [M]. 4 版. 北京：机械工业出版社，2021.

[13] 廖常初. S7-1200 PLC 应用教程[M]. 2 版. 北京：机械工业出版社，2020.

[14] 廖常初. S7-1200/1500 PLC 应用技术 [M]. 2 版. 北京：机械工业出版社，2021.

[15] 廖常初，陈晓东. 西门子人机界面（触摸屏）组态与应用技术 [M]. 3 版. 北京：机械工业出版社，2018.

[16] 廖常初，祖正容. 西门子工业网络的组态编程与故障诊断 [M]. 北京：机械工业出版社，2009.

[17] 廖常初. PLC 基础及应用 [M]. 4 版. 北京：机械工业出版社，2019.

[18] 廖常初. FX 系列 PLC 编程及应用 [M]. 3 版. 北京：机械工业出版社，2020.